国家重点研发计划"矿井水害危险源辨识与动态评价技术"项目(2017YFC0804101)资助出版

岩体采动裂隙时空演化与突水危险性决策模型研究

杨滨滨 著

U0304670

WUHAN UNIVERSITY PRESS
武汉大学出版社

图书在版编目(CIP)数据

岩体采动裂隙时空演化与突水危险性决策模型研究/杨滨滨著. —武汉：武汉大学出版社,2020.12(2022.4 重印)

ISBN 978-7-307-21911-3

Ⅰ.岩… Ⅱ.杨… Ⅲ.①岩体—采动—裂隙 ②岩体—采动—突水 Ⅳ.P583

中国版本图书馆 CIP 数据核字(2020)第 222336 号

责任编辑:鲍 玲 责任校对:李孟潇 版式设计:韩闻锦

出版发行：**武汉大学出版社** (430072 武昌 珞珈山)

(电子邮箱：cbs22@whu.edu.cn 网址：www.wdp.com.cn)

印刷:武汉邮科印务有限公司

开本:787×1092 1/16 印张:17.75 字数:418 千字 插页:1

版次:2020 年 12 月第 1 版 2022 年 4 月第 2 次印刷

ISBN 978-7-307-21911-3 定价:49.00 元

前　言

矿井突水的防治是煤矿安全生产需要解决的重大问题，水体下安全采煤是一种受控于多因素影响，并且具有非线性动力学特征的工程与水文地质和采矿复合动态的非常复杂的系统工作。目前，行业内研究人员主要根据《煤矿防治水细则》与《建筑物、水体、铁路及主要井巷煤柱留设与压煤开采规范》，以定性或半定量方法为主，对其开采进行安全决策及可行性的评价。但是当覆岩厚度越来越薄，越来越接近松散含水层时，水文地质、工程地质及开采技术条件也会越来越复杂，传统的方法往往不能考虑其影响因素的复杂性和多元性。多准则决策分析引入地理信息系统学科已有 20 多年了，目前已成为决策理论的一个重要分支。地理信息系统经过近半个世纪的发展，已从传统的空间数据管理系统发展成为空间数据分析系统，并将最终向空间决策支持系统过渡，实现空间数据管理向空间思维的转变。结合地理信息系统和多准则决策分析技术，对水体下采煤安全性进行空间多准则决策，对矿井水害的防治有重要的指导意义。

在这种背景下，以近松散含水层下煤层开采条件、水文地质条件分析为基础，首次考虑松散含水层下部裂隙岩体受采动影响时，其应力与裂隙场的时空演化特征，通过实验开展采动岩体应力和裂隙场的时间序列和空间序列分布特征研究，并对采动岩体突水溃砂机理进行分析，同时基于时空分析方法归纳出采动岩体的岩体应力、裂隙场等的时空变异特征及突水孕灾规律。然后，基于空间决策理论，应用地质统计、空间统计分析等方法，构建突水溃砂决策准则体系，建立基于熵的采动岩体突水溃砂空间多准则决策模型，实现采动裂隙岩体突水溃砂危险性的快速定量化决策。

全书分为 9 章，首先主要围绕近松散含水层下采煤，岩体在采动过程中应力与裂隙的时空演化规律及突水溃砂危险性空间多准则决策这一科学问题展开研究。然后，通过相似材料模型试验，基于信息熵理论与时空可视化分析方法对岩体采动过程中应力与裂隙的时空演化规律进行了分析研究，结合分形几何理论，建立了采动岩体裂隙时空演化状态的判据。最后，以泉店煤矿近松散含水层下煤层开采为例，建立了基于熵的采动岩体突水溃砂危险性空间多准则决策模型，并开发了采动岩体突水溃砂空间多准则决策系统。

特别感谢恩师隋旺华教授对研究工作的指导和帮助。

感谢于宗仁老师在试验过程中给予的大力支持和帮助。在背景资料的收集过程中，董青红教授、王文学老师等也给予了有益的资料和无私的帮助，在此表示衷心的感谢！感谢姜振泉、曹丽文、朱术云、孙强、徐智敏、杭远等老师的指导和帮助，在此表示感谢。此外，在本书试验过程中得到了高尚、吴云、袁世冲、亢嘉延、崔建新、谢聪等的指导与帮助，在此表示衷心的感谢。感谢刘钦、原俊红、王鑫等的帮助与支持。感谢梁艳坤、刘佳维、高炳伦、张丁阳、王丹丹、马荷雯、李智、熊加路、郑国胜、惠爽、刘海清、赵守良、王佳豪、陈申、靳立创、杨长德、武晨等在学习与生活中的照顾与陪伴。

本书的出版得到了国家重点研发计划"矿井水害危险源辨识与动态评价技术"（2017YFC0804101）的资助，在此表示感谢。

由于作者水平有限，书中难免存在不足之处，恳请同行专家和读者指正。联系电子邮箱 yangbinbin@ cumt. edu. cn。

变量注释表

b	硬岩岩性比例系数
c	黏聚力
C_L	几何相似比
C_t	时间相似比
C_σ	力学相似比
C_ε	应变相似比
D	Hausdorff 维数
D_B	计盒维数
D_f	分形维数
FCI	地质构造复杂指数
H	水柱高度
h	采煤工作面阶段垂高
h_w	疏放水后的水柱高度
Hm	垮落带高度
H_{li}	导水裂隙带高度
k	渗透系数
K_f	裂隙熵
K_σ	应力熵
M	含水层厚度
ΣM	煤层开采累计采厚
q	单位涌水量
q_m	荷载
γ	重力密度
RI	危险性指数
R_a	Rényi 熵
S	信息熵
ρ_w	密度
ϕ	内摩擦角
μ	泊松比
w_k	权重
Z	标准化检验统计量

1

目　　录

第1章　绪论 ⋯⋯⋯⋯⋯⋯⋯⋯⋯⋯⋯⋯⋯⋯⋯⋯⋯⋯⋯⋯⋯⋯⋯⋯⋯⋯⋯ 1
  1.1　研究背景及意义 ⋯⋯⋯⋯⋯⋯⋯⋯⋯⋯⋯⋯⋯⋯⋯⋯⋯⋯⋯⋯⋯⋯ 1
  1.2　国内外研究现状 ⋯⋯⋯⋯⋯⋯⋯⋯⋯⋯⋯⋯⋯⋯⋯⋯⋯⋯⋯⋯⋯⋯ 5
  1.3　存在的问题 ⋯⋯⋯⋯⋯⋯⋯⋯⋯⋯⋯⋯⋯⋯⋯⋯⋯⋯⋯⋯⋯⋯⋯ 22
  1.4　研究内容和技术路线 ⋯⋯⋯⋯⋯⋯⋯⋯⋯⋯⋯⋯⋯⋯⋯⋯⋯⋯⋯ 22

第2章　地质概况 ⋯⋯⋯⋯⋯⋯⋯⋯⋯⋯⋯⋯⋯⋯⋯⋯⋯⋯⋯⋯⋯⋯⋯⋯ 25
  2.1　概况 ⋯⋯⋯⋯⋯⋯⋯⋯⋯⋯⋯⋯⋯⋯⋯⋯⋯⋯⋯⋯⋯⋯⋯⋯⋯⋯ 25
  2.2　地层概况 ⋯⋯⋯⋯⋯⋯⋯⋯⋯⋯⋯⋯⋯⋯⋯⋯⋯⋯⋯⋯⋯⋯⋯⋯ 29
  2.3　水文地质条件 ⋯⋯⋯⋯⋯⋯⋯⋯⋯⋯⋯⋯⋯⋯⋯⋯⋯⋯⋯⋯⋯⋯ 30
  2.4　工程地质条件 ⋯⋯⋯⋯⋯⋯⋯⋯⋯⋯⋯⋯⋯⋯⋯⋯⋯⋯⋯⋯⋯⋯ 35
  2.5　水体采动等级与煤岩柱类型 ⋯⋯⋯⋯⋯⋯⋯⋯⋯⋯⋯⋯⋯⋯⋯ 38
  2.6　本章小结 ⋯⋯⋯⋯⋯⋯⋯⋯⋯⋯⋯⋯⋯⋯⋯⋯⋯⋯⋯⋯⋯⋯⋯ 38

第3章　采动覆岩应力时空演化研究 ⋯⋯⋯⋯⋯⋯⋯⋯⋯⋯⋯⋯⋯⋯⋯ 40
  3.1　采动覆岩应力影响因素研究 ⋯⋯⋯⋯⋯⋯⋯⋯⋯⋯⋯⋯⋯⋯⋯ 40
  3.2　采动覆岩系统应力熵 ⋯⋯⋯⋯⋯⋯⋯⋯⋯⋯⋯⋯⋯⋯⋯⋯⋯⋯ 41
  3.3　采动覆岩应力时空演化分析方法 ⋯⋯⋯⋯⋯⋯⋯⋯⋯⋯⋯⋯⋯ 44
  3.4　相似材料模型试验 ⋯⋯⋯⋯⋯⋯⋯⋯⋯⋯⋯⋯⋯⋯⋯⋯⋯⋯⋯ 47
  3.5　采动覆岩应力时空演化特征 ⋯⋯⋯⋯⋯⋯⋯⋯⋯⋯⋯⋯⋯⋯⋯ 53
  3.6　本章小结 ⋯⋯⋯⋯⋯⋯⋯⋯⋯⋯⋯⋯⋯⋯⋯⋯⋯⋯⋯⋯⋯⋯⋯ 63

第4章　采动覆岩裂隙时空演化研究 ⋯⋯⋯⋯⋯⋯⋯⋯⋯⋯⋯⋯⋯⋯⋯ 64
  4.1　分形和分维 ⋯⋯⋯⋯⋯⋯⋯⋯⋯⋯⋯⋯⋯⋯⋯⋯⋯⋯⋯⋯⋯⋯ 64
  4.2　采动覆岩的裂隙特征 ⋯⋯⋯⋯⋯⋯⋯⋯⋯⋯⋯⋯⋯⋯⋯⋯⋯⋯ 71
  4.3　采动覆岩裂隙图像处理技术 ⋯⋯⋯⋯⋯⋯⋯⋯⋯⋯⋯⋯⋯⋯⋯ 73
  4.4　采动覆岩裂隙特征参数计算 ⋯⋯⋯⋯⋯⋯⋯⋯⋯⋯⋯⋯⋯⋯⋯ 79
  4.5　采动覆岩裂隙的时空演化及其状态判据 ⋯⋯⋯⋯⋯⋯⋯⋯⋯⋯ 96
  4.6　本章小结 ⋯⋯⋯⋯⋯⋯⋯⋯⋯⋯⋯⋯⋯⋯⋯⋯⋯⋯⋯⋯⋯⋯ 111

第5章　重复采动覆岩裂隙时空演化研究·· 113

5.1　上行开采重复采动覆岩裂隙演化特征 ·································· 115

5.2　下行开采重复采动覆岩裂隙演化特征 ·································· 123

5.3　本章小结 ·· 130

第6章　基于熵的采动覆岩突水溃砂危险性空间多准则决策············ 131

6.1　基本理论 ·· 131

6.2　空间多准则决策的分析过程与方法 ·· 132

6.3　基于熵的采动覆岩突水溃砂危险性空间多准则决策 ··········· 142

6.4　不确定性分析 ··· 164

6.5　溃砂灾害预防与回采验证 ·· 167

6.6　本章小结 ·· 168

第7章　基于熵的空间多准则决策系统开发与应用························· 170

7.1　基于熵的空间多准则决策系统开发 ·· 170

7.2　基于熵的空间多准则决策模型在充填开采中的应用 ··········· 173

7.3　基于熵的空间多准则决策模型在煤层底板突水危险性评价中的应用 ··········· 189

7.4　本章小结 ·· 198

第8章　空间多准则决策模型的对比应用研究······························· 199

8.1　基于模糊数学的空间多准则决策研究 ···································· 199

8.2　基于方差最大化的空间多准则决策研究 ································ 213

8.3　本章小结 ·· 221

第9章　结论与展望··· 222

9.1　结论 ·· 222

9.2　创新之处 ·· 224

9.3　展望 ·· 224

参考文献·· 226

附录·· 244

第1章 绪 论

1.1 研究背景及意义

1.1.1 研究背景

(1)矿井突水的防治是煤矿安全生产需要解决的重大问题。

煤炭是我国的基础能源,为了满足国民经济高速增长的需求,今后相当长的时期内必须保证煤炭的安全开采。经过长期大规模的开采,我国中东部产煤区的浅部煤炭资源已逐渐枯竭,目前平均开采深度已达 600m 左右,并且以每年 8~12m 的速度向深部延伸。深部岩体中开采,表现出以冲击矿压、矿震、突水、顶板大面积垮落为代表的煤矿灾害事故[1-2],与其相比,在浅部主要是由于开采煤体靠近松散含水层而易导致突水溃砂事故。近几年来,煤炭在能源生产和消费结构中的比例有所下降,但其主导地位没有发生根本性变化,煤炭行业仍然是我国国民经济高速发展的重要基础[3-6],这一点可从图 1-1 看出。

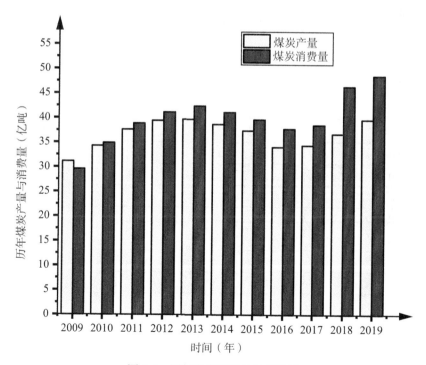

图 1-1　历年来煤炭产量与消费量

我国大部分煤田的水文地质条件都比较复杂，多种水体威胁到煤层的安全开采，煤矿安全生产和科学研究中的重要问题是矿井水害的防治。近年来的煤矿开采情况显示，全国受水害威胁的矿井占重点煤矿的48%，可采储量高达250×10^{8}t的煤炭在开采时受水害的威胁。从近些年的煤矿实际生产开采情况来看，受矿井水害威胁的煤炭每年安全采出量仅为总储量的十分之一。因此，若无法安全开采这些受水害威胁的煤炭资源，不但会降低煤矿企业的经济效益，而且还会导致一些老煤矿提早停产关闭或废弃[7-8]。据统计，在过去的30多年里，全国就有250多对矿井因突水而淹没，同时，矿区水资源与环境受其影响而被破坏[9-11]。自2000年来，全国就发生各类突水灾害事故600余起，造成3500多人丧生，直接经济损失高达1000多亿元（表1-1）。我国煤矿的百万吨死亡率如图1-2所示。虽然近年来，煤矿重大水害事故数量及死亡人数总体上呈下降趋势，但仍造成重大的经济损失和一定的人员伤亡。

表1-1　　　　　　　　　　　　2000—2017年间煤矿突水事故统计

年份	事故次数	死亡及失踪人数
2000	9	98
2001	38	176
2002	93	387
2003	92	424
2004	61	254
2005	104	593
2006	38	267
2007	38	423
2008	59	263
2009	13	73
2010	17	149
2011	15	152
2012	13	76
2013	13	76
2014	7	43
2015	5	40
2016	2	12
2017	3	7
2018	5	8
2019	4	9
合计	629	3530

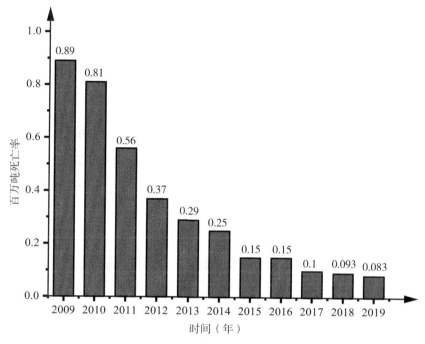

图 1-2　全国煤矿百万吨死亡率

（2）采动覆岩诱发突水溃砂事故威胁矿井的安全生产。

煤层开采以后会打破岩体的原岩应力平衡状态，造成应力重分布，其结果就会造成顶板下沉、断裂破坏，裂隙向上发育，断裂带内岩体渗透性急剧增加，裂隙导通含水层，造成突水溃砂事故屡见不鲜。特别是近年来，水体下采煤渐渐成为浅部能源开发的热点问题。尤其是我国东部地区，浅部煤层上覆松散含水层和地表水，采掘过程中煤矿顶板水砂灾害日渐多发，这给矿井的安全生产带来很大威胁，严重制约着煤炭工业的发展。要保证煤炭资源开发的稳步发展，摆脱突水溃砂灾害的严重困扰，在水体下（包括地表水体和含水层）采煤时，防止水砂突涌，科学合理地设计开采上限，进行岩层控制和研究水砂混合流运移特性及其动力机制，是控制薄基岩厚松散层下采煤安全的关键问题之一，对保护矿工生命安全和国家财产具有重大的意义[12-14]。

1.1.2　研究意义

水体下安全采煤是一种受控于多因素影响，并且具有非线性动力学特征的工程与水文地质和采矿复合动态的非常复杂的系统工作。目前，行业内研究人员主要根据《煤矿防治水细则》与《建筑物、水体、铁路及主要井巷煤柱留设与压煤开采规范》，以定性或半定量方法为主[15-16]，对其开采进行安全决策及可行性的评价。但是当覆岩厚度越来越薄，越来越接近松散含水层时，水文地质、工程地质及开采技术条件也越趋复杂，传统的方法往往不能考虑其影响因素的复杂性和多元性[17]。多准则决策分析引入地理信息系统学科已有 20 多年的发展历史了，已成为决策理论的一个重要分支。地理信息系统（GIS）经过近半个世纪的发展，已从传统的空间数据管理系统发展成为空间数据分析系统，并将最终向空间决策支持系统过渡，实现空间数据管理向空间思维的转变。结合地理信息系统和多准则决策分析技术，对水体下采煤安全性进行空间多准则决策，对矿井水害的防治有重要的指导意义。

在这种背景下，以近松散含水层下煤层开采条件、水文地质条件分析为基础，首次考虑松散含水层下部裂隙覆岩，受采动影响其应力与裂隙场的时空演化特征，通过实验开展采动覆岩应力和裂隙场的时间序列和空间序列分布特征研究，并对采动覆岩突水溃砂机理进行分析，同时基于时空分析方法归纳采动覆岩岩体应力、裂隙场等的时空变异特征及突水孕灾规律。基于空间决策理论，应用地质统计、空间统计分析等方法，构建突水溃砂决策准则体系，建立基于熵的采动覆岩突水溃砂空间多准则决策模型，实现采动裂隙覆岩突水溃砂危险性的快速定量化决策。并通过与其他方法的对比应用，讨论该决策模型的先进性以及与其他方法的差异性。

本研究对上述主要问题的研究意义包括：

(1)由于地下煤层的开采，导致覆岩的初始应力平衡受到破坏，岩体的力学性质与结构与采动前相比发生了重要的变化。岩体的原始应力平衡被破坏，岩体要达到新的平衡状态，岩体的应力、应变或能量必然会发生变化。而在此过程中，岩体内的应力随时空发生变化，岩体的各种参数也会发生变化，由于构造等因素的影响，导致采动裂隙岩体的变形、破坏过程具有不可逆和动态演化等特征。对采动覆岩应力进行时空可视化分析，有助于从时空角度提升人们对采动覆岩突水溃砂影响因素的认识。

(2)采动覆岩中的岩体裂隙特征的时空演化研究，对于裂隙覆岩受采动而导致的突水溃砂的防治有重要的指导作用。而目前数值模拟技术的计算结果的可靠性均取决于岩体结构模型的正确与否以及裂隙参数的选取，岩体结构描述和岩体力学参数的选取一直是岩石力学研究领域的难点。对采动覆岩裂隙进行时空可视化分析，有助于从时空角度分析采动覆岩突水溃砂主要通道的影响因素。煤的沉积通常是多煤层的形式，大多数地下煤矿开采都面临多煤层开采情况，各个煤层具有不同的夹层厚度和地质条件，存在相互作用的可能性，多煤层开采交互作用也会产生其他安全问题。我国深部煤矿大多为多层煤层长壁开采，岩层的多次采动导致的岩层破坏更加复杂。因此准确评价覆岩在多次(重复)采动后的破坏演化，对防治水害和煤矿开采设计都具有重要意义。

(3)采动覆岩突水溃砂作为一个开放系统，在外部采矿活动与内部地质应力等各种因素的共同作用下，其覆岩的结构、应力状态等将发生变化，进而导致覆岩破坏，当破坏带导通上覆松散含水层时，就会发生突水溃砂灾害。建立基于熵的采动覆岩突水溃砂空间多准则决策模型，并开发相应的基于GIS的决策系统，可以实现采动裂隙覆岩突水溃砂危险性的快速定量化决策评价，对于矿井突水溃砂灾害的防治有重要指导意义。

(4)矿山绿色开采是可持续发展战略下的一种新型生产方式。自1992年联合国环境与发展会议提出"绿色矿山"开采生产后，这种生产方式在世界上许多国家和组织中得到了逐步推广。将该方法模型推广应用于其他工程，例如充填开采危险性的决策、岩溶承压含水层上开采危险性的决策等，并对比该决策模型的优越性以及与其他方法的差异性，研究该决策模型在其他工程地质、水文地质条件下对不同灾害决策的特点，对于矿井突水灾害评价与防治预测有重要的指导意义。

1.2 国内外研究现状

从 20 世纪 50 年代起，我国学者对水体下采煤、覆岩破坏相关领域进行了大量的研究和实践，并取得了许多重要的理论与实践成果。1985 年，国家煤炭工业局制订了《建筑物、水体、铁路及主要井巷煤柱留设与压煤开采规范》并在 2000 年进行了修订[16]，该规范详细规定了在各类条件下导水裂隙带的计算公式，并对导水裂隙带的形态进行了描述。多年来，在华东、华北、东北地区巨厚流砂层下，以及微山湖下、淮河下、渤海湾等地区的水域下，还有许多矿区的含水层下的压煤开采都获得了成功，为上亿吨煤炭储量的解放提供了丰富的经验，总结了理论分析与类比方法[18]、数值模拟方法[19]（包括边界元、离散元、有限元等方法），以及相似材料模拟和实测等方法[20-24]。煤矿重大事故的发生及其有效控制，几乎都同时与岩层运动和应力场的大小和分布条件有机地联系在一起。其中与上覆岩层运动破坏有关的冒顶事故、突水溃砂事故，以及与其相关的岩层运动破坏范围都与采动后应力场的重新分布有关。采动覆岩破坏导致的覆岩裂隙往往是突水溃砂的主要通道。无论是采动覆岩导致的覆岩内应力变化还是裂隙变化，目前的研究主要从两个方面来进行：一方面是固定位置（空间）研究覆岩的应力、裂隙等随时间的变化；另一方面是固定推进距离（时间）研究覆岩的应力裂隙等空间的分布变化特征。

这两个方面分别是从时间和空间的维度来进行研究，只有把时间和空间结合在一起来对采动覆岩进行研究，才能更好地体现其时空演化特征。而采动覆岩破坏是近水体安全采煤决策需要考虑的重要因素，本章主要从采动覆岩应力、覆岩裂隙及其导致突水溃砂灾害的安全决策方面综述国内外研究现状。

1.2.1 采动覆岩应力演化规律研究

地壳中没有受到人类工程活动影响的岩体称为原岩体，简称原岩，存在于地层中未受工程扰动的天然应力称为原岩应力，也称为初始应力、原岩应力或地应力，天然存在于原岩内而与人为因素无关的应力场称为原岩应力场。采动前岩体中原始应力场的特征，主要包括原岩中各点主应力的大小、方向及垂直应力与水平应力间的比值等，这些决定了采动后围岩应力的分布规律。采动后重新分布于围岩各个层面边界上的力及岩层中各点的应力将促使该部分岩体产生变形或遭到破坏，从而向已经开采空间运动。

岩层采动后，由于边界等各种条件的改变，原岩应力场中临近已采空间的一部分，各点的应力状态包括大小、方向、水平应力和垂直应力的比值等都将发生变化，这种变化称为应力的重新分布。采动后重新分布于各个岩层边界上的作用力及传递至岩层中各点的应力，是围岩运动包括变形、破坏和移动的动力。研究工作面推进即采动过程中覆岩应力的时空演化特征，掌握采动后围岩中的矿山压力分布及其发展变化规律研究矿山压力分布规律。对有效控制采动应力及岩层运动有重要的指导意义，掌握其时空演化特征，能够有效减轻开采造成的损害，并能有效降低与其相关的矿井灾害如突水溃砂、瓦斯突出等发生的危险性。针对此，国内外许多学者都对其进行了大量的研究，并提出了各种矿山压力假说和理论[25-32]。

1907 年，俄国学者 M. M. 普罗托吉亚阔诺夫在对大量巷道顶板破坏情况观测的基础上提出来的自然平衡拱假说，可以推算出巷道支护所需的反力，被后人称之为普氏理论。该假说认为，巷道开挖后，已采空间上部岩层将逐步垮落，这个拱是自然形成的，拱的高度与岩层岩石强度和巷道宽度 b 的函数[25]：

$$h = k \frac{10b}{R} \tag{1-1}$$

式中，k 为常数，R 为岩石的单轴抗压强度。

实践证明，普氏理论适用于确定强度不高，开采深度不是很大的巷道支护反力。该理论没有从岩石破坏和应力重新分布的角度来解释平衡拱形成的机理，没有深入研究围岩中应力分布和稳定的条件，也不能解释回采工作面矿压显现的周期性变化规律，因此该理论推广受限制。

1916 年，K. Stock 提出了悬臂梁假说，后得到英国的费里德，苏联的格尔曼等人的支持。悬臂梁假说认为，在地下开采工作空间的上方，会有一条从岩体内部延伸出，处于悬伸状态的梁，而当梁与几个岩层进行组合时，则会产生悬臂梁。如图 1-3 所示，当悬伸长度很大时，会发生有规律的周期性折断，从而引起周期来压，悬臂梁假说还可以解释工作面前方煤体中存在支承压力，能说明煤层和顶板岩层的物理力学性质对煤体中支承压力分布范围和应力集中程度的影响以及解释老顶的二次垮落现象等。由于采场上下两端的镶嵌作用在工作面较长时，对顶板活动所起的作用是很小的，因此多视顶板为梁。该假说很好地解释了顶板初次来压以及周期来压现象，但是对采场顶板下沉量的计算比按悬臂梁或悬板公式计算出来的弯曲挠度要大几倍[29]。

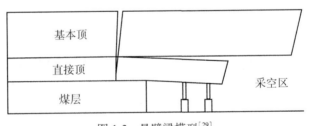

图 1-3　悬臂梁模型[29]

在 1928 年，德国学者 Hack 和 Giuitzer 等人提出压力拱理论，认为压力拱前后拱脚跨越整个工作面并坐落于煤壁前方未采动的煤体和采空区后部已冒落的矸石上，压力拱随工作面推进前移。压力拱可形成支承力承担上覆地层载荷，工作面支架仅承担拱内岩石重量，如图 1-4 所示。压力拱假说简明地描述了采场围岩卸载的原因，对围岩的平衡状态与范围进行了研究，也简单解释了回采工作面前后支承压力的形成及回采工作空间的卸压区情况。压力拱在巷道中并不是唯一的表现形式，支架压力主要受到围岩的性质、结构形式以及支架的特征等的影响，所以煤层顶板和底板岩性、顶板管理方法以及支架特征等的差异会形成不同的复杂的力学结构。该理论较好地解释了支架压力小于覆岩层重量的原因，但未明确压力拱与岩层运动演化间的关系[29]。

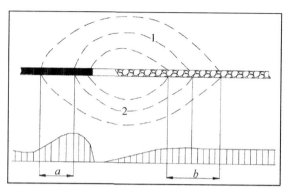

a—前拱脚；b—后拱脚；1—顶板内压力拱轴线；2—底板内压力拱轴线点

图 1-4　回采工作面压力拱理论[25]

1954 年，苏联学者 Γ. H. 库茨涅佐夫提出铰接岩块理论，指出已垮落的岩层和未垮落岩层呈铰接状态，以上岩层运动决定支架上的压力显现，已垮落岩层分为规则与不规则带，断裂带形成在规则垮落带之上，断裂带内水平挤压力作用使岩块相互咬合，随工作面的推进而沉降并彼此牵制，形成三铰拱式铰接岩块平衡结构[25]。如图 1-5 所示，支架上的压力显现由两部分岩层的运动所决定，已垮落的岩层在垮落后可分为无规则垮落带和有规则垮落带两部分，如图中 $m_1 \sim m_m$ 部分。其中 $m_1 \sim m_n$ 部分为不规则垮落带，由于此部分岩层垮落时，采空区有足够的空间，因此自由运动下落的岩块是杂乱无序，其岩层厚度为：

$$m_{z1} = \sum_{i=1}^{n} m_i \tag{1-2}$$

其中：

$$m_n \leqslant b\left[h - \sum_{i=1}^{n-1} m_i(K_n - 1)\right] \tag{1-3}$$

其上部为：

$$m_{n+1} \geqslant b\left[h - \sum_{i=1}^{n} m_i(K_n - 1)\right] \tag{1-4}$$

其中，m_n 为不规则垮落带最上部岩层的厚度，m_{n+1} 为规则垮落带的最下部岩层的厚度，m_i 为垮落的各个岩层的厚度，h 为开采厚度，K_n 为不规则垮落带岩石的碎胀系数，b 为系数，一般取 $2 \sim 2.5$。

而规则垮落带，其厚度为：

$$m_{z2} = \sum_{i=n+1}^{m} m_i \tag{1-5}$$

其中，

$$m_m \leqslant h - \left[\sum_{i=1}^{n} m_i(K_n - 1) + \sum_{i=m+1}^{m-1} (K_m - 1)\right] \tag{1-6}$$

其上部：

$$m_{m+1} \geqslant h - \left[\sum_{i=1}^{n} m_i (K_n - 1) + \sum_{i=n+1}^{m} (K_m - 1) \right] \qquad (1-7)$$

式中，m_m 为规则垮落带最上部岩层的厚度，m_{m+1} 为未垮落的最下部岩层厚度，K_m 为规则垮落带的岩石的碎胀系数。呈铰接状态的岩层为图 1-5 中 m_m 以上的岩层，这部分岩层被裂缝分割成单独的梁或板，在水平推力作用下铰接在一起，构成一个随工作面推进而沉降的梁式结构。

此假说对支架和围岩的相互作用作了较详细的分析，简单来说就是工作面支架存在两种不同的工作状态，当规则移动带（相当于老顶）下部岩层变形小而不发生折断时，跨落带岩层（相当于直接顶）和老顶之间就可能发生离层，支架最多只承受直接顶折断岩层的全部重量，这种情况称为支架处于给定载荷状态。当直接顶受老顶影响折断时，支架所承受的载荷和变形取决于规则移动带下部岩块的相互作用，载荷和变形将随岩块的下沉不断增加，直到岩块已垮落岩石的支撑达到平衡为止，这种情况称为支架的给定变形状态，铰接岩块间的平衡关系为三角拱式平衡。该理论未能确定出呈铰接状态的老顶岩梁的形成条件和具体范围，因而未能解决工作面顶板定量控制设计问题[25]。

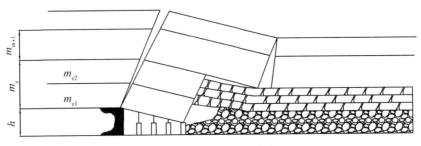

图 1-5　铰接岩块理论[25]

20 世纪 50 年代初，比利时学者 A. Labasse 提出预成裂隙梁理论，如图 1-6 所示，该假说认为回采工作面是在一系列"预生裂隙梁"的覆盖之下，这些裂隙是有关岩层在煤壁前方强大的支承压力作用下预先形成的，回采工作面支架上显现的压力是裂隙梁沉降或平衡遭到破坏的结果。该假说揭示了煤层及临近回采工作面的部分岩层在支承压力作用下超前煤壁破坏的可能性，指出其破坏的原因是岩层中两个方面的应力超过岩石强度极限所致，其把采动影响的应力场分为 3 个区间：低应力区、高应力区和假塑性变形区。其中高应力区包围面上 S_E 上的剪应力达到最大。假塑性变形区也称为采动影响区，该区域中的垂直应力高于原始应力，能够使岩层产生一定的弯曲变形。

20 世纪 70 年代以后，我国学者对开采覆岩移动规律也做了大量的研究工作，并取得了一定的学术成就。钱鸣高院士根据前人已有的研究成果及现场观测与分析提出砌体梁理论，指出地下采煤引起覆岩破裂和移动，老顶岩梁达到断裂步距之后，采场出现来压事件，随着工作面的继续推进，有一些关键层起重要作用，破碎块体形成浆梁结构，岩梁会折断，砌体梁结构的转速直接影响工作面矿山压力的强度，断裂后的岩块之间在相互回转时能形成挤压，由于岩块间的水平力及相互间摩擦力的作用，在一定条件下能够形成外表

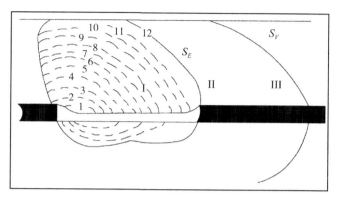

Ⅰ—低应力区，Ⅱ—高应力区，Ⅲ—假塑性变形区

图 1-6 预成裂隙假说[25]

似梁实则为半拱的结构。砌体梁假说认为，在老顶岩梁达到断裂步距之后，随着工作面的继续推进，岩梁将会折断，但断裂后的岩块由于排列整齐，在相互回转时能形成挤压，由于岩块间的水平力以及相互间形成的摩擦力的作用，在一定条件下能够形成外表似梁实则为半拱的结构，这种平衡结构形如砌体，故称之为砌体梁，滑落（slipping）及回转（rotation）为其两种失稳形式，简称"S-R"稳定条件[27-30]。

滑落稳定条件，即 S 条件，其表达式为：

$$h + h_1 \leqslant \frac{\sigma_c}{30\rho g}\left(\tan\varphi + \frac{3}{4}\sin\theta_1\right)^2 \tag{1-8}$$

回转变形稳定条件，即 R 条件，其表达式为：

$$\begin{cases} h + h_1 \leqslant \dfrac{0.15\sigma_c}{\rho g}\left(i^2 - \dfrac{3}{2}i\sin\theta_1 + \dfrac{1}{2}\sin^2\theta_1\right) \\ i = \dfrac{h}{l} \end{cases} \tag{1-9}$$

式中，h 为承载层厚度，h_1 为承载层所承载岩层厚度，σ_c 为承载层的抗压强度，ρg 为岩体的体积力，θ_1 为砌体梁中悬露岩块断裂后的回转角，$\tan\varphi$ 为岩块剪得摩擦因数，i 为岩块的厚长比，l 为岩块长度。

20 世纪 80 年代，宋振骐教授提出传递岩梁理论[31-32]，其主要观点是：由于煤体被开挖，采场上覆岩层受力失稳，直接顶则变形、断裂、垮落，然而当直接顶全部垮落后，基本顶岩层就会呈现出假塑形体的特征，形成的假塑形体一侧受工作面前方煤体支撑，另一侧受采空区垮落石支撑，基本顶断裂岩块之间可以在工作面推进方向上传递水平力，同时这种传递水平力的结构会伴随着工作面的推进而不断地向前移动，此种结构被称作"传递岩梁"，将基本顶的结构简化为"二块铰接岩块"，并分析了此种结构岩块的发展变化对矿压显现的影响。由于采场不断推进，采场矿山压力及其显现总是在不断发展变化之中。因此，宋振骐教授提出研究的重点不仅是某一时刻瞬间值的大小，还是矿压的发展变化规律及其与上覆岩层运动的关系，解决了这个问题，就能通过矿压显现推测上覆岩层的运动，预测采场来压的时刻和强度，解决开采设计，生产管理等问题（1978）。此外，还有苏联学者秦巴列维奇提出的台阶下沉假说（1955），苏联学者鲁宾涅依特总结了前人有关走向长壁开采回采工作面的各种矿压假说，吸取了其中某些较合理的部分提出的楔形假说（1951）。荷兰学者伊尔切松和佐利登拉特将岩体看作松散体，其力学性质基本上可用内摩擦角表示，并提出了松散介质假说。

煤层开采引起围岩应力重新分布，作用在煤层、岩层或者矸石上的垂直压力称为支承压力，显然支撑压力的分布范围将包括高于或低于原岩应力的整个区域，在单一自重应力场的作用下，回采工作面周围岩体上的支承压力来源于上覆岩层的重量。在支承压力作用下发生的煤层压缩和破坏，相应部位的顶底板相对移动以及支架受力变形等统称为支承压力显现，支承压力显现是支承压力作用的结果，只有当煤层承受的压力值达到其强度极限时，才会发生明显的压缩和破坏。而巷道支架受力或变形，不仅取决于煤层破坏后的定底板的相对位移，而且与支架对顶底板的运动抵抗程度有关。

Whittaker 根据实际观测资料和理论分析提出了煤层回采后长壁工作面周围岩体支承压力的分布规律，如图1-7所示，一般认为煤层开采前方支承压力影响范围为15～40m，应力集中峰值在12～20m位置[33]。王文学等[34]通过总结了许多现场监测结果，得出支承压力的影响范围随埋深的增加而有增大的趋势，但非线性关系，在350m以浅的范围内，支承压力的影响范围分布在20～70m范围内。

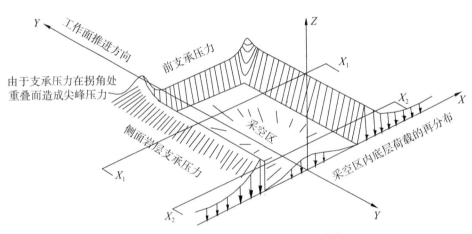

图1-7 长壁工作面周围支承压力分布[29]

从回采工作面推进开始至基本顶各岩梁初次来压结束期间，支承压力与矿山压力显现在初期具有相同的分布规律，主要发生在从回采工作面推进至煤壁支承改变之前。当从煤壁支承能力开始改变起，到基本顶岩梁开始断裂前，在弹塑性区压力显现与压力分布相一致，在塑性区两者的变化趋势却完全相反。从基本顶岩梁断裂，通过岩梁中部接触到矸石，超前巷道中的压力显现规律与压力分布变化趋势相一致，当回采工作面进入正常推进阶段后，矿山压力显现的主要特点与支承压力分布的特征相互对应，也伴随着上覆岩层的周期性运动而呈周期性变化。

Makarov 等[35]采用数值模拟方法，模拟了采空区岩体的应力应变状态演化过程，包括顶板破坏的灾变阶段。在非线性动力系统理论的框架下，分析了岩体单元灾难性破坏的建模结果。固体力学方程组的解表现出非线性动态系统演化的所有特征，如动态混沌、自组织临界性和破坏最后阶段的灾难性超快速应力应变状态演化。计算的破坏事件符合Gutenberg-Richter 定律。在数值计算中得到了截止效应(在大规模破坏事件区域内，递归曲线向下弯曲)。在灾难性破坏前，应力波动的概率密度函数与平均趋势有关且发生变化，破坏事件的重现曲线斜率变缓，顶板中部区域形成地震平静区。这些因素表明灾难性事件发生的概率不断增加，可以认为是灾难性事故的前兆。

针对长壁开采引起采场周围应力重分布，Rezaei 建立了基于应变能平衡的长壁采煤工作面矿压应力分析模型[36]。在该模型中，确定了计算采空区上方的卸压区高度、总诱导应力、支承角、诱导应力垂直分量等的模型。同时，通过现场测量以及相同边界条件下的数值和解析模型，验证了该模型的有效性。验证结果表明，Rezaei 所提出的模型与现场测量和数值模型相一致，但与现有的分析模型有差异[36]。

Guo Wenbing[37]分析了高强度开采覆岩破坏转移的过程，将其分为传递发展和传递中止两个阶段，采用岩石破坏准则理论计算了"悬吊"和"悬臂"岩层的最大长度，并建立了相应的岩层力学模型，结合覆岩破坏转移过程特征，提出了导水裂隙带高度综合性的预测方法。Xu Dongjing[38]研究了垮落法开采覆岩裂隙路径参数的计算方法，通过合并体积膨胀系数的变化，确立了巷道、裂隙角、工作面宽度和高度之间的关系，建立了梯形破碎模型，最终确定梯形破碎模型的最终演化形态，以解决煤层开采引起的裂隙空间计算的矛盾，有效防止突水溃砂事故的发生。Sainsbury[39]开发了一种基于垮落进程的传递模型的数值算法，并通过大规模的失稳屈服行为验证了该算法的优越性。Zhang Hualei[40]以松散含水层砂岩直接顶板下煤层开采为背景，建立了基于离散元 UDEC 和支撑载荷的数学力学模型，得出当砂岩直接顶破碎后，不能形成拱的结构支撑悬臂，只有垮落至关键层后才会形成砌体结构，此时支架承受上覆砂岩断裂层至下边界的荷载，支架工作阻力随着直接顶砂岩厚度、破断长度的增加而增大，当顶板断裂长度达到一定极值后，就会发生支架压溃事故。Yu Bin[41]监测了长壁综放开采覆岩层的微震事件，根据微震事件分布可将上覆岩层分为 3 个区域，微震事件的分布与密度随着煤层和裂隙带向上和向下逐渐减少。Xia Binwei[42]结合薄厚板理论，采用理论分析、相似试验、数值模拟和现场试验综合研究了硬岩下煤层开采残留煤柱与采空区的耦合效应，结果证明该耦合效应增强了矿山压力，当层间亚关键层破裂时，顶板压力明显加剧，支护阻力增大；当层间主关键层破断时，采场裂缝贯通，残余煤柱失稳。

Liu Chuang[43]综合分析了我国内蒙古布尔台煤矿顶板岩层条件、盾构压力和地表沉降，建立了相应的三维地质模型和二维数值模拟来分析不同地层条件下顶板岩层结构模型，得到直接顶较薄时形成悬臂梁，直接顶较厚时则形成砌体结构。Wang Feng[44]建立了未固结层内拱结构的力学模型，推导了未固结层内拱结构的形成条件，并采用二维物理模型模拟了开采过程中拱结构的演化，结果表明松散层可以形成拱结构，减小荷载对地层的压力，关键层的断裂间隔增加，减少了梁的滑动和旋转失效的概率，该理论计算在长壁工作面得到了较好的验证。Li Peng[45]调查了王家岭煤矿钻孔成像特征，测得导电断裂带的高度与经验预测结果显著不同，分析了关键层破裂所需的空间关系及其对导电断裂带高度的影响，认为高层位的关键层位置满足一定要求时，相邻关键层将允许低层位关键层中产生导电性裂缝，并传播至高层位来控制地层移动，从而增加上覆导电断裂带的高度。Li Zhaohua[46]针对长壁采煤工作面，采用切顶卸荷的方法来释放岩层压力，缓解矿上压力对锚固巷道顶板的影响，从而形成稳定的巷道空间，并通过监测地面压力与顶板压力验证了该方法的有效性。Li Zhenlei[47]针对复杂的采矿地质条件，基于砌体梁理论，建立了断层-柱模型，估算了静应力及其主要影响参数的变化，影响参数应预先控制以尽可能减少静应力，使岩石爆炸风险随之降低。

Zhou Zilong[48]采用数字散斑和声发射技术相结合的信息采集手段，结合 PFC2D 数值模拟技术，通过记录煤层开采过程中多柱支撑系统变形破坏过程的信息，分析了多柱支撑系统在外部荷载下的机械相响应，得到具有较高弹性模量或较低强度的支柱会首先损坏并失去承载能力，荷载会在支柱中重新分配的结论。当支柱强度更高且足够坚固，支撑系统承受的载荷再次增加。结果表明，弹性模量和支柱的载荷状态影响支柱系统的支撑能力，在地下空间工程中，适当地选择支柱尺寸和布局，尽可能减小支撑系统失稳的可能。Liu Chuang[49]调研了 58 个地质钻孔和长壁采煤工作面周围压力监测结果，研究了长壁采煤过程中直接顶板厚度的变化对坚硬顶板地层运动和破坏规律的影响，采用砌体梁模型来解释坚硬顶板的运动特征。结果表明，当直接顶板相对较厚时，煤层上覆坚硬顶板与已破损岩梁往往会形成稳定的拱结构，以减少对液压支架和工作面的压力；当直接顶相对较薄时，上覆破损的坚硬顶板岩层表现为悬臂梁的特征，从而增加液压支架和工作面的压力。Bai Jinwen[50]研究了上行开采残余煤层上覆岩层稳定性，残余煤层下方留设夹层保证开采的稳定，首先建立了夹层的力学模型，分析了夹层的垂直应力以及破坏条件。结果表明，残余煤层上覆岩层应力明显低于初始应力，早期开采降低了采场的压力。但是残余煤柱上方的垂直应力大于初始应力，产生了应力集中效应，这说明上覆岩层可能经历两个破坏阶段，首先夹层中心区域出现初始苏醒破坏，之后破坏向周围地区传播发展，导致整体破坏。现场监测也表明最初的破坏发生在中部地区，较好地验证了理论分析结果。煤层开采诱发高应力集中区，导致煤岩柱失稳、顶板垮落、片帮、底板隆起甚至煤爆等严重的煤矿灾害，Kang Hongpu 等[51]针对这种极端情况采用水力压裂技术来缓解长壁采煤引起的高应力，结果表明主要顶板的水力压裂会大大减轻支撑应力。数值模拟得到支撑压力的释放是通过剪切滑动来实现的，如果设计合理，水力压裂顶板可以大大减少支撑压力而不是将其转移到更深的位置。Liang Yunpei[52]综合采用理论分析、数值模拟和现场试验研究了大采高综放工作面第一个主关键层的运动类型及其对岩层移动的影响。结果表明，大采高综放开采第一主关键层有 2 种构造形式和 6 种运动类型，另外提出了有利于形成这些运动类型的条件。Gao Fuqiang[53]针对地下采矿巷道挤压变形引起高应力的现象，采用 UDEC 数值模拟技术分析了长壁开采采动应力的演化过程及分布特征，采动高应力引起裂缝明显扩张和巷道挤压变形。

Konicek[54]监测了长壁采煤工作面应力变化和地震活动，采矿引起地震事件与应力场分布之间相互联系，岩体局部应力的变化释放有利于降低岩爆事件的发生。在采矿和地下高岩爆风险区，减压爆破技术是防止岩爆的非常有用的主动措施，作为预处理技术，还可应用于高应力条件下的地下建筑和隧道设计施工当中。Zhang Kai[55]研究了煤矿巷道开挖岩石应力的变化，数值模拟结果表明锚杆长度和间距影响巷道和顶板的稳定性，塑性区应力对锚杆的响应表现为锚杆轴向应力在开挖后方20m和前方30m区域分布特征不同，最大轴向力达到设计极限，保证支撑力在有效范围内，以此有效改善锚杆的响应和巷道应力的稳定。针对分层充填开采，Deng Xuejie[56]研究得出，随着分层开采的增加，顶板垂直应力减小，但是减小的趋势逐渐变弱；顶板拉应力随着开采增大，但最大拉应力不超过允许拉应力。工作面的前方垂直应力大于后方，且两者均随开采呈现下降趋势。开采第一分层时矿山应力大于原始地应力，但是随着开采分层的增加，垂直应力远小于原始应力。Li Cong[57]建立长壁放顶煤开采的离散元模型，探索得到工作面前方应力与裂隙的分形维数存在二次关系，开采扰动范围为10~25m，岩层越完整，裂隙分布越少。为了研究坚硬顶板条件下采矿引起的应力分布规律，建立了一种先进的桥台压力分布模型。通过监测支撑压力，提出了一种计算强度因子的新方法，进而获得了压力分布特征；并且对采矿引起的应力增量进行了创新的原位测试，提出了工作面应力演化的理论模型。使用原位单轴压缩试验，研究了控制前进支撑压力变化的规律，得到峰值强度为36MPa，与推进支撑压力一致。放顶煤过程中采矿引起的应力剧烈波动；工作面中间的K值及其增长率显然高于两端的K值。为此建立了K的高斯分布模型，获得的结果为在相似地质条件下安全有效开采提供了第一手数据[58]。Zhang Yongjiang[59]基于弹性力学理论，建立了煤层开采底板应力的计算模型，得到了底板任意点处应力分布，随着工作面煤层开采的推进，岩层的垂直应力经历了快速增大、突然应力松弛和逐渐恢复到原始地应力三个阶段。工作面后方的采空区底板的水平和垂直应力均得以缓解，工作面前方的采空区底板水平和垂直应力集中程度急剧减小。采空区下方产生高剪切应力，呈气泡状分布，并倾斜于采空区。Wang Hongwei[60]通过物理和数值模拟研究了河南省义马矿区煤矿开采引起的逆断层周围的应力演化，断层表面的正应力比剪切应力大，靠近煤层的断层表面的正应力和切应力要比远离煤层的正应力大。较大的水平应力会引起正应力和剪应力的相反变化，可看作断层滑动的先兆信息。水平应力是煤层开采引起的断层滑动的主要驱动力。高水平应力环境下，超厚砾岩和逆断层的存在可能导致顶板运动的大面积发生，成为矿区煤爆的动压源。

基于国内煤矿实测应力数据，Guo Hongjun[61]分析了应力场的类型，应力大小，应力值与埋藏深度之间的关系。通过对侧压力系数和侧压力比的变化趋势与埋深进行回归分析，并将其与Hoek-Brown曲线进行比较，确定了我国煤矿井下应力场的分布特征和变化规律。通常，地应力随埋藏深度而增加，但地质构造和岩性使水平应力相当大。在被认为是典型构造应力场的应力场中，有87.72%的应力水平较高；其中，高应力区约占64%，低应力和超高应力区分别约占18%。水平主应力之比在1.0的范围内分布，与2.5相似，并且受埋藏深度的影响很小。然而，随着埋深的增加，这种差异不断增加，导致煤岩的剪切破坏明显增加。侧压力系数主要分布在0.9~2.0之间，并且随着埋深的增加而减小，并逐渐接近1.32。多数侧压力比在0.5左右，与1.6相似。当埋深小于750m时，水平主应力低于世界上的水平主应力。相反，在较深的区域，水平主应力的大小更为明显，但它始终在现场应力场中起主导作用。地震带对煤田应力场影响很大，在不影响应力场的情况下，最大主应力方向大致平行于或垂直于我国大陆板块的主应力轨迹。但是，在地质构造的综合作用下，方向明显改变，两者之间没有明显的关系，也没有遵循的标准。地应力统计是理解我国煤矿应力分布的重要参考值，对于安全有效地开采地下矿具有实际指导意义。

Zhao Wusheng[62]提出了一种基于光纤布拉格光栅（FBGs）的煤矿岩体长期应力监测井眼变形传感器。通过实验室和现场测试，验证传感器的准确性和长期性能，表明该传感器能够准确测量岩石中的应力，并且在煤矿中长期运行良好。研发的传感器为长期监测煤矿岩石应力变化提供了一种方法。Xiong Xianyu[63]采用数值模拟、室内试验和现场验证相结合的方法，系统研究了石滩井二矿区直角梯形巷道围岩的垂直应力、水平应力和巷道破坏特征的分布规律。结果表明，巷道的两壁，顶板和尖角显示出明显的不对称应力集中。下侧（右壁）的应力集中峰值明显大于上侧（左壁）的应力集中，并且从巷道的高低侧到巷道两壁的距离明显不同。沿煤层倾角相同方向对称的两个尖角显示明显的压应力，而相反方向在两个尖角显示明显的拉应力区域。此外，压应力和拉应力的最大值出现在巷道顶板的两个拐角处，并且其大小随倾斜度和地面应力的变化而变化。综上所述可知，经过长期的研究发展，国内外众多学者针对采场覆岩运动规律以及由此导致的矿山压力显现和支承压力分布与演化特征，研究提出了各种各样经典的理论和假说，后人在前人研究的基础上对原来的理论进行了改进与补充，并且指导了工程实践，对煤矿的安全高效开采提供了理论基础。

1.2.2 采动覆岩裂隙演化规律研究

20世纪50年代初，比利时学者 A. Labasse 提出预成裂隙梁理论，该理论揭示了煤层及其顶板岩层在超前支承压力作用下产生预成裂隙的机理，为以后煤岩裂隙演化规律进一步发展起到了推动作用[29]。采动裂隙场因采场上覆岩层随工作面的推进而形成，根据不同区域上覆岩受力的形式与位置特征，裂隙场可以分为工作面上方裂隙场和采空区上方裂隙场，其中工作面上方裂隙场主要受到超前支承压力的作用，是煤岩体原岩应力场发生巨大变化而形成的，采空区上方裂隙场是由于煤岩体支承力突然消失后，采空区上方覆岩负重完全作用在顶板上而形成的[64-65]。煤岩体是一种固体介质，其具有一定的强度，当受到采动破坏时，内部的承载力将被改变，但是在一定范围内不会发生大面积的变形和崩塌，而其内部由于承载力的关系会产生一系列的裂隙，从围岩内壁延伸到岩体内部。在工作面的倾向方向，裂隙的分布是不均匀的，因为在采动的过程中，两巷与工作面受到的采动应力不均匀，而在工作面两侧巷道由于其承载面积大，而大面积的破坏较少。但工作面由于距离较长，特别是有些长壁综采工作面，开采强度大，工作面上方有大体积煤岩体剥落，相应的垂直应力全部作用在未开采的煤壁上，会产生大开度和高密度的裂隙。而在工作面走向方向，裂隙的分布也有较大的差异，反映为采空区上方的裂隙密度或数量要比煤壁上方发育得多。

对于覆岩裂隙分布规律及形态方面，Bai、Palchik、Karmis 和 Hasenfus 等认为长壁开采覆岩存在三个不同的移动带[66-70]。为探寻采动作用下覆岩裂隙演化规律，国内外学者进行大量的研究，研究主要采用理论研究、数值模拟、相似材料模拟、地球物理探测技术、钻探、现场实测等方法，这些研究目的是探寻采动对裂隙形成、扩展、形态和岩体裂隙场分布规律的影响。

刘天泉院士，基于相似模拟和现场实践提出"横三区""竖三带"的认识，描述采场上覆围岩走向上覆岩经历支撑影响区、离层区和重新压实区。纵向上由采空区向上分别为垮落带、裂隙带和弯曲下沉带，归纳得出了计算导水裂隙带高度的经验公式，很好地指导了工程实践[71]。

钱鸣高应用模型实验、图像分析、离散元模拟等方法，对上覆岩层采动裂隙分布特征进行了研究，揭示了长壁工作面覆岩采动裂隙的两阶段发展规律与"O"形圈分布特征[72]。同时，他还指出岩层的硬度、厚度、断裂长度及层序是影响上覆岩层离层裂隙分布的主要因素，覆岩关键层下的离层裂隙比较发育，随着工作面的推进，覆岩离层裂隙的分布呈现两阶段规律：前一阶段，离层裂隙在采空区中部最为发育，其最大离层率是后一阶段的数倍；后一阶段，采空区中部离层裂隙趋于压实，而采空区四周存在一个离层裂隙发育的"O"形圈。

黄庆享通过对陕北浅埋煤层保水开采的模拟研究与采动损害实测，揭示采动覆岩裂隙主要由上行裂隙和下行裂隙构成，采动裂隙带的导通性决定覆岩隔水层的隔水性[73]。黄炳香进行了覆岩采动导水裂隙分布特征的相似模拟实验和力学分析，提出了破断裂隙贯通度的概念和计算公式，并对采场中小断层对导水裂隙带高度的影响进行了研究，得出了采场小断层对导水裂隙高度的影响规律[74]。马立强以神东矿区浅埋煤层为研究对象，采用平板力学模型、三维模拟、数值计算、三维流固耦合系统等方法与手段，对沙基型薄基岩浅埋煤层覆岩导水通道分布特征开展了系统的研究，分析了隔水层的裂隙演化机理和发育过程及分布特征[75]。

裂隙现场观测作为一种直接的研究方法，并结合理论能够有效地对现场裂隙特征进行研究分析，宋选民等[76]在潞安矿区对五阳、王庄等矿进行了现场裂隙实测研究，通过在巷道内选取3~5个测区，每个区域巷道长度选择5m，对区域内的顶板裂隙分组测量，对每组的裂隙数目及其间距进行测量计算，并通过地质罗盘等方法对裂隙的方向进行计算测量，然后绘制巷道顶板的裂隙玫瑰花图，统计每个测区的裂隙分布特征的平均值，最终得到潞安矿区构造影响下裂隙分布的方位特征，为巷道布置提供理论依据，以保障巷道的稳定性进而保障安全生产。

近年来，钻孔彩色电视系统被广泛应用于多采动煤岩裂隙场的现场观察与研究。钻孔电视法是一种有效的探测覆盖层采动裂隙的方法，因为它可以直观地看到裂隙，便于对其尺寸、数量、长度和其他特征进行定量分析。主要用于探测煤层开采前的原岩裂隙发育，受采动影响的覆岩破坏特征以及老采空区的破坏状态。Wang Hongzhi[77]等以王家岭煤矿20105工作面为研究对象，采用钻孔电视法，研究了采动裂隙从煤层到地表的上覆岩层运动及时空演化规律。发现在采动的过程中覆岩经历了顶板垮落、裂隙产生、离层、错动、裂隙扩展、地表下沉、裂隙闭合等阶段。沿开采方向可分为启动阶段、活跃阶段和退化阶段。工作面采空区高度为采高的2.9~4.11倍，破碎带高度为采高的19.35~22.19倍。裂隙带中三个部分的高度范围分别为24~26m、40~45m和30~35m。在弯曲带观察到明显的裂缝,采空区上方地表出现台阶状沉陷和裂隙,破坏严重。

综放开采中采动压力大,覆岩破坏面积大,制约了综放开采的大量生产和安全生产。Li Sheng 等[78]应用全视钻孔摄影技术与地震 CT 扫描技术相结合,研究了浅埋煤层综放工作面覆岩的变形破坏规律,确定了覆岩的破坏发展规律。全视钻孔摄影能揭示地层特征,地震 CT 扫描仪能反映孔间地层特征。联合测量技术可以有效地确定覆岩裂隙带和垮落带的高度。

由于研究覆岩采动裂隙演化特征对顶板控制、瓦斯抽放、灾害防治和高效开采具有重要意义,Ye Qing 等[79]建立了室内相似材料模拟实验系统,对大倾角深部开采覆岩开采裂隙演化特征进行了研究,随着工作面推进,采空区范围逐渐扩大,覆岩假顶的形成基本反映了塌陷演化过程。覆岩的重量不断地传递到工作面前后,在煤柱两侧形成支护压力,引起采空区岩石的崩塌。煤层大倾角导致应力增加区压力不平衡,顶板覆岩出现离层现象。沿工作面倾斜方向,裂隙发育,岩层离层明显,为瓦斯流动和运移提供了通道。相似模拟结果为更好地了解覆岩采动裂隙演化特征提供了基础资料,对控制采煤巷道稳定性、优化瓦斯抽放钻孔布置、提高开采安全性具有重要意义。

岩体原生的裂隙结构面网络具有分形特征,同样对于由于开采等原因形成的岩体新裂隙或原生裂隙的扩展裂隙、再生裂隙所构成的网络也具有分形特征。地下煤层采出后,采空区顶板在自重及其上覆岩层作用下向下弯曲和移动,当其内部拉应力超过岩石强度极限时,直接顶板便断裂、破碎而冒落,同时亦导致整个上覆岩层的破坏和陷落,这是一个相当复杂的力学过程,涉及上覆岩层的岩石力学性质、地质构造条件、开采长度和开采速度等因素。然而,在这一复杂的力学过程中可以发现,采空区的破坏断裂也具有分形几何的规律性[80],为了更好地对采动裂隙进行研究,模型试验与数值模拟的方法被广泛应用。

Liu Xiuying[81]利用相似材料模拟实验,模拟了采动岩石裂隙的形成过程和分布,研究了垮落带岩体裂隙网络的演化规律,利用分形几何理论对裂隙带进行了研究。随着工作面推进,岩体裂隙由下至上发展,不同的裂隙网络形式对应着不同的工作面推进距离,后一种网络叠加了先前的网络,开采使岩体裂隙分布更加复杂。上覆岩层离层量是三个阶段的分离发展规律,包括起始相分离、膨胀相分离和闭合相分离。临界层沿任意点的分离经历了由小到大再到小而稳定的变化过程。同时,采动岩体裂隙的分形维数经历了从小到大的变化,在相同的开采宽度下,裂隙带的分形维数为垮落带的 80%～90%,最后,当开采结束时,分形维数下降到一个比较稳定的值。

上行开采方法是我国煤矿安全生产中应用最为广泛的一种采矿方法。为了确定上行开采能否消除或降低煤层开采突出危险性,Liux 等人利用 FLAC3D 软件建立数值模型,研究了上行开采过程中裂隙演化及能量的积累和耗散规律。采用现场测试对数值模型得到的裂缝演化进行了验证。结果表明,FLAC3D 模型能较好地预测覆岩裂缝演化过程。研究结果有助于确定上行开采方式和进一步研究岩爆防治机理[82]。

Lu Yinlong[83]提出了一种基于细观力学的损伤流动耦合模拟方法,用于模拟承压含水层上方开采过程中底板岩层中裂隙的渐进发展和伴生渗流。该方法将基于微裂隙的连续损伤模型与广义 Bio 塑性相结合。并通过数值结果成功地再现了开采过程中底板岩层的应力重分布、声发射演化、裂隙发育、渗透性变化和突水通道的形成。采空区两侧出现渗透性强的最深裂隙带，随着开采距离的增加迅速向下延伸，最终进入下伏承压含水层形成贯通突水通道，突水压力和水流速度急剧增加。此外，在数值模型中引入了基于 Weibull 分布规律的非均匀性，研究了均匀性指数和承压水压力对非均质底板突水过程的影响。

池明波和张东升[84]将开采高度和隔水层位置作为分析含水层变化的主要影响因素。以伊犁四矿为例，采用通用离散元程序离散元模拟软件，以不同开采高度(3m、5m、8m、10m、15m、20m)和隔水层不同位置(上、中、下)为变化条件，建立了 18 个数值分析模型。通过研究扰动后含水层水资源的变化特征，总结出水压随开采高度和隔水层位置的变化规律，从而提出了以含水层水压变化作为判别采动裂隙发育程度的新判据。研究结果为评价采动裂隙发育程度提供了参考依据。

结构面在岩体的变形行为中起着重要作用。岩石不连续面的性质包括范围、方向、粗糙度、填充物和节理壁强度。粗糙度是指局部偏离平面度，它会影响摩擦角、剪胀性和峰值抗剪强度。分形维数(D)描述曲线、曲面或体积与直线、平面或立方体的变化程度。分形维数被认为是量化天然岩石节理剖面粗糙度的合适参数，对于完全平滑的轮廓，分形维数的最小值为 1，对于极其粗糙的起伏轮廓，其最大值小于 2。基于分形维数(D)的岩石裂隙节理粗糙度系数(JRC)已被提出了许多经验公式[85]。

岩石破裂面的不规则粗糙轮廓在统计学上可视为具有自相似性。谢和平等人应用分形几何来描述这种不规则性，研究分形几何在岩石力学中的应用。通过电子扫描和光学断口分析，研究了岩石破裂面的分形特征。最后得出了岩石断裂的分形维数与宏观力学量之间的关系。逐渐形成分形岩石力学这一新的交叉学科，同时也对采动岩体裂隙的分形特征进行研究[86-89]。齐庆新等[90-92]通过 CT 试验、相似材料模拟试验以及现场钻孔电视等对煤岩体在外力作用下的裂隙演化规律进行了研究，总结出裂隙集密度概念来描述煤岩体裂隙的演化规律，并且考虑到裂隙集度，对用于岩石类材料屈服判别的准则进行修正，通过采用考虑裂隙集度有效应力的方法，得到新的修正的 D-P 准则，并模拟了非均匀场煤岩体采动全过程，获得了应力、应变、位移和裂隙集度随工作面推进的分布规律。

综上所述，采动条件下煤岩体裂隙演化过程研究的核心问题是如何表征煤岩体中裂隙的特征。由于天然露头或人工开挖的限制，很难对岩体内裂隙的集合参数进行系统而准确的测量，对岩体中裂隙特征的完整描述也是非常困难的，有时甚至是不可能的。岩体中存在形态、大小、间距、密度和方向各异的裂隙，特别是它们相互交切，形成裂隙网络系统，使岩体具有结构性和不确定性的特点，成为岩体裂隙研究的难点之一。岩体裂隙几何形态的不确定性导致了岩体力学行为的不确定性，从而使得岩体力学问题定量化程度不高或定量成果可信度偏低。而岩体结构描述一直是岩体力学研究领域的难点，而对采场覆岩裂隙场的研究，其时空差异性特征对岩体裂隙的演化机理的研究具有重要意义。

1.2.3 近水体安全采煤决策研究

采动覆岩突水溃砂形成的影响因素与机理非常复杂，人们对其的认识也是一个渐进的过程，国内外学者在此方面开展了大量的研究并不断深入，取得了一系列重要的进展和研究成果，从本质上阐明了裂隙覆岩在采动过程中移动变形的基本规律，揭示了采动裂隙覆岩突水溃砂的内因条件，并基于此提出近水体采煤的安全决策评价，制定相关的安全技术措施，对于降低采动覆岩突水溃砂灾害危险性有重要的指导意义。

对采动覆岩突水溃砂灾害科学、准确的评价决策需要建立精确科学的决策模型，以便于准确识别灾害与加强过程防范。1993 年，Simon W. Houlding 率先提出了三维矿山建模[93-97]的概念，Simon W. Houlding 三维矿山建模的简要过程是与地质统计分析技术相结合，并运用计算机技术，将空间信息数据、预测技术、地质数据解译分析、地学统计分析、实体内容分析以及图形可视化等工具在三维环境下结合起来而形成的一门新兴学科。我国在 20 世纪 80 年代初开始对矿山三维可视化进行研究和应用，主要是利用 AntoCAD 对矿区进行简单的绘制并利用 Basic 语言开展地学信息的管理。目前，我国已利用 CAD 并结合 GIS 开发出了一些在采矿、地质、测量等领域方面应用且专业应用性很强的软件。例如，中国矿业大学、东北大学、北京科技大学、中国地质大学(武汉)等设计开发了各自的基于 CAD 的矿山系统。

美国、加拿大、澳大利亚等煤矿开采技术先进的国家都开发出了具有多种功能的三维矿山软件。例如：Micromine 三维矿山软件系统是由澳大利亚 Micromine 公司开发的，其主要用途包括：对地表、地层、地下各种地质数据和信息进行三维演示和解释分析。其主要的功能模块有：钻孔的分析模块、等高线及格网的绘制模块、地质的统计分析模块、常用统计分析模块、测量地质建模模块、品位的控制模块、三维的演示及分析模块等。并且，该系统具有对地质数据信息处理分析与建模的功能，为地下矿产开采设计、品位估值、地质统计分析及储量计算等提供有力的技术支持，但前期的研究主要集中在建模统计管理方面[98-103]。

到 20 世纪 80 年代后期，随着一些新技术、新方法的引入，矿井突水决策评价有了较大的发展，出现了许多决策评价方法，王树元[104]采用模糊集合论与移动平均数预测法相结合的方法，首次提出了矿井突水事件的模糊预测方法，该方法预测结果较为可靠，并证明了事件发生的可能性高，不一定概率值也高。

许延春以我国顶板水(地表水体和松散层含水体)和底板薄层灰岩水体引起矿井水灾害事故的统计资料为依据，应用灰色理论的宏观预测矿井水灾害可能发生的时间和严重程度[105]。

陈秦生、蔡元龙用模式识别方法预测底板突水并取得了一定的成效，其首先利用大量已开采过煤矿的多种水文地质资料模式分类的训练样本集，对待定的判别函数进行训练，确定出对训练样本集有最优分类结果的分类器，然后对分类器进行准确性和可靠性检验，最后将被检验有高准确性和稳定性的分类器作为预测器对待开采的煤矿进行突水预测[106]。

武强在 20 世纪 80 年代后期针对我国华北型煤田及其复杂的充水水文地质条件，建立了我国华北型煤田立体充水地质结构模式，并建立了矿井涌水量立体预测的水文地质概念模型，对四个具有不同内边界类型典型煤矿的矿井涌水量进行了立体数值预测[107]。

张大顺、郑世书和孙亚军等在底板突水预测中首次引入地理信息系统来组织和管理与矿井突水有关的各类数据,建立突水模式和突水预测的多元信息拟合预测系统,并对焦作东部矿区和微山湖下采煤进行了突水危险性预测[108]。

张敏江、王延福首次将专家决策系统方法运用于煤矿区突水预报领域,初步建立了煤层底板突水预报专家系统(简称 WIFDCM 系统),通过运用专家系统的方法,考虑到影响突水的多方面因素,融入预测预报领域知名专家的防治水经验和知识,建立底板突水预测专家系统,从而提高预测预报的成功率与准确性[109]。

王延福、靳德武等开发了突水预报人工神经网络系统(简称 ANNWIF 系统),针对煤矿矿井煤层底板突水系统为一非线性系统的特性,以实际数据为基础,建立神经网络系统,并对系统、建模方法、适用条件和应用问题进行了阐述,并在焦作矿务局演马庄矿、焦作金科尔集团方庄煤矿对所建立的煤层底板突水预测神经网络进行生产性检验,取得良好的结果,说明该系统应用于煤层底板突水预测的可靠性[110]。

随着计算机技术的发展,专家系统、地理信息系统、人工神经网络等软科学决策方法,对突水的评价决策也进入了一个信息化决策时代[111-112]。越来越多的研究人员致力于将机器学习的方法应用于矿井突水评价决策中。基于机器学习的矿井突水评价中不仅能够客观地分析现有信息而且能够对多方信息进行有效的融合,对矿井水害的防治工作有着积极意义。魏军等将灰色聚类评估方法应用于煤矿突水预测中,不但拓展了灰色聚类理论的应用范围,而且为矿井突水提供了一种有效的准确预报方法[113]。雷西玲等综合水源、隔水层等多种因素建立基于遗传神经网络突水预测模型,是较早地将神经网络应用于矿井水害预测的方法[114]。曹庆奎等将模糊隶属度与支持向量机结合,并应用于煤层底板的突水危险性评价中,较好地解决了突水预测中的小样本及非线性问题[115]。闫志刚等提出了支持向量机-粗集(SVM-RS)模型并将其应用于矿井突水预测,该模型同时综合了支持向量机的良好的泛化性能和粗糙集较强的提取规则能力,使突水信息得到了充分利用。它首先采用主成分分析法对突水因素进行特征选择,并用挑选的特征对极速学习机进行训练,是一种基于极速学习机的煤矿突水预测方法,取得良好的预测结果[116]。

经过多年的发展,各种适用于生产的决策评价理论与方法[117]逐渐形成,其中比较完善的是武强院士等针对煤层底板突水受多种因素影响的特点,提出以多元信息集成理论为指导,基于信息融合技术,综合分析煤层底板突水相关因素,给出相应的权重比例,得出不同区域的煤层底板突水危险性评价方法,由此提出了脆弱性指数法,三图-双预测法等[118-120]理论方法,并指导实际生产。基于信息融合技术的方法是从煤层顶板涌(突)水条件定性地分析,到回采工作面工程涌(突)水量和采前预疏放量的定量模拟预测,形成了一整套系统的研究思路与研究方法。该方法的扩展模型非常强大,结合不同的非线性或线性函数便可得到不同的方法,目前已有的方法包括:基于 GIS 的人工神经网络型脆弱性指数法、基于 GIS 的证据权型脆弱性指数法、基于 GIS 的层次分析法型脆弱性指数法等等。该方法已被成功地应用于开滦东欢坨矿、大同燕子山矿等矿山的煤层底板突水问题评价。脆弱性指数法能够有效地结合多种突水因素进行分析,是目前煤层底板突水评价的新型方法。随后,武强、Zhou Wanfang 等研发了基于地理信息系统(GIS)与人工神经网络耦合技术等模型的煤层底板突水脆弱性定量分区评价系统[121-122]。

在突水评价决策系统方面，刘雪艳等从矿井突水机理的角度出发，分析煤层底板突水，以及突水通道等的形成原因，总结出影响煤层底板突水的主要因素，最后提出了基于图的半监督集成学习算法，并搭建煤层底板突水预警系统平台[123]。孙亚军教授等应用模糊聚类分析得到的含水层背景值，通过建立模糊综合评判模型，进行矿井突水水源快速判别，再利用 GIS 可视化技术将判别结果直观地显示出来，研发了基于 GIS 的矿井突水水源判别系统研究[124]。靳德武等研发的基于光纤光栅通信和传感技术的新型煤层底板突水监测预警系统[125]。黄国军搭建的基于 GIS 的矿井水害预测系统，在分析矿井突水影响因素的基础上，应用信息化手段集成 GIS 组件技术构建突水影响因素数据库，实现了突水点预测、矿井顶板突水预测等功能[126]。所有上述研究成果都及时捕捉到了软科学发展的重要信息，把软科学解决问题的决策方法和研究思路用于煤矿水害问题的预测预报当中，这对加强矿井防治水害工作、降低矿井水害事故的发生概率以及确保新形式下矿井高产高效安全生产具有重要意义。

综上所述，由于地理信息系统（GIS）强大的空间决策及可视化功能，在矿井突水危险性评价方面具有重要的应用价值。地理信息系统经过近半个世纪的发展，已从传统的空间数据管理系统发展成为空间数据分析系统，并将最终向空间决策支持系统过渡，从而实现空间数据管理向空间思维的转变。空间数据管理系统侧重于空间数据结构、计算机制图等基本内容的研究，实现空间数据的存储、查询，空间分析是基于地理对象的位置形态特征的空间数据分析技术，其目的在于提取和传输空间信息[127-128]。

而多准则决策（multi criteria decision making，MCDM）的概念，其最早前身为 Pareto 优化，是在 1896 年由 Pareto 提出的。Koopmans、Kuhn 和 Tucker 等在 1952 年引入的有效点和优化向量概念才进一步有所发展，到 20 世纪 60 年代后期，随着 Charnes 和 Cooper 对多目标规划的研究以及 Roy 提出的 Electre 方法等，多目标决策才有了明确的发展。在过去的几十年里，多准则决策分析已经有了惊人的使用量，它在不同应用领域的作用显著增强，特别是随着新方法的发展和旧方法的改进，多准则决策作为一种处理复杂工程问题的模型和工具被广泛应用。决策者面对的许多问题是不完整和模糊的多目标决策问题，因为这些问题的特点，决策者往往需要这类信息的具体因素[129-130]。

在进行多准则决策时，由于许多因素的影响，并且各个因素基本上都具有空间分布特征，各个因素之间可能存在矛盾与冲突，因此多准则决策中，这些因素要相互之间进行权衡。比如在地震预报中，决策过程中，不但要考虑发布预报造成的经济损失，还要考虑不发布预报而地震却发生了，由此而造成的经济损失和人员伤亡更严重。这两个准则之间具有矛盾特征。因此，多准则决策具有以下基本内容和特点，详见表 1-2。

多准则决策的实质是利用现有的决策信息通过一定的方法对目标进行决策，其主要包含两部分：决策信息及其确定。一般有两方面的内容包含在决策信息里面：

①准则值和准则权重。其中准则值主要包含三种类型：区间数、实数和语言。其中准则权重是确定多准则决策的一个重要的研究内容，其确定方法可以分为客观方法，此方法不含人的主观信息，主要是利用已有的信息。主观方法是利用经验等的一种赋权方法。

表 1-2 多准则决策的内容与特点

特 点	基本内容
量化、非量化以及不同量纲的指标可以同时被处理	目标：决策过程中需要达到的目的
多个目标之间的冲突与矛盾可以被处理	准则：影响决策的因素，是判断的标准
优先顺序不同的问题可以被处理	决策选项

②决策信息需要采用一定的方法进行集结才能对结果进行决策。目前应用比较广泛的有 WLC（weighted linear combination）方法、TOPSIS 方法、ELECTRE 方法、LINMAP 方法以及 OWA（ordered weighted averaging）方法。

多准则决策分析是现代决策科学的一个重要组成部分，尽管多准则决策支持系统和地理信息系统能够独立地解决一些简单问题，但是许多复杂问题就需要两者结合起来提供更好的解决方案。在 20 世纪 80 年代后期，多准则决策分析已经与地理信息系统相结合来增加空间多准则决策的应用。多准则决策分析和地理信息系统这两个独特的研究领域，在彼此的应用中互相得益：一方面，多准则决策分析（MCDA）提供了丰富的聚集技术和程序结构的决策问题，设计、评估和优化选择决定，通过运用参与评价的标准及其权重来辅助决策者从大量备选方案中选取最合适的一个；另一方面，地理信息系统技术刚好和多准则决策分析具有互补的特点，即地理信息系统具有良好的数据管理、空间分析、可视化系统平台和收敛型决策支持模式，多准则决策分析与地理信息系统（GIS）走向集成化，形成所谓的 GIS-MCDA 模式[131-134]。

与地理空间信息有关的决策问题统称为空间决策问题。地下空间灾害防治中的许多决策问题都是多准则空间决策问题，如地下工程的围岩稳定性问题，需要考虑工程因素、岩体结构、地下水以及岩石性质等准则；高承压水体上煤层开采，目前主要通过注浆加固技术对煤层底板进行改造，加厚底板隔水层厚度，封闭底板裂隙。因此对其安全开采进行评价时，需要考虑含水层富水性、地质构造、矿山压力、工作面尺寸、开采方法以及煤层厚度等，特别是注浆改造效果准则，主要作用在于提高底板隔水层的阻抗水能力。而在厚松散含水层下采煤，随着煤矿开采上限的提高，覆岩厚度越来越薄，开采条件越来越复杂，采动产生的力学环境、岩体结构和破坏特征等与其他明显不同，导致采动覆岩应力场的时空关系更加复杂，突水溃砂等动力灾害容易发生，对这些灾害发生的评价决策，将需要考虑覆岩厚度、导水裂隙带高度、松散含水层富水性等多个准则，由于灾害发生的随机性、突发性和破坏形式的多样性，多个不同的判断准则需要被考虑，进而对灾害的发生进行决策与预报。

多准则决策日益成为人们评估分析的衡量尺度，基于 GIS 的多准则决策分析正发挥着重要作用。GIS 作为数据管理与分析的平台，结合 MCDA 定量化的决策评价方法，为采动覆岩突水溃砂评价决策研究提供了良好的技术手段，具有空间维度与时间维度等空间信息的采动覆岩突水溃砂危险性评价能够考虑采动裂隙覆岩的时空演化特征，对于采动覆岩突水溃砂决策有重要的意义。

1.3 存在的问题

目前的研究成果为防治采动覆岩突水溃砂起到了积极的指导作用，但也存在一定的问题，需要更深入的研究，特别是采动覆岩应力的变化不但具有时间序列特征还具有空间序列特征。目前主要研究覆岩应力随开采距离的变化，即主要从时间维度来研究应力的变化特征，或者研究一定开采距离时覆岩应力的分布特征。缺乏同时从时间维度和空间维度对采动覆岩应力变化的研究，而对应力时空特征进行研究，将更与实际相吻合。

覆岩裂隙几何形态的不确定性及其在采动过程中演化的复杂性反映了岩体力学行为的不确定性，其力学行为决定了覆岩的裂隙形态。由于覆岩材料的复杂性与多样性等，其力学性质的定量化研究比较复杂，因此岩体结构描述一直是岩体力学研究领域的难点。目前多对采动覆岩裂隙的分布特征进行研究，即从空间维度对其的研究，而对其从时间维度的研究较少。因此，采动覆岩裂隙进一步的量化研究，特别是从时空角度对其时空差异性特征进行研究，对采动覆岩裂隙的演化机理以及对突水溃砂防治具有重要意义。

目前，关于采动覆岩突水溃砂决策评价方面的研究成果主要以统计规律方法作为定性和半定量的方法，而对其定量化的决策评价研究较少，且对各个因素的量化未作考虑或不全面。

综上所述，目前国内外对采动覆岩突水溃砂机理的研究多集中在经验统计和采场围岩的变形破坏失稳上，对突水溃砂的预测决策评价集中在经验统计基础上的定性与半定量评价，对采动覆岩的认识集中在宏观规律上，而对采动过程中的时间与空间等若干重要信息的检测则缺乏更深入的探讨。因此，本书以近松散含水层煤层开采条件、水文地质条件分析为基础，考虑采动裂隙覆岩时空演化以及采动过程中覆岩的应力与裂隙场时空演化特征，开展研究区采动裂隙覆岩突水影响准则变化及其空间分布特征研究，对突水溃砂危险性进行决策评价分析，揭示采动裂隙覆岩应力与裂隙场等的时空演化特征及突水孕灾规律。基于空间决策理论，应用地质统计、空间统计分析等方法，构建突水溃砂危险性决策准则体系，建立突水溃砂危险性决策模型，研发具有数据存储计算、制图、输出、决策等功能采动覆岩突水溃砂危险性的空间多准则决策评价系统，实现采动覆岩突水溃砂危险性的快速决策，对于采动裂隙覆岩突水溃砂的防治有着重要意义，本书的研究在理论、方法以及实践上都将是一种新的尝试。

1.4 研究内容和技术路线

1.4.1 研究内容及研究方法

1) 建立采动覆岩破坏研究的工程地质模型

分析研究区所处的区域水文地质条件，研究其新近系的水文地质、工程地质特征，分析含水层的富水性以及隔水层稳定性等，并对其工程地质类型进行划分，建立研究区采动覆岩破坏研究的工程地质模型。

2) 采动覆岩应力的时空演化研究

从系统科学的观点出发，基于信息熵理论以及时空可视化分析模型，首先通过相似材料模型试验监测覆岩采动过程中的应力变化特征，获得采动覆岩应力演化的时间序列与空间序列；然后建立采动覆岩应力熵，对采动覆岩应力时空演化进行研究；最终获得采动覆岩应力的时空立方体分析模型，并对采动覆岩应力的时空演化特征及趋势等进行分析。

3) 采动覆岩裂隙的时空演化研究

基于分形几何理论以及数字图像处理技术，通过模型试验，对采动裂隙岩体裂隙的时空演化特征进行研究，对采动过程中的覆岩裂隙发育几何特征的时空演化规律进行分析，基于信息熵理论，提出采动裂隙覆岩裂隙熵，并结合裂隙的分形特征，通过时空可视化分析方法，建立覆岩裂隙时空演化状态的判断准则，对裂隙的产生、贯通、闭合以及开张等进行判别。

当两层被采煤层间的夹层较厚，而无法进行联合开采时，需要作为近距离煤层，此时需要采用上行或下行开采的顺序方法。无论是上行开采还是下行开采，岩体会受到重复采动的作用，采动覆岩裂隙由于重复采动作用，其时空演化特征受到煤层层间距以及煤层厚度等的影响，覆岩裂隙的时空演化特征会发生变异。以两个不同开采顺序的近距离煤层工作面开采为例，通过相似模型试验，对近距离煤层上行和下行重复采动覆岩裂隙的时空演化特征进行讨论研究，从而可揭示出近距离煤层开采过程中重复采动导致的覆岩裂隙的时空变化机理。

4) 基于熵的采动覆岩突水溃砂危险性空间多准则决策

基于熵理论，根据覆岩采动过程中影响突水溃砂发生的各个准则的空间变异特征，结合空间决策理论，应用地质统计、空间统计分析等方法，构建突水溃砂空间多准则决策体系，并结合工程实例，对影响采动覆岩突水溃砂的各个准则进行量化分析，建立采动裂隙覆岩突水溃砂危险性空间决策模型，对近松散层采动覆岩突水溃砂危险性进行空间多准则决策分区。

5) 基于熵的采动覆岩突水溃砂危险性决策系统的开发与应用

开发基于熵的采动覆岩突水溃砂危险性决策系统，可实现采动覆岩突水溃砂危险性的快速决策评价与预报，及时更新突水溃砂灾害防治的技术措施或方案。并通过不同案例的应用，对系统的推广应用进行检验，例如薄基岩松散含水层下厚煤层分层充填开采危险性的空间多准则决策和承压含水层上煤层开采突水危险性的空间多准则决策应用，并通过对比其他决策方法，突出该模型方法的优越性与先进性。

1.4.2 技术路线

本研究以近松散含水层煤层开采条件、水文地质条件分析为基础，考虑采动裂隙覆岩时空演化以及采动过程中覆岩的应力与裂隙场时空演化特征，揭示采动裂隙覆岩应力与裂隙场等的时空演化特征与突水溃砂孕灾规律。开展工程研究区采动覆岩突水溃砂影响准则变化及其空间分布特征的研究，并对潜在突水溃砂危险区域进行决策评价和预测分析。基于空间决策理论，应用地质统计、空间统计分析等方法，构建突水溃砂决策准则体系，进而建立突水溃砂危险性空间多准则决策模型，研发具有数据存储计算、制图、输出、决策等功能矿井突水危险性的决策系统，并将收集获得的决策准则参数输入系统；可对采动覆岩突水溃砂危险性进行决策评价，实现矿井突水危险性的快速决策，总体研究思路如图1-8 所示。

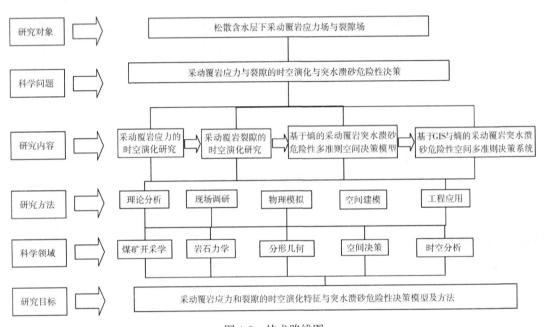

图 1-8　技术路线图

第2章 地质概况

2.1 概况

泉店煤矿位于河南省许昌市的禹州市和许昌县交界处的禹州煤田东部。禹州煤田地处豫西嵩箕纬向构造带的东段，主要构造形态有白沙向斜、许禹背斜和景家洼向斜，褶曲轴部多为 NWW 向，褶曲形态为 NWW 端扬起，向 SEE 方倾伏，这一特定褶曲形态，造成其后的新生界松散堆积物在向斜轴部沉积最厚处大于 1000m，向两翼逐渐尖灭，且有自扬起端向倾伏端逐渐增厚的沉积规律，同时也控制孔隙含水层地下水自 NWW 向 SEE 方向的总径流趋势，而褶曲的走向又控制基岩地层的走向及基岩地下水的运移规律。本区西缘流过较大的颍河，最高水位出现于 1955 年 8 月 20 日，标高为 +105.15m，最低水位出现于 1953 年 6 月 4 日，标高为 +102.12m。本区属于大陆性半干旱气候区，年平均气温 14.4℃，最高气温 42.9℃，最低气温 −13.9℃。泉店井田全区被第四系覆盖，地形起伏不明显，地面标高 +105～+125m，地势呈南低北高特征。矿井共发育大小断层 92 条，详见表 2-1，矿井内落差小于 20m 的小断层发育，断层展布方向以 NW、EW 向为主，其次为 NE、SN 向，如图 2-1 所示。

表 2-1   矿井断层统计表

走向＼落差(m)	<5	10～20	20～50	50～100	>100
NE 向	6	5	5	0	1
NW 向	12	12	7	2	1
近 EW 向	12	5	7	1	1
近 SN 向	3	0	4	0	1

根据《河南神火集团兴隆矿业有限责任公司泉店煤矿三维地震勘探报告》，泉店煤矿东南部区域第四系底界面标高变化不大，在 −320m 至 −230m 之间。为了探明本研究区的详细水文地质、工程地质条件，在 11 采区临近二$_1$煤、二$_3$煤露头带的区域布置了地面补充勘探钻孔 7 个（定名为 K_4～K_{10}），如图 2-2 和表 2-2 所示。其中，全部钻孔采取岩土芯进行物理力学性质测试，测试试样 200 多组，获得了区域上覆新生界、基岩风化带和顶板岩层的水文地质、工程地质特征，含水层、隔水层的富水性情况。此外，在 11050 工作面

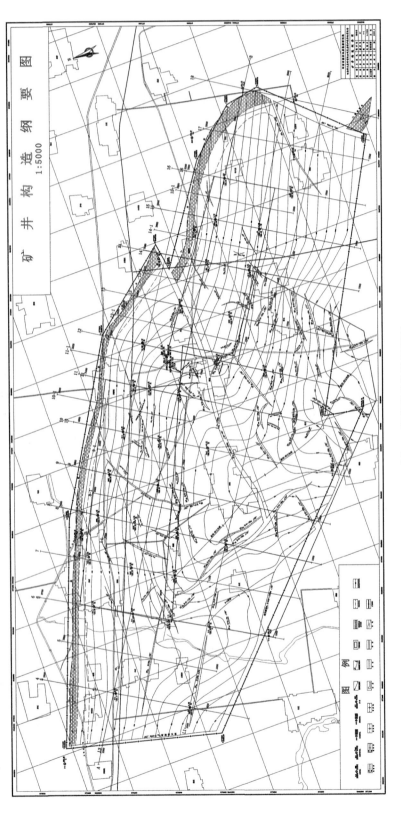

图2-1 泉店煤矿构造纲要图

共补充了井下探基岩钻孔，见表 2-3，从而进一步探明了 11050 工作面二$_1$煤层上覆基岩厚度和风化带厚度，以及煤层顶板砂岩裂隙含水层的分布和富水性。

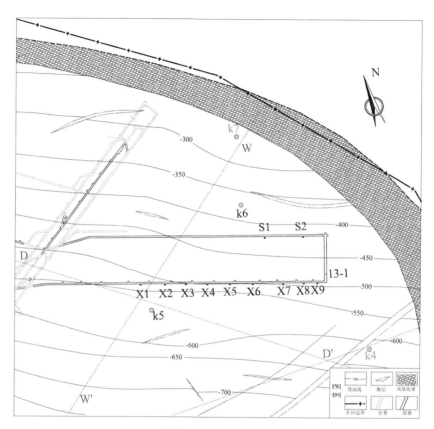

图 2-2 钻孔布置图

表 2-2 研究区补勘钻孔参数统计表

钻孔	基岩面标高(m)	覆岩厚度(m)	风化带厚度(m)	新近系底部黏土层厚度(m)	孔口标高(m)	二$_1$煤层底板标高(m)	二$_3$煤层底板标高(m)
K$_4$	−605.00	—	—	—	105.19	—	—
K$_5$	−448.70	111.92	39.66	20.34	106.64	−564.76	−555.81
K$_6$	−274.90	99.44	33.03	未见黏土	108.40	−379.34	−368.31
K$_7$	−203.92	62.83	11.20	5.45	110.93	−273.45	−263.27
K$_8$	−187.66	91.10	12.95	6.40	114.84	−285.76	−270.90
K$_9$	−270.90	122.58	37.99	未见黏土	116.74	−393.93	—
K$_{10}$	−227.43	187.04	37.52	15.93	112.48	−420.40	−403.72

表 2-3　　　　　　　　　　　　11050 工作面井下钻孔参数

钻孔	新生界底部黏土层厚度(m)	新近系底部岩性	覆岩厚度(m)	风化带厚度(m)
X_1-1	7.4	铝土质黏土	105.1	41.6
X_2-1	4.9	黏土	101.3	37.5
X_3-1	18	铝土质黏土、砂质黏土	86.7	10
X_4-1	8.9	黏土	82.8	12
X_5-1	21.3	砖红色黏土	69.6	26.2
X_5-2	25	砖红色黏土	66.9	15.8
X_6-1	16.5	黏土	64.3	16.3
X_6-B1	47.6	黏土	59.8	20
X_6-B2	40.1	黏土	60.5	9.4
X_7-1	17.8	黏土	57.4	12.2
X_7-2	46	黏土	55	33.6
X_8-1	19.7	黏土	38.3	16.8
X_8-2	24.8	黏土	43.2	7.6
X_9-1	19.7	黏土	37.2	4.5
X_9-2	39.6	黏土	39.5	15.7
13-1	4.5	砖红色黏土	37.5	10.4
S_1-1	新近系底未见黏土	砂砾石(黏土质胶结)	75.8	21.3
S_1-2	新近系底未见黏土	鹅卵石	78	19.6
S_1-3	3.3	黏土	92.4	11.7
S_1-B1	新近系底未见黏土	砂砾石	70.3	21.9
S_2-1	新近系底未见黏土	鹅卵石	49.9	19.8
S_2-2	新近系底未见黏土	砂砾石(黏土质胶结)	56.4	22.9
S_2-B1	12.4	黏土	50.6	8.7
S_2-B2	新近系底未见黏土	砾石	53.5	14.5
S_2-B3	26.9	黏土	46	8.9
S_2-B5	新近系底未见黏土	砂砾石	61.4	21.1
S_2-B6	14.4	黏土	78.7	27.2

2.2 地层概况

泉店井田的地层由老至新主要为寒武系，石炭系上统本溪组和太原组，二叠系下统山西组和下石盒子组，二叠系上统上石盒子组，新近系和第四系。其中，寒武系（∈）主要由灰色中—厚层白云质石灰岩组成，厚度约为253m，石炭系上统本溪组（C_3b）主要由浅灰色铝土岩和石灰岩组成，厚度不均匀，平均10m。与本研究有关的主要含煤地层如下：

1）石炭系上统太原组（C_2t）

本组的厚度为83~106m，平均96m，本组由下到上可划分为三段。最下面为厚22m左右的石灰岩段，称为下部石灰岩段，由L_1~L_4四层石灰岩、细砂岩以及砂质泥岩组成，且含有一$_3$和一$_4$两层煤，虽然两层煤较稳定，但是不可采。中部为厚39m左右的砂泥岩段，称为中部砂泥岩段，由L_5~L_7的石灰岩、细—中粒砂岩以及深灰色砂质泥岩组成，且含有一$_5$~一$_7$三层煤，但因煤层不稳定且较薄而不可采。上部为厚25m左右的石灰岩段，称为上部石灰岩段，由L_7~L_9的石灰岩、细—中粒砂岩以及砂质泥岩组成，其中L_7~L_9三层石灰岩的厚度较大，且含有一$_8$煤一层煤，但由于煤层不稳定而不可采。

2）二叠系下统山西组（P_{1sh}）

本组厚度为63.28~97.84m，平均为84m，是主要的含煤地层，以二煤为主，可称为二煤组段。二煤段包括二$_1$和二$_3$煤层，其中前者为主要的可采煤层，而后者只有局部可以采。本组的顶部为泥岩，止于砂锅窑砂岩（Ss）的底部，本组的泥岩在本区俗称为"小紫"泥岩。二$_1$煤顶板砂岩，该岩层标志明显，层位稳定，称为大占砂岩（S_d），是良好的标志层，二$_3$煤顶板为棕灰色砂岩，含较多白云母，较稳定，为香炭砂岩（S_x），是辅助标志层。

3）石炭二叠系下统下石盒子组（P_{1x}）

本组厚度0~388.04m，平均为338m，本组含煤四段，主要含三、四、五和六煤，其中三煤段平均厚78m，含煤7层（三$_1$~三$_7$），仅三$_7$煤层局部可采，余均不可采，底部砂锅窑砂岩（Ss）为灰白色中、粗粒石英砂岩。四煤段平均厚度为93m，含煤7层（四$_1$~四$_7$），其中四$_6$煤局部可采，底部砂岩（S_4）为灰色中粒长石岩屑石英砂岩。五煤段平均厚82m，本段含煤9层（五$_1$~五$_9$），其中五$_7$煤仅局部有可采点，主要由灰色、深灰色砂质泥岩、粉砂岩和灰白色、浅灰色的中—粗粒石英砂岩、长石岩屑石英砂岩及煤组成。六煤段平均厚度为85m，本段含煤4层（六$_1$~六$_4$），其中仅有六$_2$煤偶见可采，其余均不可采，主要由灰色、深灰色砂质泥岩和浅灰色粗—中粒长石岩屑石英砂岩、岩屑石英砂岩及煤组成。

4）二叠系上统上石盒子组（P_{2s}）

本组区内仅保留其底部地层，与下覆下石盒子组整合接触，区内残存厚度28m左右。该组主要由浅灰色、灰白色中、粗粒石英砂岩和灰色砂质泥岩组成。该组底部的田家沟砂岩（S_t）是较好的标志层。

2.3 水文地质条件

禹州煤田位于颍河流域中游及颍河与汝河分水岭地带，为低山丘陵区，沟谷非常发育，基岩含水层大面积裸露，直接接受大气降水补给，尤其寒武纪石灰岩岩溶含水层，富水性强，地下水多通过断裂带在沟谷底部涌出地表，形成上升泉。燕山运动中期以掀斜运动为主，形成矿区内张堂正断层、南关正断层、虎头山正断层和张得正断层等的北西向大主干断裂，将本区改造为与白沙向斜轴相一致的小断陷盆地，这一组主干断裂在挤压运动中形成，在其后的伸展运动中被改造，断裂两盘构造裂隙比较发育，构成基岩地下水的强径流、强富水区。燕山运动中后期，主要发育了北东向断裂系，断层带在强挤压作用下岩石被粉粒化并再胶结，阻水性能较强，地下水不易垂直穿越断层带。煤田西部及西北部为中低山，向东及东南部延伸，逐渐由丘陵、垅岗过渡为洪冲积平原。据水文调查统计，禹州煤田西部低山丘陵区流量大于 1L/s 的岩溶水上升泉有近 40 处，近 20 年来，随着岩溶地下水的过度开发和矿井的大量排放，地下水位持续下降，绝大部分岩溶泉都已干枯。泉店煤矿位于禹州煤田南部岩溶水弱径流区的东段，属于岩溶含水层浅埋区。

1）主要含水层特征

（1）第四系砂及砾石孔隙含水层（组）：

根据《泉店井田勘探报告》与地面补充勘探工程揭露，第四系厚度为 24.61～39.26m，平均 32.75m，该层主要由黏土质砾石、黏土质砂、中砂和砾石组成，其中大部分钻孔揭露第四系底部为砾石层。第四系含水层（组）由北向南厚度增大，富水性也逐渐增强。据水文地质测绘，区内该含水层最高水位标高为 +121.20m，最低水位标高为 +96.00m，受季节影响动态变化明显。另据原普查水文地质测绘民井，该含水层厚度 7.20m，顶板埋深 9.80m，水位标高 +116.88m，水柱高度 11.55m，单位涌水量为 1.52L/(s·m)，渗透系数为 4.8m/d。该含水层为中等富水性含水层组，由于与含煤地层距离较远且有多个隔水层相隔，对开采无直接影响。

（2）新近系半固结砂砾石孔隙含水层（组）：

根据《河南神火集团兴隆矿业有限责任公司泉店煤矿三维地震勘探报告》与地面补充勘探钻孔揭露，该含水层厚度 20～40m，最大厚度 82.30m，主要由数层半固结砂、砾岩组成。根据钻孔抽水试验资料，该层水位标高 +113.71m，$q = 0.18$L/(s·m)，$K = 0.252$m/d，富水性中等，属孔隙承压水，含水层对浅部煤层开采有一定的影响。新近系与下伏二叠系下石盒子组、山西组地层为角度不整合接触。泉店煤矿 11 采区即研究区抽水试验成果见表 2-4，本区新近系上部以黏土、砂质黏土为主，根据抽水试验结果，其单位涌水量 0.232～0.321L/(s·m)，渗透系数 1.89～2.30m/d，为中等富水性含水层。

表2-4 抽水试验成果统计

钻孔	时间	抽水层段	含水层深度（m）	稳定水位（m）	q [L/(s·m)]	k (m/d)
13-GS1	2008-10-11	新生界底砾岩、基岩风化带	328.85~348.10	+111.66	0.00459	0.02659
1302	2004-06-26	顶板砂岩	605.39~645.24	+112.63	0.0110 0.0151 0.0258	0.1738
15-∈6	2008-05-21	新生界底砾岩、二₁煤顶板	306.35~328.95	+67.34	0.004004	0.07205
1503	2009-07-29	底砾岩风化带	259.75~295.00	+81.88	掉泵	—
K₄	2011-10-31	新近系下部	592.49~711.00	+28.74	0.0077	0.031
K₅	2011-11-05	新近系上部	211.76~276.40	+62.88	0.0260.029 0.037	0.161 0.171 0.201
K₅	2011-11-13	新近系下部	351.39~481.00	+40.30	0.0078	0.021
K₆	2011-11-13	新近系下部	273.99~357.07	+42.58	0.0032	0.016
K₆	2011-11-21	基岩风化带	379.00~406.00	+40.67	0.0022	0.018
K₇	2011-08-30	新近系	55.80~309.40	+95.73	0.0396 0.0498 0.0741	0.425 0.510 0.708
K₈	2011-11-20	新近系底部与风化带	253.00~324.10	+82.14	0.006	0.035
K₉	2011-10-13	新近系下部	204.66~387.64	-46.07	0.005	0.011
K₁₀	2011-11-05	新近系上部	120.76~175.17	+80.16	0.232 0.272 0.321	1.89 2.12 2.30
K₁₀	2011-11-13	新近系下部	257.28~323.98	+51.81	0.0024	0.0089

新近系中部主要以砾砂、中砂和泥质砾砂为主，夹一定厚度的黏土层。该层局部直接覆盖于二叠系基岩面以上，是开采覆岩裂隙导通后的充水含水层。根据钻孔抽水试验，其单位涌水量为0.0032~0.0078L/(s·m)，渗透系数为0.01638~0.02104m/d，该层为弱富水性含水层。新近系底部主要由砾砂、粉砂夹黏土层组成，该层仅局部揭露，其单位涌水量为0.0077L/(s·m)，渗透系数为0.031m/d，为弱富水性含水层。

（3）基岩风化带孔隙裂隙含水层(组)：

该含水层主要为基岩裂隙带，属裂隙承压水，是开采覆岩裂隙导通后的充水含水层，厚度20.99~42.80m，平均厚33.13m。据本区抽水试验结果，其单位涌水量为

$0.0022L/(s \cdot m)$，渗透系数为 $0.018m/d$，水位标高 $+40.67m$，为弱富水性含水层。

（4）山西组二$_1$煤层顶板砂岩裂隙含水层（组）：

根据《泉店井田勘探报告》，该层为二$_1$和二$_3$煤层顶板直接充水含水层，由 2~6 层细—粗中粒砂岩组成，厚度为 $6.67~31.69m$，大部厚度在 $13~24m$，平均 $18.15m$，砂岩裂隙不发育。另根据抽水试验结果，该含水层单位涌水量为 $0.0110~0.0119L/(s \cdot m)$，渗透系数 $0.038~0.0828m/d$，水位标高 $+112.63~+115.56m$。根据井下仰斜钻孔的涌水量观测结果如表 2-5 所示。其涌水量一般为 $0~0.50m^3/h$，其中 6 个钻孔基本未出水，其余 4 个钻孔 $0.10(S_2-2$ 钻孔$) ~1.76m^3/h(S_2-1$ 钻孔$)$，且这些钻孔在施工期间直至终孔深度时涌水量均未发生变化，由此说明二$_1$煤层顶板砂锅窑砂岩富水性不均匀，含水量较小，反映出该含水层组属富水性弱的裂隙承压水，是煤层顶板的直接充水含水层，该层顶板水会随开采逐渐排出。

（5）太原组上段岩溶裂隙含水层（组）：

该含水层由 C_2t 上段 $L_7~L_9$ 三层石灰岩组成，其中 L_7 与 L_8 石灰岩全区稳定且发育，L_9 石灰岩不发育，含水层厚度为 $5.24~24.43m$，平均 $14.28m$，含水层较致密、完整。根据钻孔抽水试验，该含水层 $q = 0.00452~0.280L/(s \cdot m)$，$K = 0.02346~0.8910m/d$，平均 $0.495m/d$。石灰岩中 CaO 含量为 $30.36\%~52.61\%$，平均 45.38%。本含水层组属于中等富水的岩溶裂隙承压水，但富水性不均一，是二$_1$煤层底板直接充水含水层。

（6）太原组下段岩溶裂隙含水层（组）：

该含水层是二$_1$煤层底板间接充水含水层，由 C_2t 下段 $L_1~L_4$ 四层石灰岩组成，有时 L_1 与 L_2 合并为一层，局部 L_4 石灰岩相变为砂泥岩地层，含水层厚度为 $3.79~31.85m$，一般为 20m 左右。含水层裂隙发育，充有网状方解石脉，局部岩芯较破碎，可见小溶洞及地下水活动痕迹，裂面被铁质侵染。1601 孔揭露该含水组后先漏水后涌水，最大涌水量 $40.35m^3/h$，水位标高 $+121.54m$，$7-\in 7$ 孔抽水试验，水位标高 $+94.63m$，单位涌水量平均 $0.0105L/(s \cdot m)$，渗透系数平均 $0.0355m/d$。该含水层组属于弱富水的岩溶裂隙承压水，但富水性不均一。

表 2-5 井下仰斜探测孔涌水量

钻孔	涌水量（m^3/h）	出水深度（m）	出水层位
X_1-1	0.5	40	S_s 底部
X_2-1	0	—	—
X_3-1	0	—	—
X_4-1	0	—	—
X_5-1	0	—	—
X_5-2	0.5	51	S_s 底部
X_6-1	0.2	35	S_s 底部

续表

钻孔	涌水量(m³/h)	出水深度(m)	出水层位
X₆-B1	1	92	新近系黏土层
X₆-B2	0	—	—
X₇-1	0	—	—
X₇-2	0	—	—
X₈-1	0.3	77	新近系黏土层
X₈-2	0.36	68	新近系黏土层
X₉-1	0.14	33	Ss底部
X₉-2	0.15	45	新近系黏土层底层
13-1	0	—	—
S₁-1	0	—	—
S₁-2	0	—	—
S₁-3	0.5	51	S$_s$底部
S₁-B1	0	—	—
S₂-1	1.76	49	S$_s$底部
S₂-2	0.1	56	S$_s$顶部
S₂-B1	0	—	—
S₂-B2	0.3	96	新近系砾石层
S₂-B3	0	—	—
S₂-B5	1	77	新近系黏土层底层
S₂-B6	0	—	—

(7)寒武系上统白云质石灰岩岩溶裂隙含水层(组):

该含水层为石灰岩及白云质石灰岩,矿井范围最大揭露厚度77.92m(15-∈6孔),白云质石灰岩显晶质,裂隙较发育,多充有方解石晶体。根据钻孔抽水试验,本含水层水位标高+57.33~+91.17m,$q = 0.00643 \sim 0.4597$L/(s·m),平均0.1831L/(s·m),$K = 0.0070 \sim 0.628$m/d。该含水层属于中等富水的岩溶裂隙承压水,但不均匀,比区域岩溶含水层富水性弱一些,为二₁煤层底板间接充水含水层。

2)主要隔水层特征

(1)新生界隔水层:

第四系中一般含有4~5层由黏土和砂质黏土互层组成的隔水层,厚度为30~50m,可有效隔断第四系中各含水层之间的水力联系。而第四系底部与新近系上部分布有一稳定厚度的黏土或砂质黏土层，可以起到阻隔第四系含水层与新近系含水层水力联系的作用。新近系中部由多层黏土、砂质黏土与薄层细砂粉砂互层组成，总厚度较大，细砂综合厚度不高。根据 K_5 和 K_{10} 钻孔抽水试验结果，其单位涌水量 $0.0024 \sim 0.0078L/(s \cdot m)$，渗透系数 $0.0089 \sim 0.708m/d$，该层表现为弱富水性，总体上可起到阻隔上下含水层水力联系的作用。新近系下部主要由黏土、砂质黏土及黏土质砂砾层组成。根据 K_8 和 K_9 钻孔抽水试验，其单位涌水量为 $0.005 \sim 0.006L/(s \cdot m)$，渗透系数为 $0.011 \sim 0.035m/d$，该层也表现为弱富水性，总体上可起到阻隔上下含水层水力联系的作用。

(2)山西组上部隔水层：

该层包括山西组顶部的小紫段及香炭段上部的泥质岩地层，平均厚度约为18m。正常情况下本隔水段可隔断其上下砂岩含水层间的水力联系。

(3)二$_1$煤底板隔水层：

该层由二$_1$煤底板至太原组 L_9 石灰岩顶板间的泥岩、砂质泥岩、砂岩等碎屑岩类组成，厚 $5.40 \sim 33.18m$，平均 $19.12m$。隔水段分布连续，但厚度变化大。

(4)太原组中段隔水层：

该层由太原组 L_7 石灰岩底板至 L_4 石灰岩顶板间的泥岩、砂质泥岩、粉砂岩、砂岩和二层不稳定的石灰岩(L_5、L_6)组成，平均厚约41m；正常情况下基本可隔断太原组上、下段含水层间的水力联系。

(5)本溪组隔水层：

该层厚度为 $1.00 \sim 11.45m$，平均 $7.58m$，主要由铝土质泥岩、铝土岩组成。矿井范围仅4孔揭露该段，隔水层厚度极不稳定，在厚度变薄部位隔水能力较差，在下伏寒武系石灰岩水的高压作用下，其自然导升现象即有可能使其上下含水层间产生一定水力联系。

3) 断层水文地质特征

泉店矿井以断裂构造为主，发育 NW、NE 及 EW 向三组断层，控制矿井水文地质条件及对二$_1$煤层坑道充水有影响的主要为落差大于50m的断层。

(1)南关正断层(F_3)：

该断层走向 NW，倾向 NE，落差为 $300 \sim 1000m$，延伸长度约40km，为多次活动的张性断裂，断层影响带裂隙发育，地下水活动强烈，断层 NE 盘下降，SW 盘上升使区内二$_1$煤层及其顶板和底板充水直接含水层与外围(西南部)的寒武系强岩溶含水层相对接，该断层构成了本矿井南部的补给边界。

(2)前石固正断层(F_{82})：

该断层走向近 SN，倾向 W，落差为 400m，延伸长度为 10km，属于北东向压扭正断层，具有一定的阻水性能，基本上隔断了本矿井与西北部外围岩溶水强径流区的水力联系。该断层西盘下降，造成矿井二$_1$煤层及其顶板和底板直接充水含水层与外部的新生界隔水层相对接，构成矿井西部的阻水边界。

(3)DF_{07}正断层：

该断层走向 NE，倾向 NW，落差为 100m 左右，造成矿井内二$_1$煤层顶板砂岩裂隙含水层与外围 C_2t 下段岩溶裂隙含水层相对接，并使二$_1$煤层底板直接充水含水层(C_2t 上段石灰岩)与外围的寒武系岩溶含水层相对接，使矿井东部边界条件相对复杂一些。

（4）DF_{04} 正断层：

该断层为横跨矿井中部的一条较大断层，走向近 EW，倾向 N，倾角 40°~63°，落差为 50~150m，且自东向西落差渐小，造成断层自东向西上盘的二₁煤层依次与下盘的 $\in_3$ 岩溶含水层、C_2t 下段溶隙含水层和 C_2t 上段石灰岩含水层相对接。建井期间东翼轨道石门、上仓斜巷、总回风巷穿越该断层时，涌水量很小，但在对断层两盘的 11-CS_1 地面长观孔与井下 D_1 探水孔 C_2t 上段地下水位观测中，水位几乎是同步下降，显示其为导水断层，又1301 孔对该断层带抽水时，判定其为导水断层，综合分析认为该断层基本为导水断层，只是局部导水性较弱。

此外，落差在 50~60m 的正断层有 3 条，其中 DF_{04-1} 正断层为 DF_{04} 断层的支断层，而 DF_{104} 与 FB_1 正断层最大落差均为 50m，位于矿井南及东南部边界，这三条断层将其上盘的二₁煤层与下盘的 C_2t 上段 L_7 石灰岩相对接，可使 C_2t 上段岩溶裂隙水充入二₁煤层坑道。其他还有最大落差为 30~40m 的正断层 6 条，可将局部地段 C_2t 上段 L_8 和 L_9 岩溶裂隙水导入二₁煤层坑道。而落差小于 30m 的小正断层，则对二₁煤层坑道充水影响不大。

2.4 工程地质条件

泉店煤矿 11 采区浅部二₁、二₃煤层覆岩仅残留山西组和下石盒子组，11 采区煤层倾角在 10°~37°。由表 2-2、表 2-3 可知，钻孔揭露该区域地表标高 +105.19~+116.74m，新近系底界基岩面标高 -605~-187.66m，二₁煤层底板高程 -564.76~-273.45m，二₃煤层底板高程 -555.81~-263.27m。地面钻孔二₁煤层覆岩厚度为 62.83~187.04m，新近系底部黏土层厚度为 0~20.34m。总体上该区域地面平缓，地形起伏不大，基岩面呈现北高南低的趋势，钻孔控制范围内落差 417.34m，二₁煤层底板亦为北高南低趋势，钻孔控制范围内落差 291.31m。

总体上，该区域煤层倾角平均约 31°，而基岩面倾角达到 35°~38°，基岩面倾角略大于煤层倾角，两者近似平行；该区域煤层覆岩厚度由西向东逐渐变薄，根据泉店煤矿 11050 工作面下顺槽向外和工作面斜上方对 DF_{223} 断层、DF_{224} 断层的探测，在工作面内部和巷道外侧 80m 范围内未发现原地震勘探揭示的 DF_{223} 断层、DF_{224} 断层。11 采区临近露头带附近共发现断层 10 条，断层统计结果见表 2-6，区内没有落差大于 100m 的断层。

表 2-6　　　　　　　　　　　　研究区断层落差产状统计表

断层	落差（m）	倾角（°）
DF_{226}	0~15	67
FB_1	0~50	65
DF_{221}	0~6	70
DF_{220}	0~3	70
DF_{222}	0~5	59

续表

断层	落差(m)	倾角(°)
DF$_{225}$	0~13	70
DF$_{22}$	3	58
DF$_{219}$	0~13	70
DF$_{21}$	3	62
DF$_{20}$	2	43

根据图2-3和图2-4揭示的新近系与上下地层接触关系，以及钻孔资料和土样筛分定名，按地层和含隔水情况将新生界划分为7个工程地质类型：第四纪黏土、砂、砾砂层类型；黏土、砂质黏土层类型；黏土夹砾砂、中砂、细砂层类型；黏土、砂质黏土与薄层细砂粉砂互层类型；砾砂、中砂夹黏土层类型；黏土、砂质黏土及黏土质砂砾层类型；砾砂、粉砂夹黏土层类型。

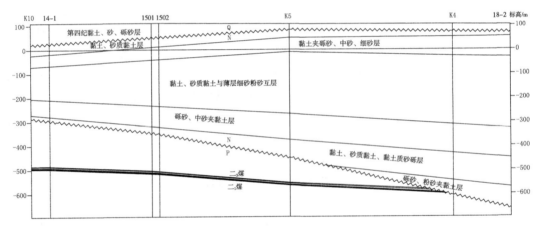

图2-3　11050工作面附近D—D′剖面图

（1）第四纪黏土、砂、砾砂层类型。该层在泉店煤矿东翼第四系底界面标高变化不大，在−320~−230m之间变化，最浅处在采区的西部和北部，为−230m左右，最深处则在东南部边界附近，为−320m左右。研究区11采区钻探揭露，第四系厚度为24.61~39.26m，平均厚度为32.75m，该层主要由黏土质砾石、黏土质砂、中砂和砾石组成，其中大部分钻孔揭露第四系底部为砂砾层。

（2）黏土、砂质黏土层类型。该层分布于第四系底界的砂砾层下，一般由黏土、砂质黏土构成，各孔均揭露具有一定厚度的黏土或砂质黏土层，分布稳定，可起到阻隔第四系含水层与新近系含水层水力联系的作用，该层厚度为22.03~65.73m，平均厚度为48.66m。

（3）黏土夹砾砂、中砂、细砂层类型。该层以黏土、砂质黏土为主，夹砾砂、中砂、

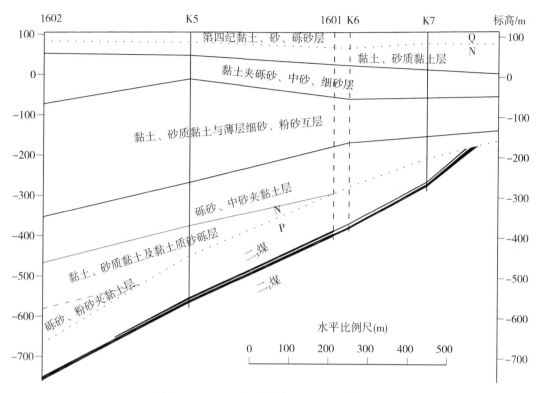

图 2-4 11050 工作面附近 W—W′地质剖面图

细砂层，且砾砂、中砂和细砂层分布不均匀，该层厚度为 20.13~83.63m，平均厚度为 51.20m。其中砂层为含水层，K_{10}孔抽水试验结果表明为富水性中等含水层，且 K_7孔新近系全孔抽水试验单位涌水量也较底部抽水试验结果高。

（4）黏土、砂质黏土与薄层细砂粉砂互层类型。该层由多层黏土、砂质黏土与薄层细砂粉砂互层组成，总厚度大，细砂综合厚度不高。该层厚度为 108.05~279.03m，平均厚度为 191.09m。抽水试验表现为弱富水性，可作为隔水层起到阻隔上下含水层水力联系的作用。

（5）砾砂、中砂夹黏土层类型。该层是本区抽水试验的目标含水层之一，主要以砾砂、中砂和泥质砾砂为主，夹一定厚度的黏土层，该层厚度为 19.3~129.38m，平均厚度为 75.67m。抽水试验表明，该层为弱富水性。同时，该层局部直接覆盖于二叠系基岩面以上，是开采覆岩裂隙导通后的充水含水层。

（6）黏土、砂质黏土及黏土质砂砾层类型。该层由黏土、砂质黏土及黏土质砂砾层组成，其中黏土质砂砾层细粒成分在 30%左右，该层厚度不稳定，厚度为 51.95~74.34m，平均厚度为 63.145m，局部较薄，与二叠系基岩不整合接触，在古剥蚀面陡倾产状的情况下，在新近系与二叠系煤层之间难以形成完整隔水覆盖层。根据地面井下补勘钻孔揭露，新近系底部黏土层厚度 3.3~47.6m，平均厚度约为 19.5m。

（7）砾砂、粉砂夹黏土层类型。该层主要由砾砂、粉砂夹黏土层组成，仅在 K_4孔可见，厚度为 118.41m，钻孔揭露后孔内水位较高，抽水后为弱富水性，与基岩面不整合接触。

根据 11 采区 $K_4 \sim K_{10}$ 钻孔取芯测试，浅部覆岩单轴抗压强度范围在 $0.2 \sim 65$MPa，平均为 21.84MPa，属于中硬偏软覆岩。煤层顶板中直接顶板以砂质泥岩、粉砂岩为主约占全井田面积的 60%，厚度一般为 $1.50 \sim 5$m，RQD 值在 $0 \sim 85.2$%。泥岩顶板次之，厚度一般为 $1 \sim 3$m。砂岩顶板主要在局部地区以及 DF_{04} 断层两侧分布，分布面积仅占全井田面积的 10%。而老顶以细粒、中粒大占砂岩(S_d)为主，厚度 $0 \sim 12.33$m，大部分区域在 2m 以上，抗压强度 $34.7 \sim 58.0$MPa，RQD 值在 50% $\sim$ 91.4%，为中硬—坚硬岩层。

2.5 水体采动等级与煤岩柱类型

本区是新生界松散含水层地下水，主要接受大气降水的直接补给，此外尚有自西北及北部径流而来的部分补给。孔隙地下水的径流方向受地形制约，总径流趋势为自西北向南及东南方运移，其水力性质由顶部的潜水向下过渡为半承压水，新近系砂岩、砾岩孔隙水则属完全承压水，其径流强度亦自浅到深逐渐减弱。本研究区 11 采区拟采二$_1$和二$_3$煤层上覆岩层富水性弱，该层水会随开采逐渐排出；新近系地层内，上部为中等富水性含水层，中下部为多层厚度大、富水性弱的含隔水结构组成。根据以上水文地质、工程地质条件分析和《煤矿防治水细则》第五章第八十四条[15]，在松散含水层下开采时，应当按照水体采动等级留设(防水、防砂或者防塌)不同类型的防隔水煤(岩)柱；按《建筑物、水体、铁路及主要井巷煤柱留设与压煤开采规范》[16]第六十六条(表8)，泉店煤矿 11050 工作面底部新近系上部为中等富水性含水层，中下部由富水性弱的含水层和隔水层组成，总体厚度大，与基岩面角度不整合接触的新近系含水层中下部均为弱富水性含水层，基岩风化带富水性弱，顶板砂岩也为弱富水性，由此确定该区域新近系水体采动等级为 II 级，允许留设防砂煤柱开采。

2.6 本章小结

本区的主要含水层有：第四系砂及砾石孔隙含水层(组)、新近系半固结砂砾石孔隙含水层(组)、基岩风化带孔隙裂隙含水层(组)、山西组二$_1$煤层顶板砂岩裂隙含水层(组)、太原组上段岩溶裂隙含水层(组)、太原组下段岩溶裂隙含水层(组)、寒武系上统白云质石灰岩岩溶裂隙含水层(组)。11 采区浅部二$_1$、二$_3$煤层覆岩仅残留山西组和下石盒子组，11 采区煤层倾角在 $10° \sim 37°$。钻孔揭露该区域新近系底界基岩面标高 $-605 \sim -187.66$m，二$_1$煤层底板高程 $-564.76 \sim -273.45$m，二$_3$煤层底板高程 $-555.81 \sim -263.27$m。二$_1$煤层覆岩厚度为 62.83m ~ 187.04m，新近系底部黏土层厚度为 $0 \sim 20.34$m。总体上该区域地面平缓，地形起伏不大，基岩面呈现北高南低的趋势，钻孔控制范围内落差 417.34m，二$_1$煤层底板亦为北高南低趋势，钻孔控制范围内落差为 291.31m。按地层和含隔水情况将本区新生界划分为 7 个工程地质类型：第四纪黏土、砂、砾砂层类型；黏土、砂质黏土层类型；黏土夹砾砂、中砂、细砂层类型；黏土、砂质黏土与薄层细砂粉砂互层类型；砾砂、中砂夹黏土层类型；黏土、砂质黏土及黏土质砂砾层类型；砾砂、粉砂夹黏土层类型。研究区的 11050 工作面底部新近系上部为中等富水性含水层，中下部由富水性弱的含水层和隔水层组成，总体厚度大，与基岩面角度不整合接触的新近系含水层中下部均为弱富水性含水层，基岩风化带富水性弱，顶板砂岩也为弱富水性，由此可确定该区域新近系水体采动等级为 II 级，允许留设防砂煤柱开采。

第3章　采动覆岩应力时空演化研究

由于地下煤层的开采，导致覆岩的初始应力平衡受到破坏，岩体的力学性质和结构与采动前相比，发生了重要的变化。岩体的原始应力平衡被破坏，岩体要达到新的平衡状态，岩体的应力、应变或能量必然会发生变化。由于矿山开采活动的影响，在巷硐周围岩体中形成的和作用在巷硐支护物上的力称为矿山压力，各种力学现象由于矿山压力的作用而产生，如覆岩的垮落、断裂破坏与弯曲等，岩层与地表发生移动、变形与破坏，覆岩中的原有裂隙与采动裂隙由于岩体中应力的变化与作用，不断地变形、延展进而贯通，最终连通形成上覆松散含水层的导水通道，从而诱发矿井突水溃砂灾害[135-136]。随着工作面的推进，采动过程的持续，重新分布于围岩各个层面上的力及岩层中各点的应力将促使该部分岩体产生或遭到破坏，从而向已采空间运动，因此矿山压力即包括分布于岩层内部各点的应力，又包括作用于围岩上的任何一部分边界上的外力，而在此过程中，岩体内的应力随时空发生变化，岩体的各种参数也会发生变化，由于构造等因素的影响，导致采动裂隙岩体的变形、破坏过程具有不可逆和动态演化等特征。

本章以河南泉店煤矿 11050 工作面为地质原型，通过相似模型试验对采动过程中覆岩内的应力演化进行监测，基于 GIS 时空数据分析方法，建立包含时空关系采动覆岩的应力演化的时空立方体模型，通过对其时空特征进行分析，揭示采动覆岩应力的时空演化特征。

3.1　采动覆岩应力影响因素研究

机械化采煤法的发展，从生产和生产率的角度出发，使煤矿井下开采得到了提高。然而，仍然存在某些风险，可能导致不可接受的安全水平。一般来说，最危险的问题之一是与覆岩破坏和地面沉降有关。地下煤层开采围岩应力的确定是一项复杂的工作，主要取决于完整岩体的强度特性和岩体的结构条件。准确估计开采引起的覆岩应力变化对于设计工作面和巷道支护系统也很重要。在煤层开采之前，覆岩的重量被相对较厚的顶板岩石均匀地分布在煤层上，并处于平衡状态。随着采动工作的推进，原有的平衡条件被破坏。但是，覆岩的总重量保持不变。为了达到势能平衡，要求重新调整该区域的应力分布，以达到新的平衡状态。结果，在工作面的顶部出现了一个卸压区，之前由提取的材料支撑的荷载转移到周围的支撑上。

实际上，煤层开采引起的应力会导致采空区上方覆岩导水裂隙带的应力松弛，除非导水裂隙带已到达地表，否则在导水裂隙带的圆顶形边界上会形成压力拱。一般来说，垮落带和裂隙带至少有部分岩层受到破坏。目前世界上还没有一种公认的方法来获得围岩中煤层开采引起的应力。虽然前文"绪论"中介绍了几种估算煤层开采周围应力的方法。但是，采用原位测试方法进行的现场测量不仅耗时、困难，并且会导致煤矿生产的中断。相似材料模型即物理模型通常能提供有价值的结果。

采动前岩体中原始应力场的特征，主要包括原岩中各点主应力的大小、方向及垂直应力与水平应力间的比值等，决定了采动后围岩应力的分布规律。开采高度作为影响采动覆岩破坏的根本因素，开采高度越大，由此而导致的采动空间必然越大，覆岩受到采动破坏程度越严重。根据实际开采统计，导水裂隙带高度与开采高度基本上呈正比例关系，工作面开采后覆岩的移动曲线如下[25-27]：

$$S_x = S_m(1 - e^{-azb}), \quad Z = \left(\frac{b-1}{ab}\right)^{\frac{1}{b}} \tag{3-1}$$

式中，S_x 为沿走向方向距离工作面为 x 处点的位移量；S_m 为岩层移动后的位移量，Z 为稳定点与工作面的距离，a，b 为变异系数。

同时，工作面顶板下沉量基本上也呈现如此规律，开采高度或开采煤层厚度较大的工作面中易导致比较严重的矿压显现，煤层的开采高度或开采厚度比较小的时候，主要会引起较缓和的顶板活动，而其煤壁比较稳定。

众所周知，在较深的地方开采，原岩的应力较大，原岩的应力直接受开采深度的影响。而工作面周围岩层的支承压力也受到开采深度的影响，随着开采深度的增加，支撑压力必然也增大，而底板鼓起的概率增加，开采深度不同的变化导致矿山压力的显现也不同。

矿山压力的显现受煤层倾角影响较大，煤层倾角的增大会减小顶板下沉量，这就是缓倾斜煤层工作面的顶板下沉量要比急倾斜煤层工作面的顶板下沉量大得多的原因。导致此种现象产生的原因主要是煤层倾角增大，会降低覆岩作用于层面的垂直压力，增大沿岩层面的切向滑移力，采空区顶板垮落的岩石有可能沿着底板滑移，从而导致了上覆岩层规律的改变。工作面推进速度对矿山压力的影响，主要表现为对顶板下沉量的影响，统计显示顶板下沉量 s 与时间 t 具有函数关系，支撑压力对煤壁的压裂过程、采空区的压实过程以及采空区应力恢复均为时间过程，因此，顶板下沉也是一个与时间有关的过程。

3.2 采动覆岩系统应力熵

系统科学可以从整体和局部、全局和局部以及层次关系的角度来研究客观世界。从系统科学的观点来看，采动覆岩系统是由岩体工程、地下水系统、地下开采环境以及人类活动等系统组成，具有非线性、混沌和自组织特性[136-145]，从热力学角度来看，随着开采的进行，系统的复杂程度增加，是系统熵增加的一个过程。采动覆岩系统，随着煤层开采，系统持续进行不可逆的演化，由于地下采矿工程的复杂性，大量的非稳定与非均匀的离散数据存在于采动覆岩系统中，如位移、声发射的时序记录数据，均具有明显的熵变化特征。在混沌系统特征方面许多学者对其岩体力学进行了研究，混沌是非线性系统科学以及力学研究的一个热点，非线性系统均具有混沌的特征[146]。由热力学与统计物理学可知，熵是系统混乱程度的一种度量，热力学第二定律即描述了系统的不可逆过程，系统的熵增加原理。假设系统的熵变化为 dS，对于一个不可逆的系统在发生不可逆变化的过程中 dS>0，此不可逆系统的熵是增加的，进而最终达到平衡态。而采动岩体变形破坏的过程正是一个不可逆的过程，随着采动的进行，系统总体的熵会增加。采动覆岩系统是一个开放的系统，其 dS 可以分成两个部分：

$$dS = d_i S + d_e S \tag{3-2}$$

根据热力学第二定律，显然系统内部熵 $d_i S > 0$，如果 $d_e S > 0$，当 dS<0 时，外界输入足够多的负熵，会使系统趋于有序化。而如果 $d_e S > 0$，系统的无序程度会明显增大，后来，熵的定义被推广到了控制论和信息等领域。

3.2.1 信息熵

1948 年，Shannon 提出了信息熵的概念[147-148]：

$$S = -\sum_{i=1}^{n} p_i \log p_i \tag{3-3}$$

式中，S 为信息熵，p_i 表示某信息出现的概率，信息熵反映了系统信息的无序程度，信息熵越小，系统的无序程度越小，即系统越趋于有序化，信息熵越大，系统的无序程度越大。

为了进一步提高信息熵计算的灵活性，Rényi 于 1961 年提出了 Rényi 熵[149]：

$$R_\alpha = \frac{1}{1-\alpha} \ln\left(\sum_{i=1}^{n} p(x_i)^\alpha \right), \ \alpha \geqslant 0, \ \alpha \neq 1 \tag{3-4}$$

当 $\alpha = 2$ 时，$R_2 = -\ln\left(\sum_{i=1}^{n} p(x_i)^2 \right)$ 为二次 Rényi 熵。

3.2.2 Kolmogorov 熵

Kolmogorov 熵进一步把信息熵精确化，用来描述动力系统随时间演化的变化率，可以定量描述处于混沌状态的采动裂隙岩体的混乱程度以及其系统内部的能量变化。Kolmogorov 熵的值越小，表示采动过程中，裂隙覆岩转化为其他方式的能量越多，系统的能量耗散越多，而裂隙覆岩系统越趋于有序化，系统更加稳定，结构性增强。Kolmogorov 熵越大，表示该处能量耗散得越少，系统越混乱，系统不稳定，在采动过程中消耗的能量较少。对采动裂隙岩体应力场时空演化及其力学机制的研究，需要对采动过程中岩体变形破坏历时性进行研究。Kolmogorov 熵是非线性动力学系统的主要特征量，系统的动力学特性可以通过 Kolmogorov 熵来定量地表示，特别是对于非线性系统来说，当对其进行相空间重构时，处于不同轨道间的平均指数率，当其收敛或者发散时，其状态可以用 Kolmogorov 熵来表示[150]。Kolmogorov 熵进一步可以描述非线性系统的复杂程度。

定义一个 d 维系统，将它的相空间切割成许多个边长为 $N(d)$ 的 d 维立方体盒子，对于某个在吸引域中的轨道 $a(t)$，当时间间隔为 τ 时，对于状态空间的吸引子，令 $P(j_0, j_1, \cdots, j_d)$ 表示系统的初始状态，系统的轨迹经过第 j_0 盒子。同样的在其他时刻，比如 τ 时刻，系统经过第 j_1 盒子，则可定义：

$$K_d = -\sum_{j_0, \cdots, j_d} P(j_0, j_1, \cdots, j_d) \ln P(j_0, j_1, \cdots, j_d) \tag{3-5}$$

从时刻 d 到 $d+1$ 的信息损失可以用 $K_{d+1} - K_d$ 来表示，进而系统中的信息损失率可以用 Kolmogorov 熵表示：

$$K = -\lim_{\tau \to 0} \lim_{N(d) \to 0} \lim_{d \to \infty} \frac{1}{d\tau} \sum_{j_0, \cdots, j_d} P(j_0, j_1, \cdots, j_d) \ln P(j_0, j_1, \cdots, j_d) \tag{3-6}$$

当 $N(d)$ 趋近于 0 时，Kolmogorov 熵与格子的划分和选取是无关的。

为了对系统运动的无序程度进行定量化研究，基于 Kolmogorov 熵，首先考虑系统维数为 1 的时候。时间为 0 时，即开始的时候系统的轨道在第 J_0 小盒子中。可得：

$$P(j_0) = \begin{cases} 1, & j_0 = J_0 \\ 0, & j_0 \neq J_0 \end{cases} \tag{3-7}$$

假定在时间 τ 时，系统能够延伸到 r 个盒子中，并且具有相同的概率，这是由于系统的运动性质不同，将会导致不同时刻系统轨迹出现在不同数目的盒子中。因此可得：

$$P(j_0, j_1) = \begin{cases} \dfrac{1}{r} P(j_0), & j_1 \in r \\ 0, & j_1 \notin r \end{cases} \tag{3-8}$$

同样地，我们可以得到：

$$P(j_0, j_1, \cdots, j_d) = \begin{cases} \dfrac{1}{r} P(j_0, j_1, \cdots, j_{d-1}), & j_d \in r \\ 0, & j_d \notin r \end{cases} \tag{3-9}$$

通过推导可获得：

$$-\sum P(j_0, j_1, \cdots, j_d) \log P(j_0, j_1, \cdots, j_d) = d \log s \tag{3-10}$$

最终可得：

$$K = \log r \tag{3-11}$$

当 $r = 1$ 时，系统是规则运动的系统，此时 K 为 0，而对于随机系统，r 趋于无穷大，从而 K 也趋于无穷大。由此可知，对于多维系统，Kolmogorov 熵大于 0 而小于无穷大，表明系统处于混沌状态。Kolmogorov 熵越大，表明系统的信息量损失速率越大。对于多维系统，直接计算 Kolmogorov 熵比较复杂，也不易计算。在 1983 年，二次 Rényi 熵，一种通过计算 K_2 熵来计算 Kolmogorov 熵的方法被 Grassberger 与 Procaccia 提出[151-152]。K_2 可以通过关联积分进行计算：

$$K_2 = -\lim_{N(d) \to 0} \lim_{d \to \infty} \ln C_d^2(N(d)) \tag{3-12}$$

对其重构为 d 和 $d+m$ 维的情况下：

$$K_2 = \lim_{N(d) \to 0} \lim_{d \to \infty} \frac{1}{m\tau} \ln \frac{C_d^2(N(d))}{C_{d+m}^2(N(d))} \tag{3-13}$$

对嵌入维数取不同的值，在一直递增的情况下，对式(3-13)进行斜率的线性回归，进而可获得 Kolmogorov 熵。本书通过试验监测采动岩体过程中，典型点的应力变化率，首先建立应力变量的时间序列模型，并计算其最佳嵌入时间和最佳嵌入维数，进而可以还原系统即重构系统。最后，在计算覆岩采动过程中，监测点的 Kolmogorov 熵值，进而对采动过程中岩体系统各个点的能量演化进行分析，揭示采动裂隙岩体的非线性动力学特征。目前常用便捷的是采用 G-P 算法来计算 Kolmogorov 熵，公式如下：

$$K = \frac{1}{\tau} \ln \frac{C_m(N(d))}{C_{m+1}(N(d))} \tag{3-14}$$

其中，τ 为系统的最佳延迟时间。$C_m(N(d))$ 与 $C_{m+1}(N(d))$ 分别表示嵌入维数为 m 和 $m+1$ 时候的值。

3.2.3　应力熵

根据前面对各种熵的分析，本节根据信息熵的概念，通过建立应力熵来描述覆岩采动过程中应力的时空演化特点，定义如下应力熵：

$$K_\sigma = -\sum_{i=1}^{n} \frac{\sigma_i}{\sum\limits_{i=1}^{m} \sigma_i} \ln\left(\frac{\sigma_i}{\sum\limits_{i=1}^{m} \sigma_i}\right) \tag{3-15}$$

式中，K_σ 为应力熵，σ_i 为某时刻的应力监测值。由于应力熵的计算与采集数据相关，而采集的数据随时间以及开采进度会发生变化，而应力熵的变化能反映覆岩应力受采动速度的影响。可以通过计算应力熵，来反映工作面推进速度对覆岩应力的影响，对采动覆岩应力系统应力变化过程中演化状态进行研究，岩体破断应力突变的同时应力熵也会发生提前或滞后的突变。

3.3　采动覆岩应力时空演化分析方法

近水体采煤，受采动的影响，覆岩应力不仅具有时间序列特征，即同一位置的应力随时间会发生变化，也具有空间序列特征，即同一时刻不同空间位置的应力特征也不同，即采动覆岩的应力同时受到空间位置和开采距离的影响。传统的分析往往是从单方面来分析，不能体现其时空演化的特征，因此对其不仅需要在时间上，并且在空间上也要同时进行分析。但是一方面由于模型试验的规模限制，另一方面由于传感器过多会导致模拟岩体材料的性质变化以及试验条件的局限性，因此无法对采动覆岩中每个位置的应力时间序列进行监测。目前主要是通过传感器对各个点应力场进行监测，虽然已经有许多新型传感器，比如光纤传感器等[153]，但是也很难在不影响材料性质的情况下对每个位置的应力应变情况进行监测。因此在研究岩体应力时空演化时，可以采用典型测点位置的监测数据对采动覆岩应力进行时空演化研究。

3.3.1　时空数据的可视化分析方法

通过图像的形式把时空数据表示出来，进而进行分析或者进行空间数据的挖掘，即是时空可视化分析，时空数据同时包含了时间、空间和属性信息，而"时间"和"空间"的简单相加并不能表示时空数据，其相互之间的关系是极其复杂的。Hagerstand 最早提出了时空立方体模型，而 Rcker、Szego 等对其进行了更加深入的研究[154-157]。时空立方体模型可以通过平面二维空间和一维时间序列组成，如图 3-1 所示，也可以通过二维时间序列，一维地理空间来表示，例如二维时间序列，一维以"日"为间隔，另外一维以"时"为间隔，即表示了不同日期，不同小时地理现象的变化过程。

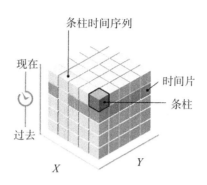

图 3-1 时空立方体构成[158]

如图 3-2 所示，常用的方法为通过聚合点或预定义位置来创建时空立方体模型，将空间时间条柱聚合到 netCDF 数据结构中，创建时空立方体模型，创建的时空立方体模型中的每个时空条柱都包含了位置、时间以及一个或多个的属性值或变量。

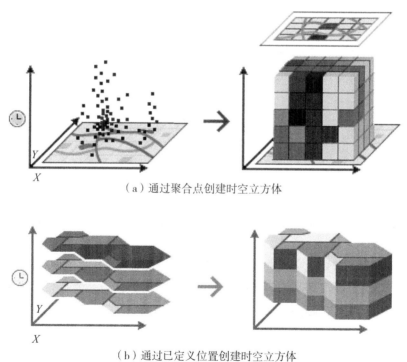

（a）通过聚合点创建时空立方体

（b）通过已定义位置创建时空立方体

图 3-2 时空立方体创建过程[158]

本节采用时空立方体模型对采动覆岩应力监测位置的数据进行分析，由于监测点的有限性，且位置的确定性，因此本节采用已定义位置来创建采动覆岩应力的时空立方模型，同一个位置的测点将共同具有一个位置 ID(LOCATION_ID)，在时空数据处理时只对包含应力监测数据点的位置进行分析。

3.3.2 Man-Kendall 趋势分析

H. B. Man 与 M. G. Kendall 提出了一种非参数统计检验方法，即 Man-Kendall 趋势分析法[159]，该方法作为时空统计分析的有效方法，对样本分布特征无要求、受到异常点值的干扰较小，常常被用于时间序列的趋势检验。并且 Getis-Ord Gi* 热点分析统计方法的检测时间序列变化趋势基础也是 Man-Kendall 趋势分析方法[160]。

定义一个时间序列 Y，假设其样本个数为 n，则 Man-Kendall 中的备选假设和原假设如下：

原假设 A：时间序列 Y 是相互独立，且具有随机概率，分布相同的样本；

备选假设 B：对于任意 i，$j \le n$，且 $i \ne j$，Y_i 与 Y_j 的分布不同。

构造检验统计量 T：

$$\begin{cases} T_n = \sum_{i=1}^{n-1} \sum_{j=i+1}^{n} \text{Sgn}(Y_j - Y_i) \\ \text{Sgn}(Y_j - Y_i) = 1, \ Y_j > Y_i \\ \text{Sgn}(Y_j - Y_i) = 0, \ Y_j = Y_i \\ \text{Sgn}(Y_j - Y_i) = -1, \ Y_j < Y_i \end{cases} \tag{3-16}$$

对于 $n \ge 10$，统计量 T 近似服从正态分布，可知其均值为 0，其方差为：

$$s^2 = \frac{n(n-1)(2n+5)}{18} \tag{3-17}$$

其标准化检验统计量 Z 为：

$$Z = \begin{cases} (T-1)/|S|, & T > 0 \\ 0, & T = 0 \\ (T+1)/|S|, & T < 0 \end{cases} \tag{3-18}$$

对于趋势检验，假设显著水平为 a，则置信度 $p = 1 - a$，对于如下成立：

$$|Z| > Z_{\alpha/2} \tag{3-19}$$

原假设被排除，可知此序列有明显的变化趋势。因此在标准化检验统计中得到 Z 得分，可通过在得分判断序列的趋势特征，对于大于 0 的值，当其值越高时序列的上升趋势越明显，当其小于 0 时，越小下降序列越明显，其趋势显著性分级见表 3-1[160-161]。

表 3-1   趋势显著性分级

趋势库	趋势统计 Z 值	趋势 p 值	趋势
−3	<−2.58	99%	下降，置信度为 99%
−2	−2.58 ~ −1.96	95%	下降，置信度为 95%

趋势库	趋势统计 Z 值	趋势 p 值	趋势
-1	$-1.96\sim-1.65$	90%	下降，置信度为 90%
0	$-1.65\sim1.65$	—	非显著性趋势
1	$1.65\sim1.96$	90%	上升，置信度为 99%
2	$1.96\sim2.58$	95%	上升，置信度为 95%
3	>2.58	99%	上升，置信度为 90%

3.4 相似材料模型试验

相似材料模型试验或者称为物理模型试验，相似材料模型试验是验证隧道工程、岩土工程、水利工程、地质工程和采矿工程地质场破坏形态和特征的有效方法之一。在采矿工程中，相似材料模型试验已成功用于预测甚至验证开采过程中岩层的破碎位置，也可以用来研究破碎岩层中的进行注浆加固浆液的扩散特征。相似材料模型试验也可用于煤层开采中，探寻煤层中瓦斯运移特征。相似材料模型试验还可以用于含水层下采煤过程中覆岩的动态移动变形特征研究，以及随着煤矿工作面的开采，锚杆支护巷道的破坏形式与机理。在隧道工程中，相似材料模型试验被广泛应用于模拟隧道或隧道群开挖过程中围岩破坏的形成机理和模式，以及有效说明隧道周围节理岩体的裂隙演化规律和渗透特征，不同方位的岩层层面和隧道之间的相互作用特征研究。在滑坡和地震诱发的地质灾害研究中，相似材料模型试验可以通过简单地改变参数和填充条件来模拟不同条件下滑坡和地震诱发的地质灾害的特点，进而揭示各个参数对滑坡和地震诱发的地质灾害的影响，以及地质灾害的破坏机理。

相似材料模型试验的理论基础为相似理论，自然工程中有许多现象都具有相似性，因此基于相似理论建立的相似材料模型试验能够对实际的原型规律进行模拟。相似材料模型试验具有直观性、可重复性和高效性的特征，目前被作为相似研究方法的重要研究内容。在岩土工程与矿业工程研究中，由于相似材料的性质特点，研究者能够根据一定的比例，缩小工程模型，并对实际的地层特性及其地层结构特征进行模拟，因此被广泛应用。随着现在计算机技术的发展，试验中的各种参数能够被有效地精细化监测，再与数值模拟技术等相结合，因此试验结果能够较好地反映实际工程过程。严格地说，岩石力学中的实际问题是空间问题，特别是在采动后，覆岩的变形、移动与破坏均是空间问题，但是为了能够比较直观地分析采动破坏问题，可以忽略一些次要因素，采用相似模型试验的方法进行研究。相似三定理是进行相似模型试验的根本。

相似第一定理：两个相似物体的相似准则相同，即其准则一致，比如其初始条件和几何条件等。

相似第二定理：如果两个物体的现象相似，能够指示此物体系统运行的相关参数决定系统准则的判据相同。

相似第三定理：此定理又可称为相似的逆定理。如果两个物体的参量相似，则其参量的判断准则也相同，则两物体也是相似的。

基于相似三定理，相似模型试验要满足一定的相似条件，例如几何和应力相似等。

1) 几何相似条件

相似模型与工程原型在其几何尺寸上的比例满足一定的值或者是个常数，如式(3-20)[162-163]。

$$\frac{l_a}{l_{aa}} = \frac{l_b}{l_{bb}} = \frac{l_c}{l_{cc}} = C_l \tag{3-20}$$

式中，C_l 为几何相似比例常数，l_a、l_b、l_c 为工程原型的几何尺寸，l_{aa}、l_{bb}、l_{cc} 为相似模型的几何尺寸。

2) 力学相似条件

相似模型与工程原型在力学性质上保持一定的比例关系，主要为应力应变特征保持一定的比例：

$$\frac{\sigma_a}{\sigma_{aa}} = \frac{\sigma_b}{\sigma_{bb}} = \frac{\sigma_c}{\sigma_{cc}} = C_\sigma \tag{3-21}$$

式中，C_σ 为力学相似比例常数。

并且相似模型与工程原型在力学性质上保持一定比例关系时，其几何尺寸也保持一定比例关系，两个比例常数也存在一定的比例关系：

$$\frac{C_\sigma}{C_l} = C \tag{3-22}$$

在岩土工程中，相似材料密度也满足一定的比例关系：

$$\frac{C_\sigma}{C_\sigma C_l} = 1 \tag{3-23}$$

式中，C_ρ 为相似模型与工程原型材料的密度相似常数。

对上式进行变换可得：

$$C_\sigma C_l = C_\sigma \tag{3-24}$$

3) 变形相似条件

在岩体力学工程中，相似模型与工程原型的应变量是相等的，即模拟的和实际的要具有相同的应变量。

$$C_s = 1 \tag{3-25}$$

通过对相似条件进行变形也可得到：

$$\begin{cases} C_\varepsilon = 1 \\ C_\mu = 1 \\ C_E = C_\sigma \end{cases} \tag{3-26}$$

式中，C_ε 为相似模型与工程原型应变相似比例常数，C_E 为相似模型与工程原型弹性模量相似比例常数，C_μ 为相似模型与工程原型的泊松比相似比例常数。在岩体力学问题试验的过程中，相似模型要模拟工程原型的破坏过程，进而揭示工程原型的破坏机理，因此相似模型与工程原型在破坏过程中也满足相似比例。

$$
\begin{cases}
\dfrac{C_\sigma}{C_l} = C \\[2mm]
C_E = C_\sigma = C_c = C_p \\[2mm]
\left[\dfrac{\sigma_c}{\sigma_\tau}\right]_p = \left[\dfrac{\sigma_c}{\sigma_\tau}\right]_m \\[2mm]
C_\varphi = 1, \ C_u = 1, \ C_s = 1
\end{cases}
\tag{3-27}
$$

式中，$[\sigma_c]_p$ 为相似材料的抗压强度，$[\sigma_\tau]_m$ 为原型材料的抗拉强度，C_c 为相似模型与工程原型的相似比例常数，C_φ 为相似模型与工程原型的内摩擦角相似比例常数。

4) 时间相似条件

岩土工程问题往往与时间有密切关系，特别是在矿山岩体力学过程中，随着采动的进行，岩体的应力等参数特征随着时间而发生变化，因此，对于相似模型与工程原型来说，时间也具有相似性，其时间相似比例常数与几何相似比例常数存在如下关系：

$$
C_t = \sqrt{C_l}
\tag{3-28}
$$

相似模型试验的基础是几何相似常数，在进行相似模型试验设计时首先确定的就是几何相似常数，然后利用以上公式对其他相似常数进行计算，进而确定其他比例系数，最终完成相似模型的各个参数的计算与设计。本节在研究区水文地质、工程地质条件的基础上，通过相似模型试验，对覆岩在采动过程中的运动规律和应力演化等进行研究，并对采动过程中的应力以及裂隙等进行了监测研究，对揭示其采动覆岩应力的时空演化特征提供基础重要的理论支持。

3.4.1 工程背景

模型试验选择泉店煤矿 11050 工作面作为地质原型，11050 工作面设计走向长度 820m，倾向长度 158m，本工作面共有两层煤，分别为二₁煤层和二₃煤层，11 采区工作面有两层煤可采，二₁煤厚 0～10.38m，平均为 4.52m；二₃煤厚 0～2.51m，平均为 1.66m。根据本矿以往的开采经验，拟在研究区对二₁煤层、二₃煤层以联合开采的方式进行开采。

11050 工作面两层煤的综合采放厚度为 5～12m，由于两层煤之间隔层厚度比较薄，模拟试验中开采厚度包含夹层，本次试验平均厚度取 8m。为了同时对采动覆岩裂隙进行时空演化分析，本次模型试验沿着走向方向，选择 11050 工作面下顺槽−550m 以深，向外延伸 400m，煤层及上覆岩层按水平地层铺设，如图 3-3 所示，表 3-2 列出了地质原型的煤层顶板以上的岩石物理力学参数。

表 3-2   煤层顶板岩石类型分组

编号	岩性	平均厚度（m）	单轴抗压强度（MPa）	密度（g/cm³）
14	泥岩夹砂岩	7.0	8.0	2.51
13	砂岩	6.0	24.0	2.64

编号	岩性	平均厚度（m）	单轴抗压强度（MPa）	密度（g/cm³）
12	泥岩	24.0	8.0	2.35
11	砂岩	13.0	30.0	2.60
10	泥岩夹砂岩	34.0	10.0	2.41
9	泥岩	16.0	8.0	2.30
8	砂岩夹泥岩	16.0	20.0	2.54
7	砂质泥岩	7.6	12.0	2.50
6	砂岩	9.4	35.0	2.62
5	泥岩夹砂岩	24.0	9.0	2.42
4	砂岩	6.0	30.0	2.60
3	泥岩	5.4	6.5	2.40
2	砂岩	5.0	27.5	2.55
1	砂泥岩互层	10.0	15.0	2.45

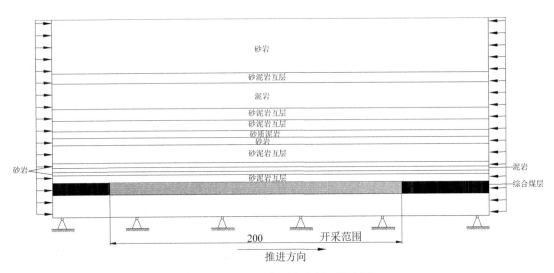

图 3-3　11050 工作面走向剖面模型图

3.4.2　模型设计

1）试验模型

试验选择中国矿业大学矿山水害防治基础研究实验室的试验台，其规格为长×宽×高：300cm×30cm×200cm。根据相似定理，本次试验采用的是平面应力模型，取几何相似比 $C_L = 200$，具体计算如下：

$$C_L = \frac{L_a}{L_{aa}} = \frac{200}{1} = 200 \qquad (3-29)$$

式中，L_a 为原型尺寸，L_{aa} 为模型尺寸。时间比 $C_t = \sqrt{200} : 1 = 14.1$，容重比 $C_\gamma = 2.5/1.5 = 1.67$。

数据采集采用土压力盒采集，以便后期数据处理时进行相互印证，消除误差。图像采集采用单反数码相机，记录采动过程中裂隙的发育情况。新近系与第四系松散层厚度较大，模型试验中采用外荷载补偿来模拟松散层荷载，加荷时间不少于 24 h，荷载 q_m 计算如下：

$$q_m = \frac{\gamma_a (H - H_m)}{C_\gamma C_l} \cdot l \cdot b \qquad (3-30)$$

式中，H 为从煤层至地表上覆岩层的总厚度，m；H_m 为煤层上方模拟岩层的厚度，m；γ_a 为煤层上覆岩层的平均重度，kN/m³；l、b 分别为实验模型的长度和宽度，m。根据模型实际地层条件，计算得模型补偿荷载 $q_m = 31.70$kN。

2) 测线和传感器布设

在水平方向设置 3 条测线，每条测线共 5 个监测点，以监测覆岩在采动下的应力应变的演化规律。为了获得试验过程中应力的时空演化过程，模型的不同位置均布设了相应的应力传感器，应力测点共布设了 5 层，每层均匀铺设 3 个，具体布置情况如图 3-4 及表 3-3所示。

（a）监测布置　　　　　　　　　　　　（b）监测设备

（c）布置示意图

图 3-4　传感器布置图

表 3-3　　　　　　　　　　　　　　　　　　应力测点布置与编号

测点	距离开切眼的距离（cm）	测点	距离开切眼的距离（cm）	测点	距离开切眼的距离（cm）	距离煤层底板距离（cm）
A1	25	B1	100	C1	175	11.5
A2	25	B2	100	C2	175	23.2
A3	25	B3	100	C3	175	33.9
A4	25	B4	100	C4	175	47.7
A5	25	B5	100	C5	175	61.7

应力测试传感器采用 XY-TY02A 系列电阻式微型土压力盒，数据采集采用 DT85 智能可编程数据采集器，如图 3-5 所示。DT85 Date-taker 支持 SDI-12 传感器组网，支持 SCADA 系统的 Modbus、FTP 和 Web 接口，具有可控 24V 电源为传感器供电，因此，DT85 是一个独立的自适应系统。DT85 输入包括模拟量和数字量以及高速计数器、脉冲输入、可编程传感器串行通道、用于 CANbus 的具有选项的 CANgate 接口。

（a）DT85数据采集仪

（b）微型土压力盒

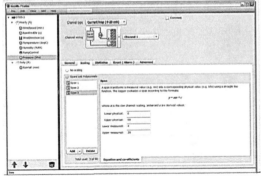

（c）传感器设置界面

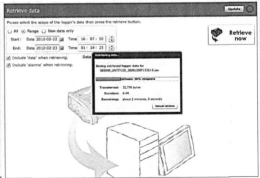

（d）数据下载界面

图 3-5　应力数据采集系统

3) 相似材料配比

材料选用河砂作为骨料，胶结材料的选择主要采用常用的胶结材料，比如高岭土、石膏粉和碳酸钙等。在进行相似材料模拟时，由于部分岩层较软弱，以直径为 4.5cm、高为 10cm 的 PVC 管为模具，以高岭土、砂、石膏、碳酸钙和水为原材料，并参考吴钰应材料配比表[164]，通过不同配比制成试验模块。将试验模块装入圆柱形模型中静止干燥后，在万能试验机上对模块进行抗压强度试验，测定试验模块的抗压强度，获得本次试验所需的实验配比，见表3-4。

表 3-4 实验模型材料配比表

岩石类型	岩性	材料配比				
		砂(kg)	高岭土(kg)	碳酸钙(kg)	石膏(kg)	水(kg)
11	砂岩	59.23	9.87		9.87	8.78
10	泥岩夹砂岩	180.73	18.07		7.75	22.95
9	泥岩	85.05	8.51		3.65	10.80
8	砂岩夹泥岩	85.05	6.08		6.08	10.80
7	砂质泥岩	40.40	4.04		1.73	5.13
6	砂岩	48.95	2.45		5.71	6.35
5	泥岩夹砂岩	127.58	12.76		5.47	16.20
4	砂岩	27.34	4.56		4.56	4.05
3	泥岩	28.70	1.44	1.44	1.23	3.65
2	砂岩	24.30	3.04		3.04	3.38
1	砂泥岩互层	53.16	5.32		2.28	6.75

4) 开采设计

根据现场工作面实际推进速度按照时间常数模拟开采，每次采 10cm(原型20m)，采厚 4cm(原型8m)，采长 200cm(原型400m)，实际开采是每天 2m，为了研究采动覆岩应力的时间效应，根据时间相似系数，模型每隔 17.5 小时开采一次，各个监测点初始值调整为同一值，数据每隔 0.5 小时采集一次，每次采集 1 分钟，每一秒钟记录一个数据，通过编程设计仪器自动采集，模型共 15 日内开采完成。

3.5 采动覆岩应力时空演化特征

3.5.1 采动覆岩的时间序列

采动覆岩应力随开采距离的变化规律是开采覆岩系统渐进失稳过程的综合体现。许多学者已经对厚煤层综放开采覆岩移动及其破坏规律进行了研究。基于采动覆岩破坏的时间效应，本节引入时间维度，对覆岩应力在采动过程中应力熵变化以及时空演化特征进行研究，根据模拟试验的特点，建立采动步距与时间的对应关系，每次开采后在持续时间内监测应力变化，见表 3-5，模型在 15 日开采完成，其中完整周期时间为 14 日。

表 3-5　　　　　　　　　　　　　　开采距离与时间对应关系

模型开采距离（cm）	实际开采距离（m）	持续时间（h）
10. 0	20. 0	17. 5
20. 0	40. 0	35. 0
30. 0	60. 0	52. 5
40. 0	80. 0	70. 0
50. 0	100. 0	87. 5
60. 0	120. 0	105. 0
70. 0	140. 0	122. 5
80. 0	160. 0	140. 0
90. 0	180. 0	157. 5
100. 0	200. 0	175. 0
110. 0	220. 0	192. 5
120. 0	240. 0	210. 0
130. 0	260. 0	227. 5
140. 0	280. 0	245. 0
150. 0	300. 0	262. 5
160. 0	320. 0	280. 0
170. 0	340. 0	297. 5
180. 0	360. 0	315. 0
190. 0	380. 0	332. 5
200. 0	400. 0	350. 0

3.5.2　采动覆岩应力时空演化特征

1）采动覆岩应力演化特征

模型开采过程中，每完成一个开采步距后，持续一定的时间再进行下一步开采，对其持续时间过程中的数据进行采集，通过对采集的应力数据进行处理。由于每一步采动后，应力将重新逐渐达到平衡。我们对采集的数据进行处理时，主要对采动过程中的垂直应力进行分析，如图 3-6 所示，为模型开采 10cm（实际工程开采 20m 后）时，A1 点在第一个开采时间周期内应力监测的数据，其应力熵为 3.55。

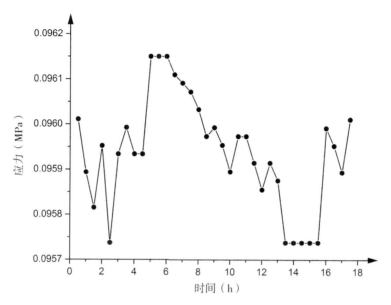

图 3-6 开采 10cm 时 A1 点应力变化

如图 3-7、图 3-9 和图 3-11 所示，距离煤层底板 47.7cm 以上测点受到采动影响变化不大，因此其应力熵变化也不会明显，我们对其余测点应力时间序列的应力熵进行计算，

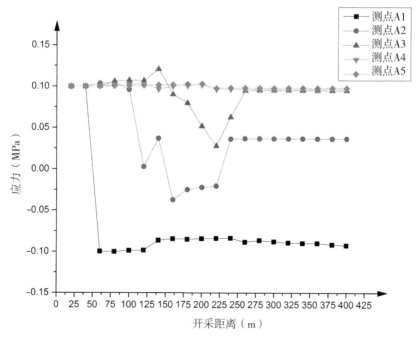

图 3-7 采动过程中第 1 列测点应力演化图

获得各个测点的应力熵变化图，如图 3-8、图 3-10 和图 3-12 所示。在开采初期，模型一直处在稳定状态，随着工作面向前推进，形成采空区，当工作面开采 20m（模型采动 10cm）时，工作面覆岩上方覆岩应力变化较小，分布比较均匀，对比图 3-9，此时未影响到工作面前方。

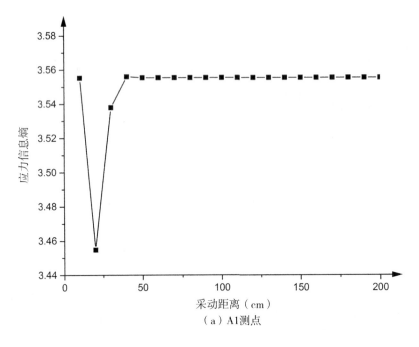
（a）A1测点

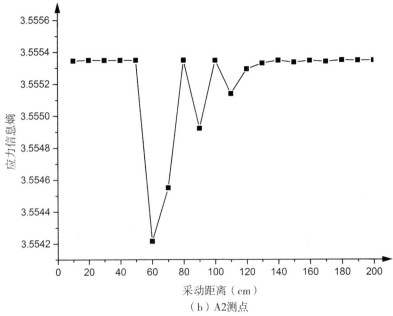
（b）A2测点

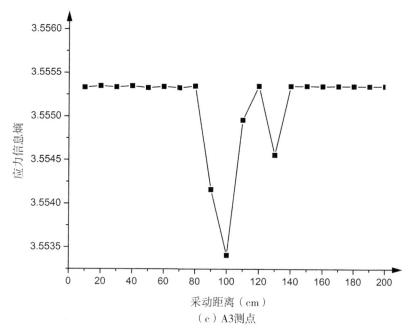

（c）A3测点

图 3-8　采动过程中第 1 列测点应力熵

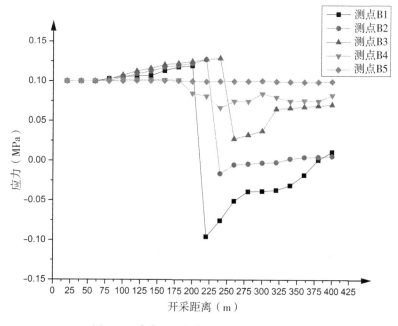

图 3-9　采动过程中第 2 列测点应力演化图

距离煤层底板 23m（模型 11.5cm）的 A1 测点，工作面开采 40m 到 60m 过程中，采空区上方 23m 处的测点卸压，表现为覆岩应力发生了重新分布，而应力熵提前发生了变化。A2 测点的应力熵滞后变化，即当应力（卸载）突然减小时应力熵会提前发生突变，当应力升高时，应力熵的突变滞后。而 A2 应力一直在增加，覆岩中此点能量一直在增加，当其能量超过岩体的极限强度时，覆岩将会发生破断、垮落，最终此位置的应力释放。而在此过程中，采动应力扰动并未达到 A3 测点，即在煤层底板以上 67.8m（模型 33.9cm）处。而测点 A4 距离煤层底板 95.4m，直到工作面推进 160m 处，基本未受到扰动。

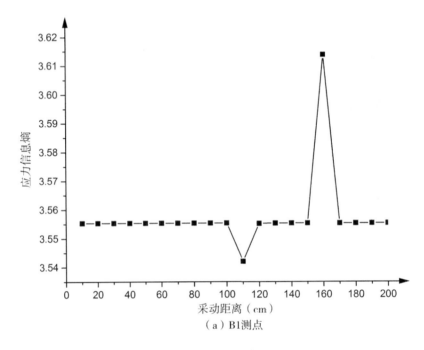

（a）B1测点

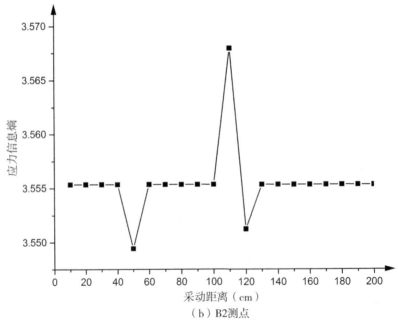

（b）B2测点

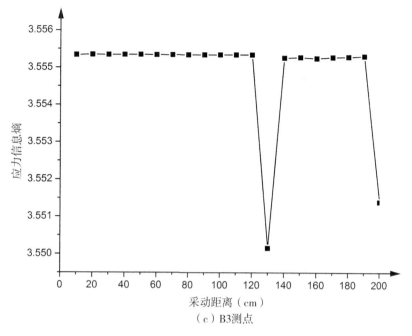

（c）B3测点

图 3-10 采动过程中第 2 列测线应力熵

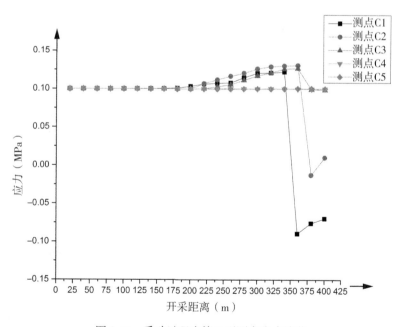

图 3-11 采动过程中第 3 列测点应力演化

从开采 120m 开始，A1 测点的应力逐渐开始恢复，采动过程中第 2 列测点应力的变化反映了工作面正常回采过程中应力的变化，工作面前方一定范围内的未采动岩体应力有一升高区，并且此区域伴随着工作面的正常回采逐渐变化，采空区下位岩层处于低应力状

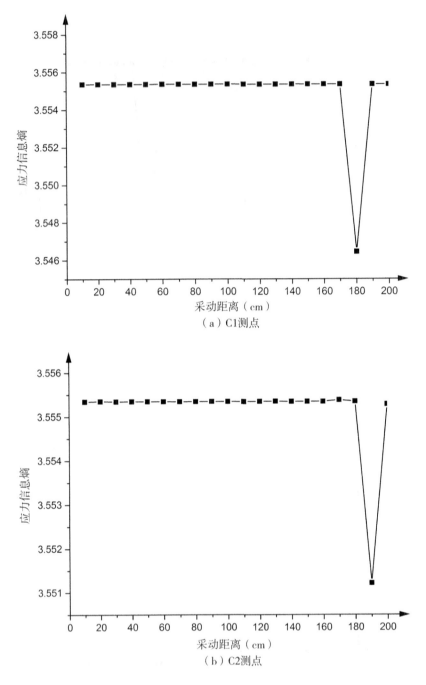

（a）C1测点

（b）C2测点

态。而随着工作面的正常开采，工作面前方的覆岩中的垂直应力呈现周期性变化，而每次应力突变时，都伴随着应力熵的突变，如图 3-8、图 3-10、图 3-12 所示。在顶板破坏前，附近测点的应力数值一直在增大时，覆岩中一直在蓄积能量，当顶板发生破坏后，覆岩中蓄积的能量产生耗散，此处的应力开始卸载，特别是进入采空区后，其应力由于受到破坏岩体的作用，以及覆岩的压实运动，应力开始恢复，但有些部分无法恢复到初始应力值。

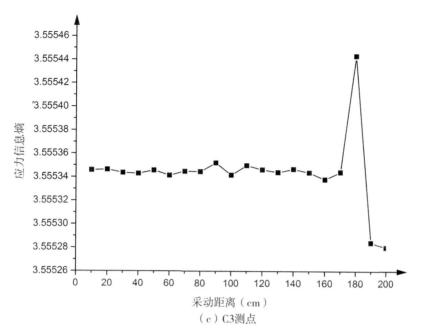

（c）C3测点

图 3-12　采动过程中第 3 列测点应力熵

而在工作面前后未采煤岩体和上方一定高度的岩层均有高应力的存在，这充分证明了采场围岩有动态应力拱的存在，其主要承担并传递上覆岩体的荷载和压力。

2）采动裂隙岩体应力时空可视化

由于采动覆岩应力变化的历时性，可以对采动覆岩应力变化进行时空可视化分析，表 3-6 为 2018 年 1 月 19 日 0 点与 17：30 的同一测点 A1 的数据，列举了部分采动覆岩应力监测点应力值，其中应力值为时间段内平均值。

表 3-6　　　　　　　　　　覆岩应力监测平均值（前 35 小时）

测点	日期	时间	应力（MPa）	日期	时间	应力（MPa）
A1	2018 年 1 月 19 日	0:00	0.0999	2018 年 1 月 19 日	17:30	0.099900
A2	2018 年 1 月 19 日	0:00	0.1000	2018 年 1 月 19 日	17:30	0.100000
A3	2018 年 1 月 19 日	0:00	0.1000	2018 年 1 月 19 日	17:30	0.100000
B1	2018 年 1 月 19 日	0:00	0.1000	2018 年 1 月 19 日	17:30	0.100036
B2	2018 年 1 月 19 日	0:00	0.1000	2018 年 1 月 19 日	17:30	0.100000
B3	2018 年 1 月 19 日	0:00	0.1000	2018 年 1 月 19 日	17:30	0.100000
C1	2018 年 1 月 19 日	0:00	0.1000	2018 年 1 月 19 日	17:30	0.100000
C2	2018 年 1 月 19 日	0:00	0.0998	2018 年 1 月 19 日	17:30	0.099763
C3	2018 年 1 月 19 日	0:00	0.0999	2018 年 1 月 19 日	17:30	0.099917

　　基于 GIS,以测点位置为平面二维坐标,以时间 t 为第三维度坐标,建立采动覆岩应力时空立方模型,在 3D 场景下显示,并对结果进行处理,未有监测点不参与计算,并附上坐标如图 3-13 所示。对采动覆岩应力时空模型进行 Man-Kendall 趋势分析,主要分析随着时间的推移,应力总体的变化特征,总观测数 300 个,总观测值 4200 个,Z 得分为 -1.86,表明随着时间的推移采动覆岩应力整体上具有显著性减小的趋势。

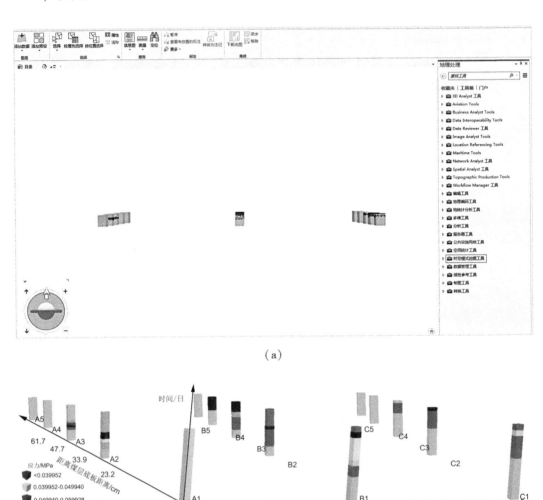

(a)

(b)

图 3-13　采动覆岩应力时空立方模型

　　为了研究在工作面推进过程中,每步开采应力重新平衡的过程中,即每步开采的时间周期内,覆岩应力的时空演化,以开采距离和监测时间作为两个维度,而不同测点作为第三维坐标,此时主要考虑导水裂隙带内及其附近的测点,用不同的颜色表示应力值,由此获得如图 3-14 所示的时空立方体，描述每步开采达到应力平衡周期内的覆岩应力时空演化特征。对此采动覆岩应力时空模型进行 Man-Kendall 趋势分析，主要分析随着时间的推移，应力在总体上的变化特征，180 个具有估计观测值的位置，2520 个已估计的全部观测值，Z 得分为 -2.63，表明导水裂隙带内覆岩应力随着时间的推移采动覆岩应力整体上具有显著性减小的趋势，且比整个工作面覆岩应力的下降趋势更加明显。

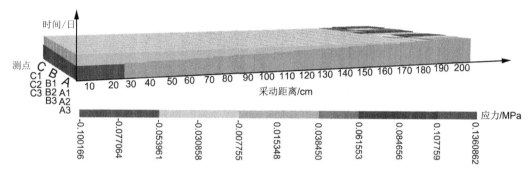

图 3-14 采动覆岩应力时空立方体

3.6 本章小结

本章主要从系统科学科学的角度出发，基于信息熵理论以及时空数据处理方法，以泉店煤矿 11050 工作面作为地质原型，通过相似模型试验，对采动过程中覆岩的应力进行了监测，揭示采动过程中应力的时空演化规律。基于信息熵理论，提出了采动覆岩应力的应力熵，工作面前方的覆岩中的垂直应力呈现周期性变化，而每次应力突变时，伴随着应力熵的突变。基于 GIS 时空可视化模型，对采动过程中覆岩应力的时间序列与空间序列进行了分析，建立了采动覆岩应力时空立方体可视化模型，实现了采动覆岩的应力场时空演化的可视化分析，对采动覆岩应力时空模型进行 Man-Kendall 趋势分析，采动覆岩应力时空立方体模型的 Z 得分为 -1.86，导水裂隙带内测点应力时空立方体模型 Z 得分为 -2.63，表明随着时间的推移导水裂隙带内采动覆岩应力整体上显著性减小效果更加明显。

第4章 采动覆岩裂隙时空演化研究

岩体的破坏与变形一直是岩体力学工作者关心的重要问题，多年来已对它们进行了广泛的研究。采动造成岩体破坏，进而导致裂隙的产生，而裂隙是水砂和瓦斯等气体的运移通道，与矿井突水溃砂以及瓦斯灾害等有密切关系。因此采动覆岩裂隙与水砂流动的相互作用关系是我国矿井采掘溃砂突水防治研究的基础内容。而对于均匀介质中的规则裂隙来说，目前已经做了许多工作，但是由于实际岩体成因的复杂性，材料的不均匀性，导致了岩体裂隙几何形状的复杂性和不规则性。对其的研究可以引入非线性科学等的方法，因此一些新理论和新概念已被广泛地应用于岩体破坏和变形的研究中，例如分形、混沌和小波分析等。特别是分形几何的引入，使岩体裂隙断裂力学的发展更加迅速。采动覆岩中岩体裂隙特征的时空演化研究，对于裂隙覆岩受采动而导致的突水溃砂的防治有重要的指导作用。而目前数值模拟技术的计算结果的可靠性均取决于岩体结构模型的正确与否以及裂隙参数的选取，岩体结构描述和岩体力学参数的选取一直是岩石力学研究的难点。本章以近松散含水层下厚煤层综放开采为背景，主要基于分形几何与信息熵理论，通过相似模拟实验以及时空分析方法，对近松散含水层下厚煤层开采导致的覆岩裂隙(突水溃砂的主要通道)的时空演化进行研究，有利于对预测、决策、评价以及治理突水溃砂等灾害问题的进一步研究。

4.1 分形和分维

4.1.1 分形和分形空间

分形(Fractal)来源于拉丁文 fractus，早在 1875 年就产生了分形理论，后来该理论经历了迅速的发展。其中从 1926 年到 1975 年的半个世纪里，可被称为分形理论迅速发展的第二个阶段，在这个阶段中 Bouligand 于 1928 年引入了 Bouligand 维数，Kolmogorov 等学者于 1959 年引入了熵维数。第三个阶段是从 1975 年至现今，特别是在 1979 年由 Mandelbrot 提出用来表示图形的复杂程度及自然界的复杂过程，对分形理论有里程碑式的意义，并且 Mandelbrot 在 1982 年给出了分形的定义[165-166]：

定义 4-1：定义一个集合 $F \subset R^n$ 的 Hausdorff 维数是 D，当 $D_F > D_T$ 的时候，其中 $D_T = n$ 表示拓扑维数，我们可以定义 F 为分形集合，其数学公式可记为：

$$F = \{D_F: D_F > D_T\} \tag{4-1}$$

我们可以通过计算一个集合的 Hausdorff 维数及其拓扑维数来表征分形，根据式(4-1)即可判断该集合是不是分形集合，但是在实际应用中，Hausdorff 维数是很难被计算的，这样就很难被广泛推广应用。直到 1986 年，Mandelbrot 提出了一个更加实用的分形定义，称之为自相似分形[167-170]。

定义 4-2：组成部分以某种方式与整体相似的形体叫分形。

这一定义体现了大多数奇异集合的特征，很通俗也很直观，核心内容是突出了分形的自相似性，还反映了自然界中很广泛的一类物质的基本属性。但是此定义仅仅强调了分形的自相似特征，只能用于自相似分形，应用比较狭隘。因为有些不具有自相似性但是也满足 $D_F > D_T$ 的结构存在。

后来英国数学家 Falconer 对分形提出了一个新的认识，即把分形看成具有某些性质的集合，根据分形的定义，可以得到分形空间的定义。

定义 4-3：假设一个集合 A，其中用 $\dim A$ 来表示其 Hausdorff 维数，为了测量 d，定义集合 $\{X, d\}$、$H(X)$ 和 $d(A, B)$，其中 $H(X)$ 表示 X 的子集空间，$A \subset X$ 和 $B \subset X$ 的距离可以用 $d(A, B)$ 表示：

$$d(A, B) = \max_{x \in A, y \in B} \min d(x, y) \tag{4-2}$$

$H(X)$ 如果具有 Hausdorff 测度：

$$h(A, B) = \max\{d(A, B), d(B, A)\}, \quad \forall A, B \in H(X) \tag{4-3}$$

是完备测度空间，称之为分形空间。

4.1.2 分维

分维是定量地描述分形系统的一个参数，假设测量一单位线段，如果选择的尺子长度 $a = 1$，则测量次数 $N = 1$，得出的长度 $L = N \cdot a = 1$；当 $a = 1/2$ 时，则 $N = 2$，仍有 $L = 1$，类似地不断缩小尺子长度，则测量次数就会越来越大，但是总长度 L 不会改变[171-177]。将不同测量尺度和测量长度在同一坐标系中绘制双对数图像，会得到一个水平直线，该直线的斜率等于 0。分形理论中的一个经典案例——海岸线长度测量，如图 4-1 所示。但选用较大的尺子 a 去测量时，许多比较小的位置将会被忽略，如峡谷等，如果尺子变小后，许多更小的位置也会被忽略掉。因此不断地缩小尺子 a，则测量的长度可以近似地表示为：

$$L(a) = L_0 a^{1-D} \tag{4-4}$$

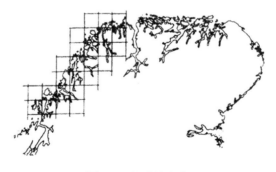

图 4-1　挪威海岸线

其中，D 为曲线的分维，一般地，对于分形曲线 $D > 1$，则

$$\lim_{a \to 0} L_{(a)} = L_0 \lim_{a \to 0} a^{1-D} = \infty \tag{4-5}$$

其中，曲线的长度随着尺子趋于 0 而趋于 ∞。

为了对分形进行表征，许多不同的维数被提出，主要包括容量维、信息维、关联维等常见的几种[178]。

1）容量维

设一个直径为 a 的小球，当其被覆盖后的最小数目为 $N(a)$，这个集合的容量维数可以通过以下计算：

$$D_0 = -\lim_{a \to 0} \frac{\log N(a)}{\log a} \tag{4-6}$$

容量维基本上与 Hausdorff 维数类似，主要是由 Kolmogorov 推导的，基本上就是 Hausdorff 维数的广义定义，所以在许多实际问题中，Hausdorff 维数与容量维数的差别是可以忽略的。

2）信息维

信息维的提出是为了区别每个球覆盖点数的多少，这个在上述容量维中没有被考虑，因此信息维可以被定义为：

$$D_l = -\lim_{a \to 0} \frac{\displaystyle\sum_{i=1}^{N} P_i \ln(1/P_i)}{\log a} \tag{4-7}$$

其中，在第 i 个球中出现的概率可以用 P_i 表示。

3）相似维数

众所周知，一直线段的维数是 1，设一直线段的长度为 X，并分成 $N = b$ 个等长的小线段，每一小段是整个直线的比例缩小，这个比例称为相似比 r，可以得到 $r = 1/b = 1/N$。如果是二维问题，可以分成 $N = b^2$ 个小方块，这些小方块相似整个二维平面，可以定义为：

$$\left.\begin{array}{l}(k-1)X/b \leqslant x < kX/b, \quad (k = 1, 2, \cdots b) \\ (h-1)Y/b \leqslant y < kY/b, \quad (k = 1, 2, \cdots b)\end{array}\right\} \tag{4-8}$$

其相似比为：

$$r(N) = \frac{1}{b} = \frac{1}{N^{(1/2)}} \tag{4-9}$$

对于三维的六面体，类似地，可获得相似比：

$$r(N) = \frac{1}{N^{(1/3)}} \tag{4-10}$$

类推之，对于 D_s 维柱体，其相似比为：

$$r(N) = \frac{1}{N^{(1/D)}} \tag{4-11}$$

因此可得：

$$Nr^{D_s} = 1$$

$$\log r(N) = \log\left(\frac{1}{N^{1/D_s}}\right) = -\log\frac{N}{D_s} \tag{4-12}$$

$$D_s = -\frac{\log N}{\log r(N)} = \frac{\log N}{\log(1/r)}$$

其中 D_s 就为相似维数。

4）关联维数

关联维数是根据关联函数计算的分形维数，可以在实验中直接测定，应用比较广泛，定义某变量在空间的分布在 X 位置的密度为 $\rho(y)$，则关联函数 $C(\varepsilon)$ 记为：

$$C(\varepsilon) \equiv \overline{\rho(y)\rho(y+\varepsilon)} \tag{4-13}$$

如果变量在空间的分布是均匀的，各个方向均相同，可以用两点的距离来表示其关联函数。Grassberger 与 Procaccia 在 1983 年提出关联维数的定义[179-180]：

$$D_2 = \lim_{\varepsilon \to 0} \frac{\ln C(\varepsilon)}{\ln \varepsilon} \tag{4-14}$$

$$C(\varepsilon) = \frac{1}{N^2} \sum_{i,j=1}^{N} H(\varepsilon - |y_i| - y_j) \tag{4-15}$$

5）广义维数

广义维数是由 Hentschel 与 Procaccia 提出的，可定义为[181]：

$$D_m = -\lim_{\varepsilon \to 0} \frac{S_m(\varepsilon)}{\ln \varepsilon} \tag{4-16}$$

式中，

$$S_m(\varepsilon) = \frac{1}{1-m} \ln\left[\sum_{i=1}^{N(\varepsilon)} Ni^m\right] \tag{4-17}$$

$S_m(\varepsilon)$ 是 m 阶 Rényi 信息，D_m 为 m 阶的广义维数，又可称为 Rényi 的信息维数，其中 m 为整数。当 $m = 2$ 时，基于洛必达法则，可得：

$$D_l = \lim_{\varepsilon \to 0} D_m \tag{4-18}$$

当 $D_m = D_2$，广义维数与关联维数相等。

6）计盒维数

计盒维数 D_B 是被大家广泛采用的一种方法，由于其可以比较容易地利用计算机等进行计算，定义 B 为一个有限集合，$N(r)$ 是直径最大的 r 能够覆盖 B 集的最少个数，则其可以定义如下：

$$\begin{cases} \overline{\dim}_B = \overline{\lim_{r \to 0}} \frac{\log N(r)}{\log(1/r)} \\ \underline{\dim}_B = \underline{\lim_{r \to 0}} \frac{\log N(r)}{\log(1/r)} \end{cases} \tag{4-19}$$

当 $\overline{\dim}_B = \underline{\dim}_B$，则其就为 B 的盒子维数，定义为：

$$D_0 = \dim_B = \lim_{r \to 0} \frac{\log N(r)}{\log(1/r)} \tag{4-20}$$

当公式(4-16)与式(4-17)中 m 取 0 时，广义维数与盒子维数相等。

4.1.3 分维的测量方法

1) 根据测度关系计算分形维数

如果分形具有非整数维数，周长与面积关系的分形计算模型与测度关系模型是相似的，此首先由 Mandelbrot 提出，可以根据其定义来求解分形维数，定义一个规则的立方体，其长度为 L，面积为 S，体积为 V。如果改变其一个变量，例如 L，当 L 增加到原来的 2 倍，则其面积就增加到原来的 4 倍，其体积则增加到原来的 8 倍。

$$L \propto \sqrt[2]{S} \propto \sqrt[3]{V} \tag{4-21}$$

由此当 L 扩大多少倍，其 $S^{1/2}$ 与 $V^{1/3}$ 也同样扩大多少倍，因此可定义一具有 D 维度的量维 Y，则

$$L \propto \sqrt[2]{S} \propto \sqrt[3]{V} \propto \sqrt[D]{Y} \tag{4-22}$$

因此，可以据此计算分形对象的维数。同样的对于一个二维图形，其周长为 L，面积为 S，则其周长与面积的关系可以定义为：

$$R = \frac{L}{S^{1/2}} \tag{4-23}$$

其中，L 为图形的周长，S 为图形的面积，对图形的周边曲线进行测量，当尺子减小到一定时，其面积基本稳定在一个固定值，因此可定义为：

$$R_D = \frac{[L(\sigma)]^{1/D}}{[S(\sigma)]^{1/2}} \tag{4-24}$$

其中，D 为图形的边界分形维数，当尺子足够小的时候可以转换为：

$$L(\delta) = c\delta^{1-D}\sqrt{S(\delta)^D} \tag{4-25}$$

其中，c 为比例系数，此种测量方法经常被用于测量物体结构面。基于此，武生智等[182]对砂粒粗糙度及其粒径分布进行了研究，并提出了砂粒表面粗糙度分形维数测度的计算公式：

$$D = \lim_{\varepsilon \to 0} \frac{\log(L/\varepsilon)}{\log a_0 + \log(\sqrt[2]{S}/\varepsilon)} \tag{4-26}$$

其中，a_0 为形状因子，S 为曲线的欧氏面积，L 为曲线的欧氏长度，ε 为标度。

2) 根据分布函数求分形维数

定义 r 为测度物体的径长，N_r 是所有观察尺度为 r 的物体的总数，把直径大于 r 的物体出现的概率定义为 $P(r)$，其分布的密度概率为 $P(s)$，则有：

$$P(r) = \int_r^\infty P(s)\,\mathrm{d}s \tag{4-27}$$

当测度变化而其分布不变时，则必须满足：

$$P(r) \propto P(\lambda r) ; \quad \lambda > 0 \tag{4-28}$$

因此可得：

$$P(r) \propto r^{-D} \tag{4-29}$$

换个方式来说[183]，对于直径大于 r 的，则物体的分形维数 D 与 r 的关系可以表示为：

$$N_r(R > r) = r^{-D} \tag{4-30}$$

3）根据波谱密度求分维

此方法又被称为 PSD（Particle Size Distribution）法，在对随空间或时间变化的变量进行观测时，可以得到空间序列或者时间序列的变化频谱[184-187]。对于频谱来说，改变观察尺度相当于改变其截止频率 f_c。如果此具有分形特征，即使截止频率改变了，其频谱图形是不会变的。具有此种性质的频谱或波谱只能用如下分布来定义：

$$S(f) \propto f^{-\beta} \tag{4-31}$$

而 β 与分形维数 D 满足：$\beta = 5 - 2D$。而如果是在曲面的情况下，即二维时：$\beta = 57 - 2D$。Tyler 和 Wheatcraft 对土壤颗粒进行了 PSD 分析[186-187]，得到 $N(r > R) \propto R^{-D}$，其中，$N(r > R)$ 为颗粒尺寸大于或等于 R 的颗粒数目，D 为频谱分形维数。

4）改变标尺法求维数

此方法主要通过用基本规则分割具有分形性质的图形，扩展到二维或三维，就是把平面或者空间分割成尺寸 r 足够小的基本图形，然后计算需要测度的图形所包含的基本图形个数 $N(r)$，由于 $N(r) \propto r^{-D}$ 的关系，此方法经常被用于分形维数的计算，特别是随着计算机的发展，此方法更易通过计算机来实现大量数据的精确快速计算。冯夏庭等[188]通过使用不同的尺子长度 r 去测量岩石的节理长度，并获得了岩石节理粗糙系数[189]（Joint Roughness Coefficients）与节理分形维数的关系：

$$\begin{cases} N = ar^{1-D} \\ \text{JRC} = 56.63\,(D - 1)^{0.4137} \end{cases} \tag{4-32}$$

式中，JRC 为岩石节理粗糙系数，N 为节理长度，D 为分形维数。

温世游等[190]基于损伤力学与分形理论，推导了岩体损伤的本构模型，并定义了损伤变量：

$$D = 1 - \exp\left[-(S/a)^m\right] \tag{4-33}$$

式中，m 为裂隙的分形维数，S 为裂隙的面积，a 为单位裂隙面积。

随着计算机的发展，GIS 作为一门学科，其具有强大的空间数据处理功能，即能对宏观的数据进行处理，也可以对微观的数据进行处理，能够实现在不同的规模上进行数据图形的空间处理。王宝军、施斌等[192]通过图像处理技术与 GIS 对黏性土的形态特征基于测度关系进行了三维的分形分析。

标尺法不仅适用于点分布和曲线分布，还可以用来对采动裂隙发育，特别是当覆岩发生垮落断裂时，形成的具有大量分叉的信息，因此可以通过此方法来计算获得其计盒维数。计盒维数的计算可以通过标尺法来实现，作为目前应用比较广泛的分形维数表示方法，其计算可以有效地与计算机结合起来。因此可以与 GIS 相关软件结合起来进行分形维数的快速计算，GIS 可以将图形处理成为栅格数据，栅格数据不但具有空间位置信息，还具有空间属性特征。应用 GIS 计算来实现分形维数的计算，以下举例说明。如图 4-2 所示，将图形转换为不同栅格单元大小的栅格图层，然后绘制栅格单元大小与栅格数目的双对数图，如图 4-3 所示，图中纵横坐标分别为 $N(r)$ 和 $1/r$ 的原始数据，并对其取对数，用此图也可表示分形维数的计算流程，图中直线的斜率即为此图形的分形维数，$D = 1.51$。

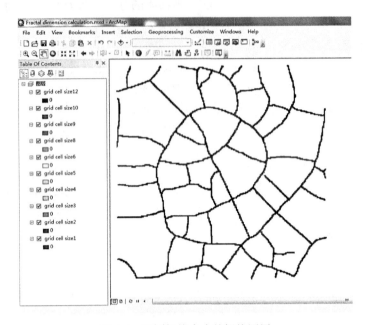

图 4-2　不同栅格大小的栅格图层

表 4-1　　　　　　　　　　　　　划分的网格数目

r	1	2	3	4	5	6	8	9	10	12
$N(r)$	149969	45323	23655	15180	10965	8482	5732	4941	4315	3388

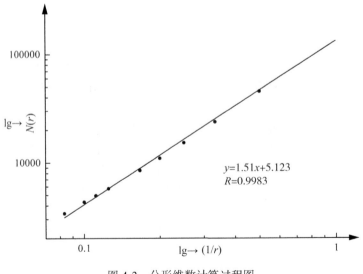

图 4-3　分形维数计算过程图

4.2　采动覆岩的裂隙特征

采动覆岩，由于受到采动的影响，其破坏程度随着到顶板的距离的增大而减小，如图 4-4 所示，最后形成垮落带、裂隙带和弯曲下沉带。依据《煤矿防治水细则》[15]，而导水裂隙带又被称为导水断裂带、断裂带等。在垮落带，垮落与直接顶板不规则形状之间的裂隙或空隙相互连接。裂隙带中下部的水平和垂直贯通裂隙也相互连通。因此，垮落带和裂隙带中下部的组合高度即为导水裂隙带的高度。在这里，相互连接的裂隙形成了一个与矿井工作面相连的通道系统，因此，导水裂隙带可以用来排放煤矿工作面瓦斯，将上部松散层或者岩层含水层水导入煤矿工作面。因此，了解这两类裂隙的范围对于评估含水层水通过竖井、断层和其他裂隙突入到煤矿工作面的风险非常重要。

结合国内外学者对"三带"理论的研究[192-194]，导水裂隙带由垮落带和裂隙带组成，裂隙带可分破碎岩块区、竖向贯通裂隙区和水平离层裂隙区域三个部分。

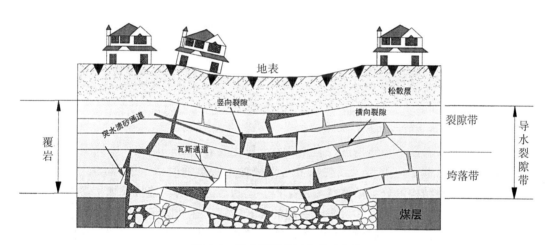

图 4-4　采动覆岩破坏的裂隙分带

垮落带是指由采煤引起的上覆岩层破裂并向采空区垮落的岩层范围。垮落带位于裂隙带下部，此处的岩层因离层而被垂直裂隙和水平裂隙破碎成块体。各破碎岩层中的相邻块体在垂直裂隙中全部或部分接触。

不规则、破碎性等是垮落带岩体的特征，垮落带内的岩层受采动影响较大，破坏剧烈，其裂隙的特征比较复杂，岩层的倾角比较混乱，裂隙错综复杂，其破坏高度一般为煤层开采厚度的 3~6 倍，目前，根据《煤矿防治水细则》规定，我国采用比较多的是根据表 4-2 中的公式计算[15]。

裂隙带可分破碎岩块区、竖向贯通裂隙区、水平离层裂隙区域三个部分。在裂隙带中部，也有因层间分离而产生的水平裂隙，而贯通垂直裂隙的数量少于下部。在裂隙带的上部，没有形成穿过岩层厚度的垂直裂隙，只有沿着弱—强岩层接触界面的水平裂隙。在很早以前就有学者提出，覆岩中弱—强岩层接触界面的水平裂缝厚度可达到 0.4m 左右，裂隙带的厚度在煤层厚度的 20~100 倍之间的位置变化很大，裂隙带之上的区域是连续变形带，这里没有大的裂隙产生，此范围在煤层开采过程中，岩层移动变形的区域可能有很大的不同。

表 4-2　　　　　　　　　　　　　　**垮落带高度计算公式**[15]

覆岩岩性(单向抗压强度及主要岩石名称)(MPa)	计算公式(m)
坚硬(40~80, 石英砂岩、石灰岩、砂质页岩、砾岩)	$H_m = \dfrac{100 \sum M}{2.1 \sum M + 16} \pm 2.5$
中硬(20~40, 砂岩泥质石灰岩、砂质页岩、页岩)	$H_m = \dfrac{100 \sum M}{4.7 \sum M + 19} \pm 2.2$
软弱(10~20, 泥岩、泥质砂岩)	$H_m = \dfrac{100 \sum M}{6.2 \sum M + 32} \pm 1.5$
极软弱(<10, 铝土岩、风化泥岩、黏土、砂质黏土〉)	$H_m = \dfrac{100 \sum M}{7.0 \sum M + 63} \pm 1.2$

注：$\sum M$ 为累计采厚；公式应用范围：单层采厚 1~3m，累计采厚不超过 15m；计算公式中 ± 号项为中误差。

由于不同地层岩性、地质构造、岩体卸荷、风化及岩溶等的影响，不同裂隙岩体中存在着不同类型的渗透结构类型。当裂隙带与松散含水层贯通时，可能导致矿井的突水溃砂。裂隙带的渗透结构可分为散体状渗透结构、层状渗透结构、带状或脉状渗透结构、网络状渗透结构、管道状渗透结构。采动引起的覆岩破坏，在裂隙带的底部，由于垂直应力和水平应力的作用，岩层破碎成块体，不同岩层的破碎岩体通过竖向裂隙相互接触，主要表现为带状或脉状渗透结构。在裂隙带的中间部位，存在水平离层裂隙，但是竖向贯通裂隙的数量比下部的破碎岩块少。而在裂隙带的上部，岩层的厚度不足以形成竖向裂隙，只在软弱至强的岩层分界面处形成水平离层裂隙，裂隙带与垮落带共同构成了导水通道，主要表现为网络状渗透结构。而顶部强风化岩层主要表现为散体状渗透结构，渗透介质类型主要为孔隙介质，具有均质、连续和各向同性的渗透特征，是导水的主要通道。风化带下部为含水层与隔水层互层，松散层含水层水通过散体状渗透结构入渗补给软弱泥质夹层，沿夹层呈层状渗流，渗透介质由孔隙介质转变为裂隙介质。覆岩破坏范围内不同类型的渗透结构相互交叉重叠，形成透水性较强的地下水渗流通道，对工作面涌水量预测、防水煤岩柱的计算有重要影响，对研究顶板突水机理有重要的理论意义和实用价值。裂隙带与垮落带共同构成了导水裂隙带，通常采用表 4-3 中的公式计算其高度[15]。

裂隙带以上一直到地表的部分称为弯曲下沉带，不但有岩层还有松散层，此层没有与导水裂隙带导通，且层内的裂隙基本未导通，有较好的隔水性，其裂隙也较少，渗透性基本上不受采动破坏的影响，在下沉的过程中，由于压实作用，存在的裂隙会被压实而闭合，岩层中的裂隙也基本闭合，有良好的隔水性能。因此本章在研究采动覆岩的裂隙场时，主要对裂隙带和垮落带进行定量的分析研究。

表 4-3 厚煤层分层开采的导水裂隙带高度计算公式[15]

岩性	计算公式之一（m）	计算公式之二（m）
坚硬	$H_{li} = \dfrac{100 \sum M}{1.2 \sum M + 2.0} \pm 8.9$	$H_{li} = 30\sqrt{\sum M} + 10$
中硬	$H_{li} = \dfrac{100 \sum M}{1.6 \sum M + 3.6} \pm 5.6$	$H_{li} = 20\sqrt{\sum M} + 10$
软弱	$H_{li} = \dfrac{100 \sum M}{3.1 \sum M + 5.0} \pm 4.0$	$H_{li} = 10\sqrt{\sum M} + 5$
极软弱	$H_{li} = \dfrac{100 \sum M}{5.0 \sum M + 8.0} \pm 3.0$	

4.3 采动覆岩裂隙图像处理技术

随着图像处理技术的发展，形成了数字图像处理技术。一个数字图像可以定义为二维函数 $F(x, y)$，其中 x 和 y 是平面坐标，任何一对坐标 (x, y) 处函数的振幅称为图像在该点的强度或灰度。当 (x, y) 和强度值都是有限的离散量时，这个量可以是非常大，这样就形成了当前的数字图像。数字图像处理是指利用计算机来处理数字图像。由于数字图像是由一定数量的元素组成的，并且这个数量非常大，可能是千万甚至是亿个，每个元素的位置和强度值都是一定的，这些组成图像的元素可以被称为图片元素、图像元素或者像素等。数字图像方便传输和处理，可以通过网络电缆等方式进行传输，这是传统图像所不具有的优点。目前，几乎所有的技术领域都受到了数字图像处理的影响，例如医学、生物、物理以及工程等各个领域，X 光成像、伽马射线成像以及可见光和红外波段的成像等。

采集的图像基本为彩色图像，而在图像采集的过程中会有许多图像噪声的存在。通常，彩色图像的噪声内容在每个颜色通道中具有相同的特性，但是颜色通道可能受到不同噪声的影响。一种可能是特定通道的电子设备发生故障。但是，不同的噪声级更可能是由每个颜色通道可用的相对照明强度的差异引起的。例如，在 CCD 摄像机中使用红色滤光片将降低由红色传感元件检测到的照明强度。CCD 传感器在较低的照明水平下噪声较大，因此在这种情况下，RGB 图像的红色分量往往比其他两个分量图像的噪声更大。由于研究对象主要为裂隙，为了定量化分析，通常转换为仅有单一通道的灰度图像并进行图像噪声滤波处理，最后处理为二值化图像进行计算，或者转换为栅格进行计算，其基本流程如图 4-5 所示。

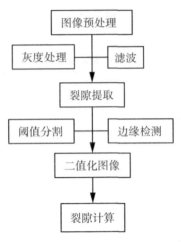

图 4-5　裂隙图像提取流程图

4.3.1　采动覆岩裂隙图像采集与预处理

采动覆岩裂隙时空演化特征研究的关键是对裂隙做定量分析，而提取有效的裂隙图像特征是对其时空演化定量分析的关键步骤。由于试验材料的性质特征等，在进行模拟试验时，所获得的裂隙面的岩体颜色与表面等其他位置的颜色相差不大，而且通常采用照相机等设备在试验过程中进行拍照监测。随着时间的推移，受到光线、观察点等的影响，又因为裂隙长度以及宽带等的不均匀，需要较高精度的测量仪器，且工作量较大，再加上开采的连续性，必然导致测量的误差较大，比如微小的裂隙长度与宽度等特征无法或不易测量。而数字图像处理技术为此提供了可行性，可通过数字图像处理技术对获得的裂隙图像进行处理，以保证提取有效的裂隙特征图像。

无论是模拟试验还是现场测试，裂隙相对于岩体来说，在尺度上要小很多，例如裂隙的宽度往往要远小于裂隙的长度，更是远小于岩体的长度和宽度，如果想要获得有效的裂隙图像，图像采集非常重要。图像采集时要采用高像素的数码相机，针对变化较快的裂隙要采用高速摄像机，例如岩石在压缩同时发生破裂的过程，裂隙的变化时间短，可能瞬间从无到有甚至大范围的破碎，因此需要采用高速摄像机，例如至少每秒能够捕获 250 帧以上的图像。而在目前的相似模拟材料试验中，采动岩体的裂隙变化是比较缓慢的，因此可以采用高像素的数码相机，使裂隙获得更高的像素，以提高裂隙识别的准确度。由于数码相机的局限性，在不同位置拍摄获得的图像，其中不同位置裂隙的像素数值不同，因此在拍摄时需要固定同一位置对裂隙进行拍摄。为了减少光照的影响，需要在合适的位置布置补光灯，从而突出裂隙图像与岩体的对比度，以方便后期对裂隙的提取。另外，可以利用三脚架等工具，固定数码相机，调整合适的位置，以提高获得的图像质量。

获得的图像往往包含有许多其他信息，例如试验设备边界，未受采动影响的岩体，也就是无裂隙的岩体等。因此需要首先要对图像进行预处理，消除一些易处理的干扰，突出裂隙信息。例如，本书主要研究采动覆岩的裂隙，主要研究导水裂隙范围内的岩体采动裂隙，因此可对获得的图像进行适当的裁剪，消除无用信息，减少图像处理的工作量，提高裂隙识别质量。

4.3.2 图像灰度与滤波处理

裂隙岩体含有大量的色彩信息，会对裂隙的定量化计算产生影响，与包含颜色信息的红绿蓝(RGB)图像相比，识别灰度图像中的裂纹并提取它们更容易。因此，首先要把这些图像转换为可以划分为 256 个等级的亮度灰度图像，可以用数字 0~255 表示，以利于后期的图像二值化计算。

将采集的 RGB 彩图像转为灰度图像有一个最简单的公式：

$$Grey\ level = xR + yG + zB \tag{4-34}$$

式中，Grey level 为处理后的图像灰度值，R、G、B 为原始图像每层矩阵对应的值。还有其他的一些转灰度的算法，例如平均值法等。

图像转为灰度以后，依然会存在一些影响图像质量的噪点等，为了提高图像质量和增强图像信息，通常使用滤波方法来增强图像质量并去除图像噪声，此过程即去噪。数字图像噪声的主要来源是在图像采集和/或传输过程中产生的。成像传感器的性能在图像采集过程中受到各种环境因素的影响，同时也受到传感元件本身材质的影响。例如，在使用 CCD 相机获取图像时，光线水平和传感器温度是影响最终图像中噪声量的主要因素。图像在传输过程中主要是受到传输信道的干扰而被损坏的。例如，使用无线网络传输的图像可能会被闪电或其他大气现象干扰破坏。

因此，图像的采集传输等过程受到各种因素的影响，会存在多种噪声，常见的图像噪声有椒盐噪声、斑块噪声、乘性噪声、高斯噪声等，这些噪声会直接影响图像裂隙识别的准确度与有效性。去除这些噪声，提高图像质量可以采用滤波的方法，在灰度处理之后或者过程中进行滤波处理，滤波方法有很多，例如中值滤波、同态滤波、均值滤波、高斯滤波等方法，都可以有效去除图像的噪声，同时还能提高图像质量，提高裂隙的对比度。

1) 中值滤波

中值滤波方法对去除斑块噪声有比较好的效果，因为它具有良好的去噪和平滑能力，并且不会模糊边缘。为了提高识别图像中裂隙的准确性和识别能力，通过对形态学进行打开和关闭操作，对过滤后的图像进行边缘检测：

$$\begin{cases} X \otimes B = \{x \mid B_x^1 \subset X \cap B_x^2 \subset (X^C)\} & (a) \\ X\Theta B = \{x \mid B_x^1 \subset (X)\} & (b) \\ X \oplus B = \{x \mid B_x^2 \subset (X^C)\} & (c) \\ A \cdot B = (A\Theta B) \oplus B & (d) \\ A \cdot B = (A \oplus B)\Theta B & (e) \end{cases} \tag{4-35}$$

式中，B 为可分解为 B_x^1 和 B_x^2 的结构元素集，A 为原始图像集，X 为已处理图像，x 为集合 X 的元素，X^C 为集合 X 的补集。当 B_x^1 为空集合时，定义为腐蚀，并用方程(4-35)(b) 计算，以腐蚀或收缩集合。当 B_x^2 为空集时，定义为展开式，用式(4-35)(c)计算，使集合展开。如果 B 对 A 执行腐蚀操作，然后对腐蚀操作的结果执行展开操作，这就是打开操作的过程，如等式(4-35)(d)所示。闭合操作是 B 首先对 A 执行膨胀操作，然后执行腐蚀操作的过程，如等式(4-35)(e)所示。在多次打开和关闭操作后，增加灰度以突出显示样品的裂纹区域。

2) 同态滤波

同态滤波也能提高图像的对比度，在采动岩体裂隙中，由于裂隙的颜色相对岩体较深，提高图像对比度能够有效突出裂隙，采用同态滤波方法能够有效提高裂隙图像的对比度和亮度，并且还能够有效去除图像的乘性噪声。可以定义灰度图像的同态滤波函数为：

$$f(x, y) = i(x, y)r(x, y)$$

式中，(x, y) 是像素的坐标，$i(x, y)$ 是照度分量，$r(x, y)$ 是反射分量。

$$\begin{cases} \ln f(x, y) = \ln i(x, y) + \ln r(x, y) & ① \\ F(u, v) = I(u, v) + R(u, v) & ② \\ H(u, v)F(u, v) = H(u, v)I(u, v) + H(u, v)R(u, v) & ③ \\ h_f(x, y) = h_i(x, y) + h_r(x, y) & ④ \\ g(x, y) = \exp|h_f(x, y)| = \exp|h_i(x, y)| \cdot \exp|h_r(x, y)| & ⑤ \end{cases} \quad (4\text{-}36)$$

式中，①表示 f 的对数运算，②定义 Fourier 变换，③提供同态滤波函数，④和⑤分别是 h 的逆变换和指数运算。

3) 均值滤波

均值滤波是一种简单、直观、易于实现的平滑图像方法，即减少一个像素与下一个像素之间的亮度变化量。它经常被用来减少图像中的噪声。

均值滤波的思想是简单地将图像中的每个像素值替换为它的邻居(包括自身)的平均值("平均值")。这样可以消除不代表周围环境的像素值。均值滤波通常被认为是卷积滤波器。与其他卷积一样，它是基于一个核函数，它表示在计算平均值时要采样的邻域的形状和大小。只需要利用核函数计算图像的直接卷积，即可实现均值滤波过程。但是均值滤波也有自己的局限性，例如，如果存在一个具有非常不代表性的值的单个像素，这个像素会显著地影响其邻域中所有像素的平均值。或者当滤波器邻域跨过一条边时，滤波器将为该边上的像素插入新值，从而使该边模糊，但是如果在图像处理中需要锐边，这将无法满足我们的需求。而对于这类问题，都可以通过中值滤波器来解决，中值滤波器通常比均值滤波器有更强的降低噪声的能力，但计算时间较长。一般来说，均值滤波器充当低通频率滤波器，因此，针对采动岩体裂隙图像，均值滤波可以用于平滑裂隙图像的非裂隙部分，使其周边图像平滑，以便于下一步的处理。

4) 高斯滤波

高斯滤波的作用和均值滤波类似，主要作用也是平滑图像，主要用于去除高斯图像的高斯噪声，相对于均值滤波，高斯滤波是通过加权平均过程对像素点的值进行处理的，每个点的像素值，由该点本身的值以及与其相邻的其他位置内的值经过加权平均后获得。和均值滤波类似，同样采用卷积滤波器对图像中的每一个像素点进行扫描计算，然后对该位置的加权平均值进行计算并替换该点原来的像素值，该操作是在图像转为灰度图像以后进行的。

4.3.3 图像的二值化

图像阈值分割因其直观、简单、运算速度快等特点，在图像分割应用中占有重要地位。阈值分割的方法也是对图像进行二值化常用的方法，图像二值化以后只有两种颜色，方便定量统计计算裂隙，图像二值化的关键步骤为图像的阈值分割，通过找到最合适的阈值，再经过计算灰度直方图中不同灰度值的二值化阈值，将灰度图像分离为裂隙和岩体成分。通过分析灰度图像的像素点，将大于阈值和背景的灰度值指定为 0 或 1，小于阈值的裂隙元素的灰度值指定为 1 或 0，如式(4-37)所示。

$$f_1(x, y) = \begin{cases} 1 \text{ 或 } 0, & f(x, y) \geqslant k \\ 0 \text{ 或 } 1, & f(x, y) < k \end{cases} \tag{4-37}$$

其中，$f_1(x, y)$ 为二值化处理后图像的灰度值，k 为阈值。

采用阈值分割方法对图像进行二值化，需要寻找最优阈值。寻找最合适阈值的方法有很多，许多为自动获取阈值的方法，常用的方法有迭代法、Otsu 算法、自适应法、最大熵法等，其中迭代法比较简单且容易实现，是常用的阈值分割方法。

1) 迭代法

迭代法首先是选取初始阈值，主要基于逼近思想，逐步计算出最优阈值，迭代法基本流程图如图 4-6 所示，为了计算方便，初始值往往选择灰度图像的平均值，由于迭代法是

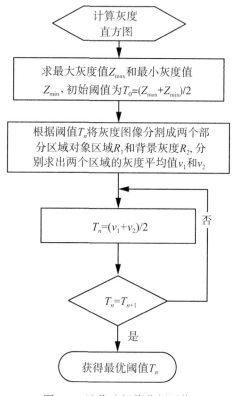

图 4-6 迭代法阈值分割图像

经过反复的迭代计算获得最优阈值，因此迭代法的计算量比较大，计算时间较长，特别是针对岩体裂隙图像，如果图像中存在假裂隙，经过去噪以后仍然存在颜色较深的部分，这主要是由于试验材料的特征所导致的。此时，使用迭代法会造成最优阈值计算误差较大。此方法适用于灰度图像直方图有明显波谷的图像阈值分割。

2) Otsu 算法

阈值化可以看作一个统计决策理论问题，其目标是最小化将像素分配给两个或多个组所产生的平均误差。众所周知，这个问题有一个合适的封闭形式的解决方案，称为贝叶斯决策函数。这个解决方案只基于两个参数：每个类的强度级别的概率密度函数和每个类在给定应用中发生的概率。但是，估计概率密度函数比较复杂，因此通常是对概率密度函数的形式作出可行的假设（例如假设它们是高斯函数）来简化问题。即使进行了简化，使用这些假设实现解决方案的过程也可能很复杂，而且并不总是很适合实时应用程序。

Otsu 算法已经被证明优于其他阈值分割管道图像的方法。将图像直方图分为两组，具有一定的灰度值。当达到两组之间的最大方差时，灰度值是图像二值化所需的阈值，最佳阈值 (T) 通过以下方式获得：

$$
\begin{cases}
w_0 = \dfrac{W_0}{W} \\[2mm]
u_0 = \displaystyle\sum \dfrac{xn(x)}{W_0}, \quad x \geq T \\[2mm]
w_1 = \dfrac{W_1}{W} \\[2mm]
u_1 = \displaystyle\sum \dfrac{xn(x)}{W_1}, \quad x \geq T
\end{cases}
\tag{4-38}
$$

式中，W 为图像像素数，T 为目标和背景的分割阈值，$n(x)$ 为图像灰度值对应的像素数，u 为图像的平均灰度值，两组之间的方差记录为 σ^2。当 $x \geq T$ 时，目标像素数 W_0 与图像的比值为 w_0，目标像素的平均灰度为 u_0。当 $x < T$ 时，背景像素数 W_1 与图像的比值为 w_1，背景像素的平均灰度值为 u_1。

图像 u 的平均灰度级可以用以下公式计算：

$$
u = w_0 u_0 + w_1 u_1 \tag{4-39}
$$

具有最佳阈值 T 的前景和背景之间的方差可通过以下方法计算：

$$
\begin{cases}
\sigma^2 = w_0 (u_0 - u)^2 + w_1 (u_1 - u)^2 \\[2mm]
\sigma^2 = w_0 w_1 (u_0 - u_1)^2
\end{cases}
\tag{4-40}
$$

由上式可知，最佳阈值 T 由 σ^2 的最大值来决定。

3) 最大熵法

正如前文所述，在图像处理中，从图像中提取目标元素最常用的方法是迭代法。特别是对于岩体裂隙图像，如果裂隙与背景（岩体）有明显的区别，裂隙图像转换为灰度图像后，获得的灰度直方图将是双峰的，分割阈值可以在谷底选择，适合采用简单的迭代法获得图像的阈值。然而，图像中的噪声是不可避免的，虽然经过多种滤波处理，但依然无法达到理想化的状态，特别是岩体采动裂隙具有复杂性和变化性的特征，灰度直方图并不总是双峰的。因此，解决这一问题迭代法并不适应。多年来，人们提出了许多方法来克服这一困难，大多数是将问题试图简化为双峰情况。还有一些学者试图通过定义改进的图像直方图来简化阈值的选择。当然，还有一些其他的方法，如 Otsu 算法。

而数字图像是由有限的离散元素组成的，因此根据信息熵理论，图像具有熵，因此可以利用图像熵来对灰度图像进行阈值分割，该方法最早是由 Kapur，Sahoo 和 Wong 提出的。首先设定一个阈值 $v(0 \leqslant v < n-1)$，采用此阈值将图像分割为两个区域 A 和 B，其中 A 和 B 可以定义为：

$$\begin{cases} A: \left(\dfrac{u(0)}{P_A(v)}, \dfrac{u(1)}{P_A(v)}, \dfrac{u(2)}{P_A(v)}, \cdots, \dfrac{u(v)}{P_A(v)}, 0, \cdots, 0 \right) \\ B: \left(0, \cdots, 0, \dfrac{u(v+1)}{P_B(v)}, \dfrac{u(v+2)}{P_B(v)}, \cdots, \dfrac{u(n-1)}{P_B(v)} \right) \end{cases} \tag{4-41}$$

式中，$P_A(v)$ 表示 v 阈值分割图像的背景像素累计概率；$P_B(v)$ 表示 v 阈值分割图像的前景像素累计概率，计算如下：

$$\begin{cases} P_A(v) = \displaystyle\sum_{m=1}^{v} u(m) = P(v) \\ P_B(v) = \displaystyle\sum_{m=v+1}^{n-1} u(m) = 1 - P(v) \end{cases} \tag{4-42}$$

图像的背景与前景所对应的熵计算可以定义为：

$$\begin{cases} H_A(v) = -\displaystyle\sum_{m=1}^{v} \dfrac{u(m)}{P_A(v)} \log \dfrac{u(m)}{P_A(v)} \\ H_B(v) = \displaystyle\sum_{m=v+1}^{n-1} \dfrac{u(m)}{P_B(v)} \log \dfrac{u(m)}{P_B(v)} \end{cases} \tag{4-43}$$

因此可以获得图像的总熵值 $H(v)$：

$$H(v) = H_A(v) + H_B(v) \tag{4-44}$$

然后对图像进行 i 次分割，并计算其每个熵值 $H_i(v)$，最终获得 $H_{\max}(v)$，此时 $H_{\max}(v)$ 对应的阈值就为图像分割的最优阈值。

4.4 采动覆岩裂隙特征参数计算

4.4.1 采动覆岩裂隙分形维数与熵的计算

裂隙介质、剪切裂隙或断层岩体广泛存在于自然界中。裂隙对岩体的力学和水力特性起着主导作用，是岩体不连续性、各向异性和非均质性的决定因素。地下煤层开采时，会导致岩体结构面、岩体内应力重新分布，在采动岩体中形成纵横交错的裂隙网络。采动岩体裂隙网络的分布影响着岩体的力学行为，在一定程度上控制着上覆岩层的稳定性。虽然测量岩体介质中的孔隙度和确定无裂隙岩体的非均质性相对容易，但是，对岩体裂隙系统以及含有基质和裂隙的整个岩体进行定量测量和表征是困难的。通常，裂隙嵌入多孔介质中，对渗流特性的影响很小，随机分布的裂隙控制着介质的渗流特性。随机分布的裂隙往往连接成不规则网络，裂隙网络的渗流特性对矿井突水溃砂安全开采等都有重要影响。

深入了解裂隙表面的形貌对于更好地理解岩体裂隙机理，特别是局部失稳机理非常重要。岩体裂隙表面通常看起来很粗糙。一般来说，表征岩体裂隙表面粗糙度仅仅是一个几何问题。在过去的几十年里，人们一直致力于研究岩体。水流研究涉及分形几何应用于岩体裂隙面的量化。人们越来越重视岩体裂隙面的分形特征以及采动岩体裂隙的空间分布研究。岩体裂隙通常是随机的、无序的，具有统计上的自相似性和分形特征。许多学者发现，裂隙长度与数量的关系呈现幂律型、指数型和对数正态型。因此，为了分析裂隙岩体的结构特征性能，准确选择合适的裂隙结构特征参数来确定相应的岩体性质是很重要的。已经有许多方法来描述对象本质上的异质性。在这些方法中，分形几何学已被应用于许多领域，包括描述岩层或地质构造中的岩体的非均质性。在过去的二十年里，许多研究者对地层岩体和其他多孔介质的分形特性进行了研究。

分形维数作为表征自然现象复杂程度的指标，也可以用来描述岩体裂隙的表面形貌。许多方法，例如分形维数，计盒维数，光谱和变异函数等，已被提出估计岩体裂隙复杂程度的分形维数参数。但是，一维分析提供了一个不完整的，甚至有偏差的岩体裂隙面特征。因此，需要一个二维的定量描述。然而，以前还没有可接受的二维方法来评估岩体裂隙表面。因此，许多学者，甚至 Mandelbrot，都认为粗糙表面的分形维数可以通过将从该表面的单个轮廓获得的分形维数相加 1 来获得。这种近似值可能非常接近裂隙面的真实分形维数。

因此，研究垮落带和裂隙带的裂隙网络分布及演化规律，对于认识采动岩体覆岩变形破坏规律，制定开采工作面防治水措施具有重要意义，这对评价采动岩体再生结构体系的强度和稳定性具有重要的理论研究价值。

采动裂隙场与水砂流动场的相互作用关系是我国采动覆岩突水溃砂防治的理论基础。在华北地区，大多数煤层的上覆基岩薄，基岩上部松散层往往还具有含水层，裂隙的产生就构成了水砂运移的通道。采动覆岩裂隙的产生、发育及其演化都具有很好的自相似性与分形特征，分形维数可以描述裂隙发育的长度占位空间。

通过前面图像处理以后，采集的裂隙图像转换为只有两种数值的二值化图像。采用盒子维法，通过网格覆盖统计计算图像的分形维数。而获得的图像又能转换为位图或者栅格图像，位图可以通过对图像进行矩阵运算，进而获得分形维数；或者通过在 GIS 软件中进行栅格数据调整进而通过线性回归获得分形维数。其计算流程图如图 4-7 所示，也可以通过多种方法结合计算求平均值以减小分形维数计算的误差。

在采动覆岩过程中，垮落带与裂隙带内的裂隙纵横交错，分布不均匀，裂隙发育具有

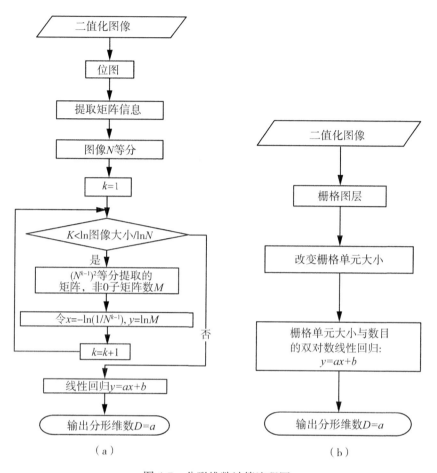

图 4-7 分形维数计算流程图

无序性与随机性。信息熵可以描述信源的不确定度，因此可以分别用概率熵、模糊熵和混合熵来定量描述不确定信息的随机性、模糊性和复合不确定性[195]。Foody 通过概率熵对遥感图像的不确定性进行了评价[196]。施斌等通过概率熵对黏性土颗粒的分布特征进行了研究[197]。根据采动覆岩裂隙发育的方向特征具有一定的概率特征，因此本书基于信息论与概率熵模型，定义了覆岩裂隙熵来描述裂隙发育的方向分布特征或裂隙系统的混乱以及无序化程度。在裂隙熵中，p_i 表示某裂隙出现的概率，首先对平面沿一个起始点，将平面沿一个点进行十等分，即在方向区间 0° 到 180° 内，每 18° 为一个区间，计算裂隙在方向区间的分布概率并对其归一化，即可获得裂隙熵的范围为 $[0，1]$，如图 4-8 所示，由此定义 K_f 表示裂隙熵：

$$K_f = \frac{-\sum_{i=1}^{n} \frac{p_i}{\sum_{i=1}^{m} p_i} \ln\left(\frac{p_i}{\sum_{i=1}^{m} p_i}\right)}{\ln n} \tag{4-45}$$

其中，p_i 为裂隙单元在某一方位中出现的密度或面积，m 为总密度或面积，n 为方位区间划分个数。

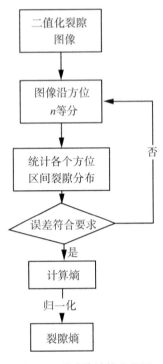

图 4-8　裂隙熵计算流程图

4.4.2　采动覆岩裂隙演化特征

根据相似模型试验获得的图像并通过以上处理，提取裂隙，可得采动覆岩裂隙网络演化图，以便进行定量化的计算，如图 4-9 所示，为后期精细化研究裂隙的发育状态，对其进行 4cm×5cm(8cm×10m) 的网格划分，以便研究每个网格内裂隙在推进过程中的分形维数、裂隙熵及其状态之间的相互关系。根据相似模型试验可知，厚煤层综放开采，随着开采的推进，覆岩出现弯曲、下沉、离层和破断，岩层的裂隙经历产生→发育→压密→闭合→产生的循环过程。随着工作面的推进，垮落带和导水裂隙带的高度变化规律如图 4-10 所示，开采结束后，垮落带高度为 20.6~22m，导水裂隙带高度为 87~89m。

基于数字图像处理技术[198-199]进行物体表面裂缝的长度与宽度的无损检测是一种常用的方法。首先对导水裂隙带、垮落带和裂隙带的裂隙数目进行统计分析，如图 4-11 所示，导水裂隙带的裂隙条数随工作面的推进而持续增加，由于所采煤层比较厚，工作面推进前期阶段，煤层覆岩破断垮落，导致垮落带内裂隙数目的较裂隙带内裂隙数目多，而当工作面推进 200m 以后，垮落带内裂隙数目的增加速度小于裂隙带内裂隙数目的增加速度，这与此时垮落带高度发育速度减缓趋势一致。

（a）工作面推进60m　　　（b）工作面推进120m　　　　　　（c）工作面推进180m

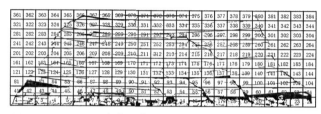

（d）工作面推进240m

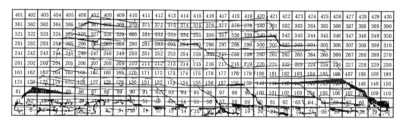

（e）工作面推进300m

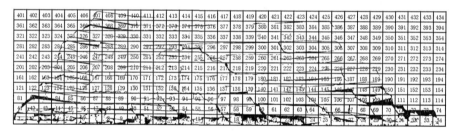

（f）工作面推进340m

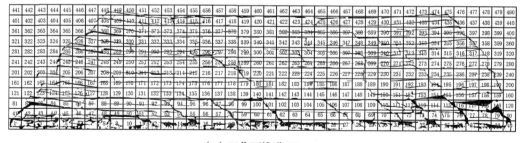

（g）工作面推进400m

图4-9　采动覆岩裂隙网络演化图

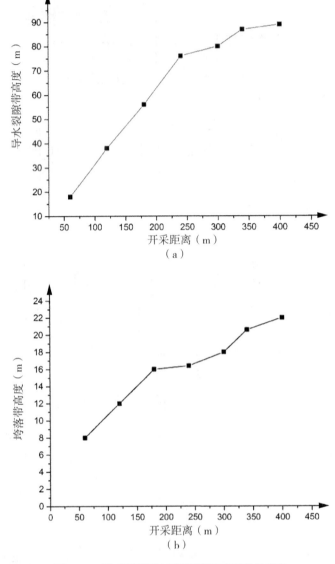

图 4-10　采动覆岩破坏高度随开采距离的变化

图 4-12 中分别统计了裂隙数目随导水裂隙带高度的发育特征，和垮落带内裂隙数目随垮落带高度的发育特征。结合图 4-11 可知，由于后期垮落采空区的破碎岩体受到压实作用，因此裂隙数目减少，工作面推进 200m 以后，裂隙主要在裂隙带内发育。图 4-13 为覆岩裂隙的总长度与平均总宽度随工作面推进的关系，由图可知采动导致的裂隙总长度一直在增加，无论在垮落带还是裂隙带内，由此说明了，虽然采动过程中有裂隙闭合的发生，但是裂隙的发育和贯通起主要作用，而图 4-13（b）中裂隙的平均总宽度的变化特征，则说明了工作面推进 200m 后，裂隙压实效果明显，且发生在裂隙带的压实作用明显。

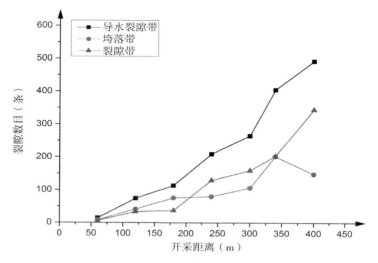

图 4-11 采动覆岩裂隙数目随开采距离的变化

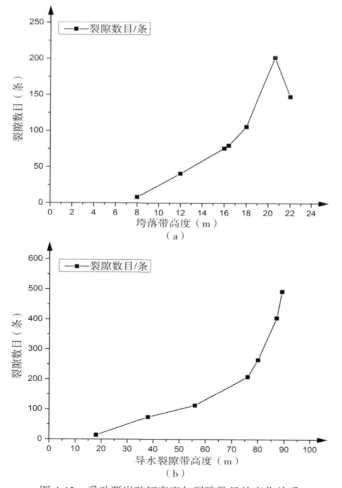

图 4-12 采动覆岩破坏高度与裂隙数目的变化关系

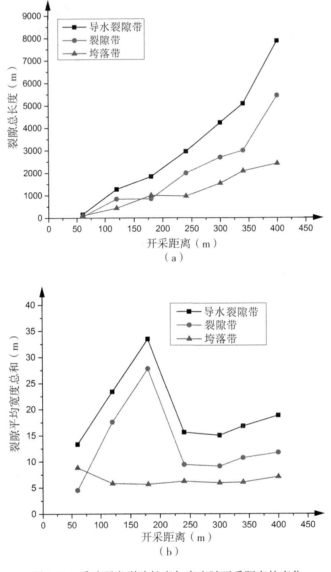

图 4-13　采动覆岩裂隙长度与宽度随开采距离的变化

　　由图 4-14 可知，随着导水裂隙带的发育，裂隙的总长度也在增加，而图 4-14(b)中其平均宽度总和在工作面推进到 200m 以后开始减少。通过对比图 4-14(d)与图 4-13(b)，可以看出，随着垮落带的发育，其裂隙的平均宽度总和却表现为先降低后增加、再降低再增加的趋势，在工作面推进到 200m 之前裂隙的宽度增加主要是由于裂隙带的裂隙发育造成的，特别是裂隙带产生离层裂隙会增加裂隙平均宽度总和。

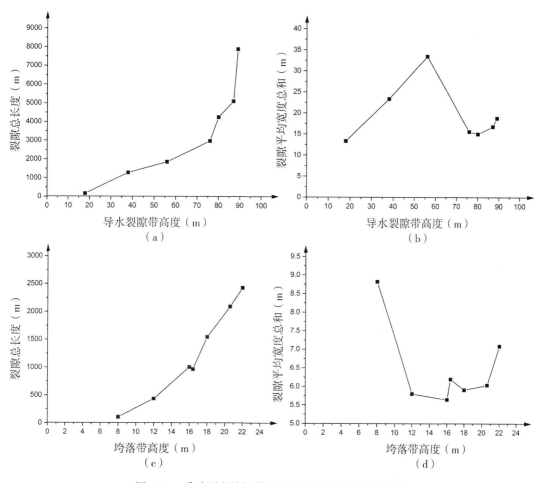

图 4-14　采动覆岩破坏带与裂隙长度和宽度关系特征

4.4.3　采动覆岩裂隙分形维数演化特征

随着煤层采动距离的增加，采动覆岩的裂隙网络是在不断变化的。裂隙网络随着工作面的向前推进，在推进方向与覆岩竖直方向上同时扩展，由于采动的影响，上覆岩层发生变形、破坏、断裂、垮落和移动，受采动影响的范围内产生垂直裂隙和离层裂隙，随着变形破坏，新的岩体结构不断出现，岩体的结构特征可以通过裂隙网络特征进行表征。因此，可以通过岩体裂隙网络的演化对采动覆岩系统的结构、强度及其稳定性进行评价与预测，为安全开采提供依据，为工作面的突水溃砂防治提供依据。采动覆岩裂隙网络演化代表着岩体结构复杂程度与占位空间随开采时间的变化，因此分形维数可以很好地表示其复杂程度与占位空间的演化情况。图 4-15（a）和图 4-15（g）分形维数的计算与前文图 4-9 相对应，图 4-15 表示分形维数的计算过程，纵坐标为 $N(r)$，横坐标为 $1/r$，并对两坐标取以 10 为底的对数，拟合曲线。由图 4-15 可知，裂隙栅格图像的栅格尺寸与栅格数对数

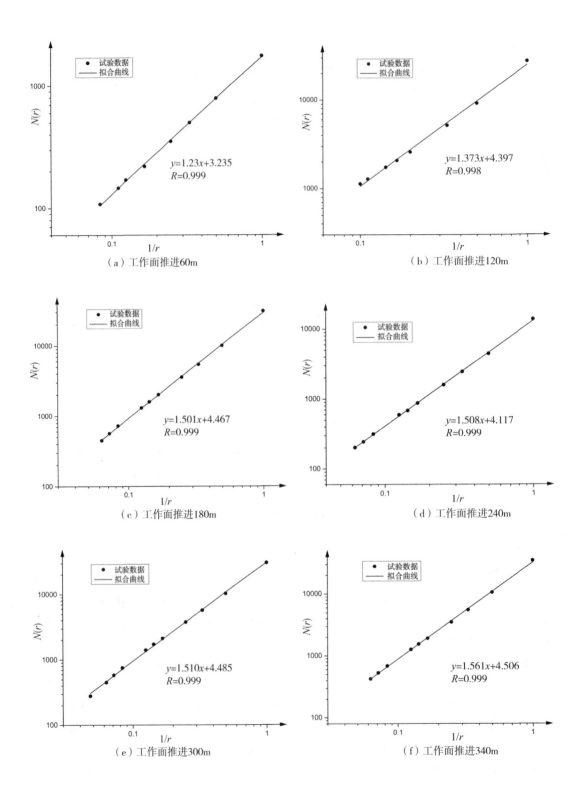

（a）工作面推进60m

（b）工作面推进120m

（c）工作面推进180m

（d）工作面推进240m

（e）工作面推进300m

（f）工作面推进340m

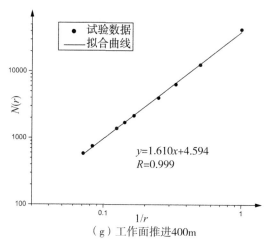

（g）工作面推进400m

图 4-15　覆岩裂隙分形维数计算过程图

关系基本在一条直线上，相关系数均大于 0.99。线性拟合的直线的斜率即为采动覆岩裂隙的分形维数。

根据盒子维数，结合上节统计的裂隙长度特征，如图 4-16 所示，通过拟合方程获得采动覆岩裂隙总长度与采动覆岩裂隙分形维数的关系如下：

$$L = 184.371 + 0.002\mathrm{e}^{\frac{D}{0.106}} \tag{4-46}$$

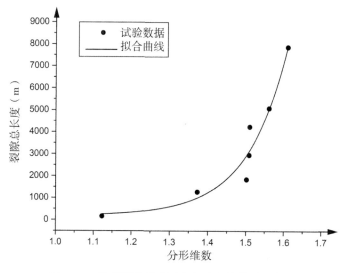

图 4-16　采动覆岩裂隙长度与分形维数关系特征

式中，L 为裂隙总长度，D 为裂隙的分形维数，相关系数 $R = 0.958$，对上式进行变换可得：

$$L = 184.371 + 0.002\left(\frac{1}{e}\right)^{\left(\frac{1}{0.106}\right)^{(-D)}} \tag{4-47}$$

根据前文所述测量挪威海岸线长度的例子，Feder 测量的海岸线长度与尺码的双对数图，采动覆岩裂隙长度的测量尺码为 1/e，由此可知，随着开采距离的增加，采动覆岩裂隙网络演化具有较好的自相似性，即采动覆岩裂隙网络的演化具有分形特征，也可以据式 (4-47) 利用井下实测裂隙照片的分形维数来计算裂隙的长度。由图 4-17 可知，采动覆岩裂隙网络的分形维数与裂隙的条数有关，而与裂隙平均宽度总和无明显线性或非线性关系，由此证明了采动覆岩裂隙网络分形维数是表征裂隙长度占位空间的指标，即可以通过分形维数对裂隙网络进行分析评价。

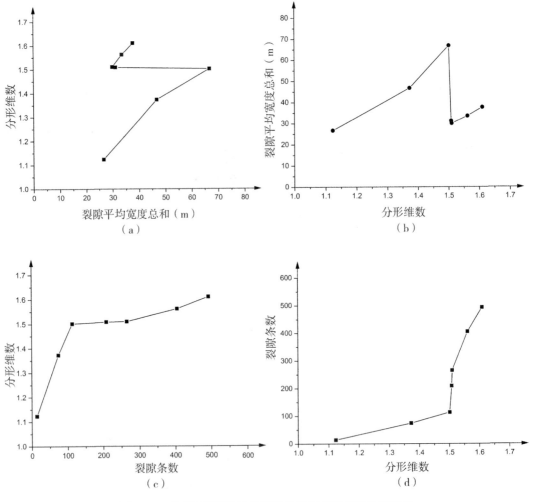

图 4-17　采动覆岩裂隙平均宽度总和与分形维数关系特征

在表 4-4 中，由于本书主要研究裂隙带与垮落带的演化，随着覆岩采动距离的增加，覆岩裂隙的分形维数呈增大趋势。由于采动煤层较厚，采动覆岩裂隙的分形维数虽然总体上呈增大趋势，但却呈现波动性增加，对比图 4-18 与图 4-19，可以将导水裂隙带的分形特征演化划分为 3 个阶段。

表 4-4   不同开采距离覆岩裂隙图像分维数计算

采动距离/m	线性回归方程	分形维数 D_f	相关系数 R
60	$y = 1.123x + 3.235$	1.123	0.999
120	$y = 1.373x + 4.397$	1.373	0.998
180	$y = 1.501x + 4.467$	1.501	0.999
240	$y = 1.508x + 4.117$	1.508	0.999
300	$y = 1.510x + 4.485$	1.510	0.999
340	$y = 1.561x + 4.506$	1.561	0.999
400	$y = 1.610x + 4.594$	1.610	0.999

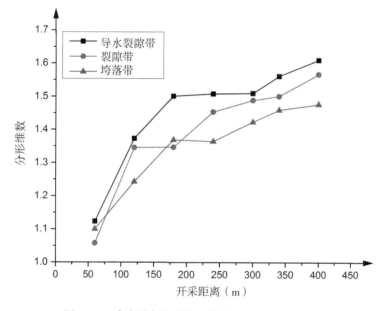

图 4-18 采动覆岩裂隙分形维数随开采距离的变化

第一阶段：此阶段主要为垮落带形成，裂隙带的形成延伸阶段，主要在开切眼后到推进 180m 以前，分形维数快速上升。

第二阶段：此阶段为垮落带压实，裂隙带延展，裂隙压实，周期循环阶段，当开采到 180m 以后，随着开采的进行，虽然裂隙带在扩展，但是其扩展速率，与压实速率相近，

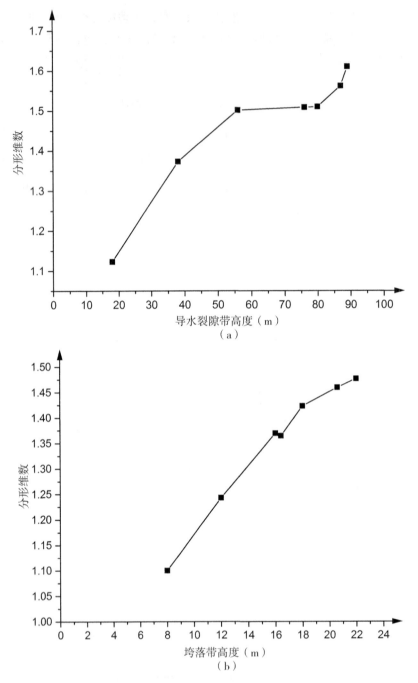

图 4-19　采动覆岩裂隙分形维数随覆岩破坏高度的变化

以裂隙的发育、贯通和闭合为主，表现为分形维数的缓慢上升。

　　第三阶段：当工作面推进到 340m 以后，到停采线处，表现为二次升维阶段，导水裂隙带向上发育，主要表现为裂隙的发育，导水裂隙带近似呈现"马鞍形"。

由导水裂隙带和垮落带发育与分形维数变化规律分析可知，工作面推进距离与导水裂隙带高度发育对分形维数的影响具有相同的特征，而在垮落带内基本上一直处于升维阶段，垮落带的裂隙总体上会越来越复杂，最后的裂隙仍然具有分形特征。

4.4.4 采动覆岩裂隙熵的演化特征

根据采动覆岩裂隙在各个方向上的分布情况，计算覆岩的裂隙熵，对比图 4-20 和图 4-21，采动覆岩裂隙熵的演化随着开采距离的增加先增大而后减小，然后再增大，而裂隙熵的变化表明了采动覆岩裂隙系统状态，裂隙熵的增加表明裂隙系统由有序向无序发展的过程。采动覆岩裂隙熵的演化可分为如下 3 个阶段：

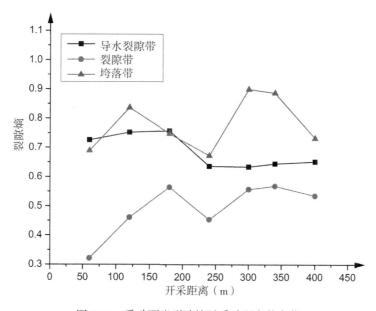

图 4-20　采动覆岩裂隙熵随采动距离的变化

第一阶段：裂隙熵增加阶段，在切眼后到 180m 处，由于开采前期主要是直接顶的初步垮落、二次垮落，老顶的初次垮落等，以及覆岩断裂的关系，导致覆岩裂隙的方向分布趋于混乱，初期主要由于垮落而导致的裂隙方向分布混乱，进而导致裂隙场的无序程度增加。而在裂隙带表现为纵向裂隙发育，垮落带对裂隙场的熵增加有主要贡献，这也是裂隙熵的值比较高的原因，这个阶段裂隙发育方向比较混乱。

第二阶段：裂隙熵下降阶段，由于裂隙的压密、贯通、闭合等导致了裂隙熵的减小，特别是此阶段无论是垮落带还是裂隙带，它们的裂隙发育速度小于裂隙的压密和闭合速度，说明了垮落带和裂隙带的裂隙受到压实作用，其方向趋于一致。裂隙总体表现为趋于同一方向，但是由于采动作用的影响，其减小速率不同。

第三阶段：此阶段主要表现在后期，由于接近停采线，采动造成的覆岩变形、破坏和断裂在接近停采线区域却较混乱，主要是新裂隙的产生和裂隙张开，因此导致了裂隙熵的升高，但是由于工作面后方的裂隙发生闭合、贯通、压密，在方向上的混乱程度降低，导致整体裂隙场的熵增加缓慢。

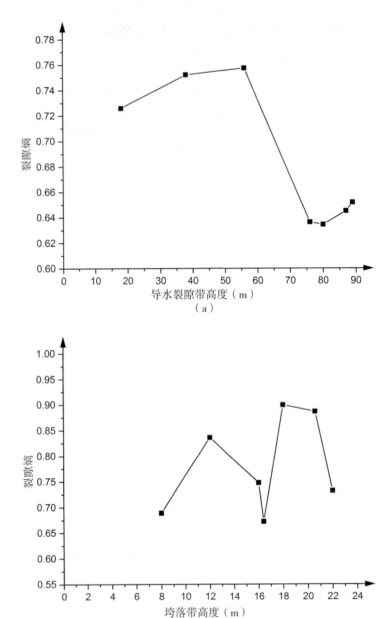

图 4-21　采动覆岩裂隙熵随覆岩破坏高度的变化

由于煤层的开采，覆岩受到采动的影响，产生变形、移动、破坏等，导致裂隙的产生、张开、贯通和闭合，对比图 4-21 和图 4-22 可知，随着采动的进行，覆岩的裂隙总数以及裂隙总长度和裂隙场熵的关系基本一致，由此说明裂隙熵与裂隙的发育状态有必然的联系，开采前期随着裂隙总长度和裂隙数目的增加，裂隙场熵在增加，说明此阶段裂隙场的裂隙方向趋于无序化，裂隙以发育和张开为主。开采中期，随着裂隙总长度和裂隙数目的增加，裂隙场熵却在减少，说明此时采动覆岩裂隙场的裂隙以压密、闭合为主。开采后期，随着裂隙总长度和裂隙数目的增加，裂隙场熵在缓慢增加。由此开采前、中、后期裂隙的长度、数目以及熵的变化与开采距离的关系基本一致，均是由于裂隙的不同发育状态所决定的，因此裂隙熵是裂隙发育状态的一个明显定量特征值。

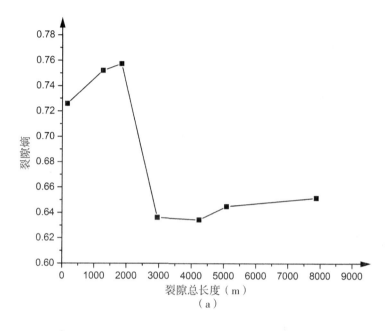

（a）

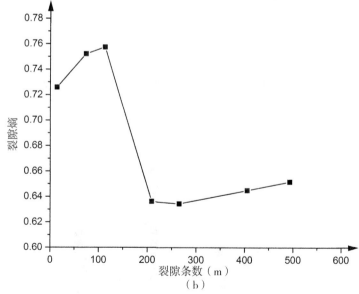

（b）

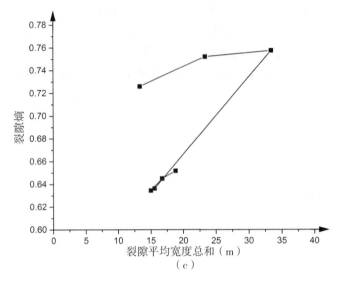

图 4-22　采动覆岩裂隙熵随裂隙的长度和宽度的变化

4.5　采动覆岩裂隙的时空演化及其状态判据

4.5.1　采动覆岩裂隙场裂隙特征的时空演化

随着工作面的推进，采动覆岩裂隙无论在时间还是空间上都在变化，这种变化是动态的，因此研究采动覆岩裂隙的时空演化特征有助于矿井水害的动态决策制定。前文已经对采动覆岩裂隙宽度进行了统计分析，但是其变化只是定性地描述采动覆岩裂隙场的演化特征，而采动覆岩裂隙长度的演化对于表征采动覆岩裂隙的时空演化有重要的意义，因此对采动过程中覆岩裂隙的长度分布特征进行统计分析，如图 4-23 所示，由图可知，采动导

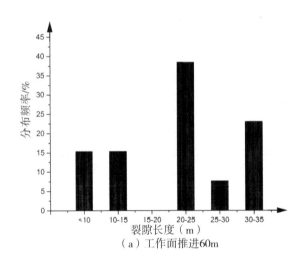

（a）工作面推进60m

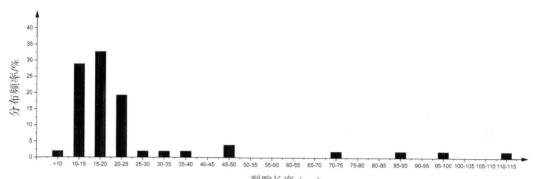

（b）工作面推进120m

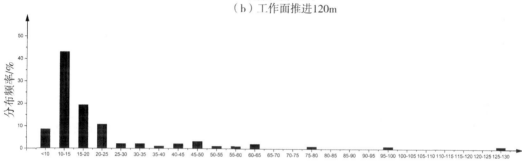

（c）工作面推进180m

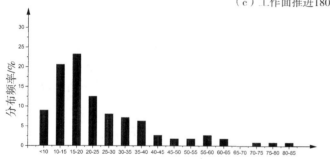

（d）工作面推进240m

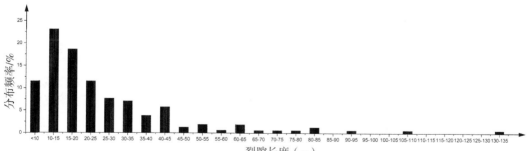

（e）工作面推进300m

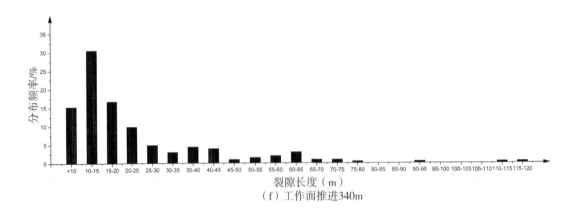

（f）工作面推进340m

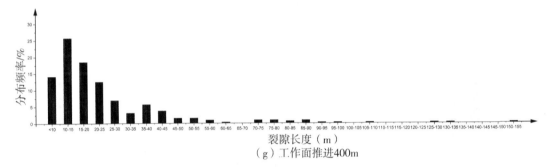

（g）工作面推进400m

图 4-23   采动覆岩裂隙长度分布的时空演化特征

致的裂隙以 10~20m 范围内的长度为主，工作面推进初期，采动覆岩裂隙的长度分布较均匀，长度也较短，最长裂隙小于 35m。当工作面推进 120m 以后，采动裂隙的长度主要集中在 10~25m 之间，而最长的裂隙约为 114m，是由于采动过程中裂隙的贯通作用形成的。而

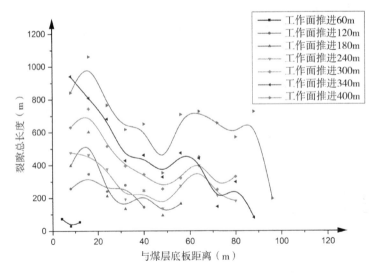

图 4-24   裂隙长度在竖直方向的时空演化特征

当工作面推进240m以后，裂隙的闭合和压实等起主要作用，此时裂隙长度分布较均匀。工作面推进300m到停采线为止，裂隙的最大长度增加，裂隙的发育和贯通作用较强。

区域裂隙长度特征反映了裂隙的密度或量的分布，如图4-24和图4-25所示，采动裂隙沿采空区向上方向，在导水裂隙带内，裂隙量是逐渐减小的，一般在导水裂隙带中部裂隙量减少，过了中部以后裂隙量先增加然后再减小。而在水平方向，即沿着工作面推进方向，裂隙量的分布如图4-25所示，当推进到400m后，裂隙的分布在工作面中部区域较

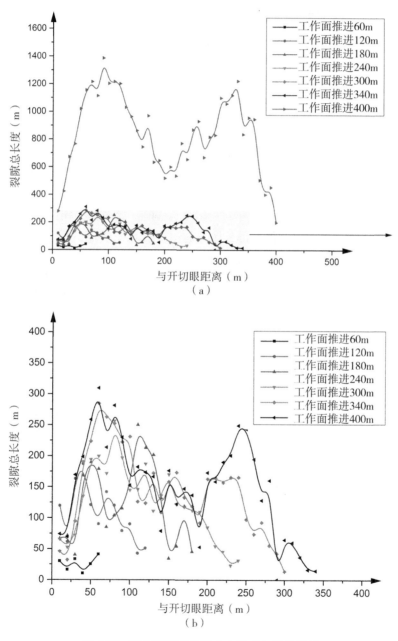

图4-25 裂隙长度在推进方向的时空演化特征

少，而两侧较多，形状如"马鞍形"，这与导水裂隙带的形态类似，而在推进过程中，当工作面推进过 120m 以后，工作面裂隙的分布以一个又一个的"马鞍形"逐步扩展。无论在纵向还是推进方向，裂隙的长度时空分布均具有明显特征，因此通过对裂隙长度占位分形特征和方向分布熵特征进行时空演化分析，进而对裂隙的发育状态进行判别是可行的。因此，为了研究采动覆岩裂隙的时空演化特征，以及裂隙产生、贯通、开张和闭合的判断准则，我们对采动覆岩裂隙网络进行单元网格划分（图 4-9），以更小的尺子去测量裂隙，并计算每一单元的裂隙的各个参数，最后基于 GIS 对裂隙场的分形维数和熵进行计算处理，获得裂隙分形维数与熵的时空演化过程特征。

4.5.2　采动覆岩裂隙场分形维数的时空演化特征

分形维数反映了裂隙场裂隙的空间占位特征，如图 4-26 和图 4-27 所示，采动覆岩裂隙分形维数在工作面推进方向的分布，形状如"马鞍形"，与裂隙的长度分布具有相同的特征，并且在工作面推进 60m 时工作面的时空演化特征不明显，因此主要从工作面推进 120m 以后对其进行研究，以便对裂隙的发育状态及其与分形维数的关系进行精细化研究。图 4-28 是基于 GIS 获得的采动覆岩裂隙场分形维数的时空演化过程图，开采至 120m 时，随着采空区前移，分形维数仍然是采空区位置较大，这说明了采空区中的岩体裂隙较多，主要以发育为主。当开采至 180m 时，工作面后方采空区中部被充填，导致其分形维数相对工作面紧邻后方附近降低。工作面推进 240m 到 340m 时均具有相同特征，分形维数较大区随着采空区的前移而前移，但有部分区域裂隙闭合现象明显，反映为分形维数明显下降。当到停采线后，如图 4-28(f) 所示，停采线位置后方的采空区以及开切眼前方位置处采空区裂隙主要以压密为主，而在中部采空区及其上方，多处位置裂隙闭合，导致其分形维数降低，这与采空区的应力恢复规律基本一致，而最后采动覆岩裂隙的分形维数分布图形状形成中间低、"两肩"高的"马鞍形"。

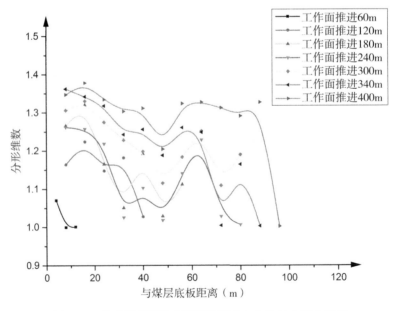

图 4-26　采动覆岩裂隙分形维数竖直方向的时空演化特征

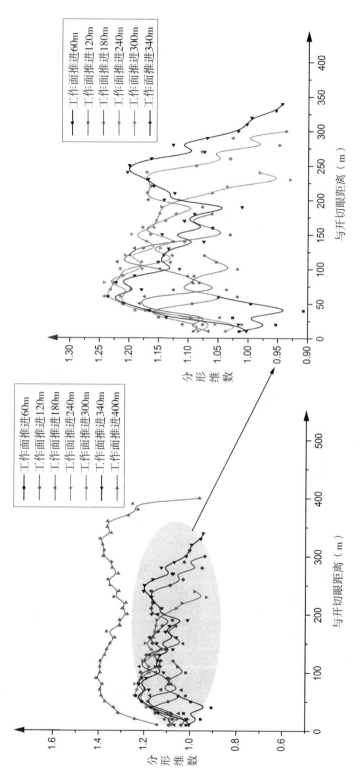

图4-27 采动覆岩裂隙分形维数工作面推进方向的时空演化特征

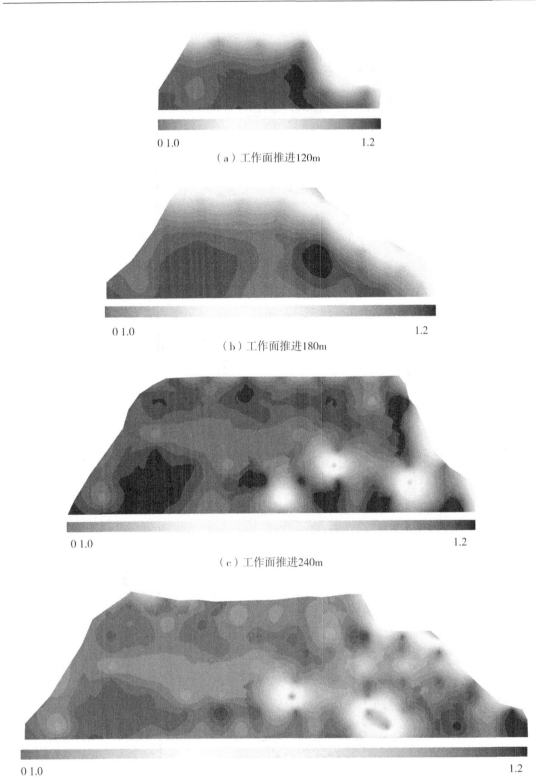

（a）工作面推进120m

（b）工作面推进180m

（c）工作面推进240m

（d）工作面推进300m

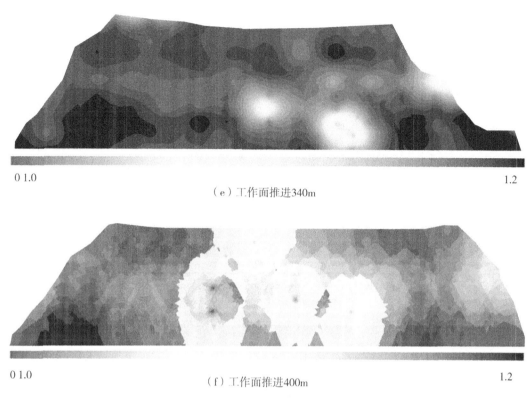

0 1.0 　　　　　　　　　　　（e）工作面推进340m　　　　　　　　　　　1.2

0 1.0 　　　　　　　　　　　（f）工作面推进400m　　　　　　　　　　　1.2

图 4-28　采动覆岩裂隙分形维数的时空演化

4.5.3　采动覆岩裂隙熵的时空演化特征

裂隙熵反映了裂隙场无序特征以及裂隙方向的发育特征，如图 4-29 和图 4-30 所示，裂隙场熵在工作面推进方向上具有周期特点，即体现了周期来压的特征，每次来压破断，裂隙场熵增加。随着与底板的距离增加，裂隙熵在垂直工作面推进方向上逐渐降低，上层裂隙熵较低，无序性程度较低，受到采动影响较小。图 4-31 是基于 GIS 获得的采动覆岩裂隙场裂隙熵的时空演化过程图，且在工作面推进 60m 时工作面的时空演化特征不明显，因此主要从工作面推进 120m 以后对其进行研究，以便对裂隙的发育状态及其与分形维数的关系进行精细化研究。

在工作面推进 120m 时，采空区中部裂隙场熵较低，对比前文分形维数的演化特征，是由于裂隙的压密作用。在开采至 180m 时具有相同规律，随着采空区前移，裂隙场熵的演化紧随工作面后面的采空区，裂隙压密主要在采空区中部。工作面推进 240m 至 340m 时，裂隙场有两处低熵区域。当工作面推进到停采线时，停采线位置的采空区，岩石破碎较严重，裂隙方向不一致，裂隙熵较高。裂隙熵反映了随着工作面的推进，裂隙方向周期变化的特点。

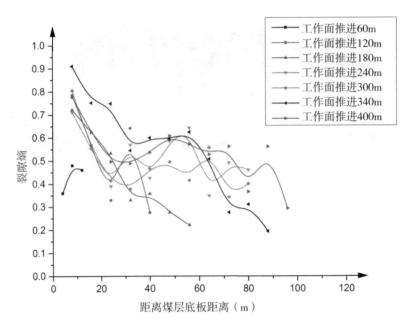

图 4-29　采动覆岩裂隙熵在竖直方向的时空演化特征

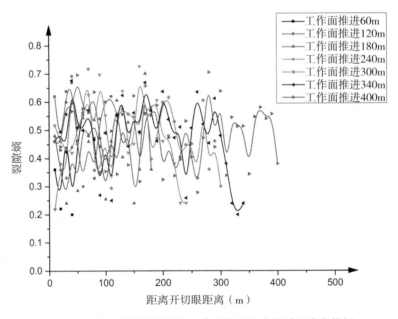

图 4-30　采动覆岩裂隙熵在工作面推进方向的时空演化特征

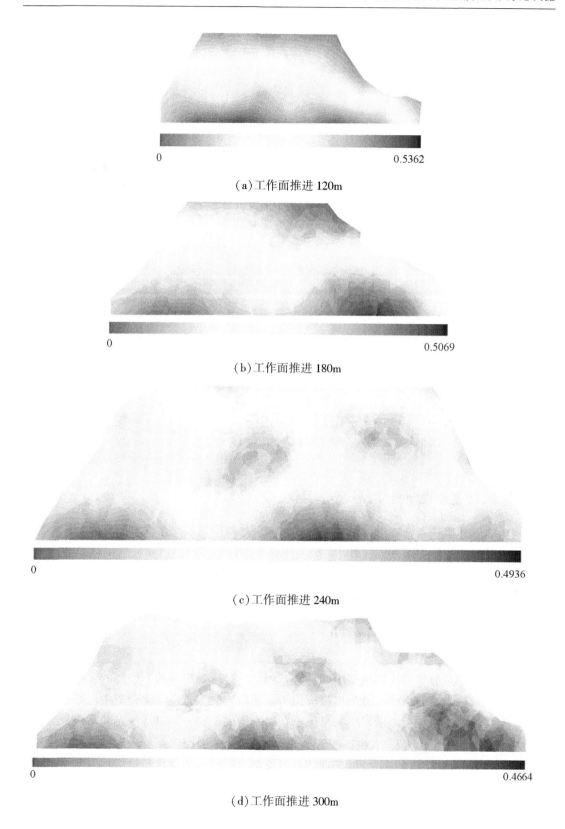

（a）工作面推进 120m

（b）工作面推进 180m

（c）工作面推进 240m

（d）工作面推进 300m

（e）工作面推进 340m

（f）工作面推进 400m

图 4-31　采动覆岩裂隙熵的时空演化特征

4.5.4　采动覆岩裂隙时空演化状态判据

为了研究在工作面推进过程中，每步开采操作导致的应力重新平衡所伴随的裂隙的时空演化规律，本研究以图 4-9 所划分网格为统计单元，研究网格内裂隙在推进过程中的分形维数和裂隙熵的时空变化规律，建立采动覆岩裂隙分形维数和裂隙熵的时空立方体模型，如图 4-32（a）和图 4-33（a）所示，并对其进行 Man-Kendall 趋势分析，获得 2020 个具有估计观测值的位置，20200 个已估计的全部观测值。Z 得分为 3.94，表明随着时间的推移采动覆岩分形维数和裂隙熵整体上具有递增趋势，采动覆岩裂隙系统是个熵增加的过程。

新兴时空热点分析可识别数据中的趋势，例如，其可发现新的、加强的、缩减的以及分散的热点和冷点。时空热点分析也被应用于采动覆岩裂隙时空演化分析中，其中时空热点表示裂隙分形维数或裂隙熵发生的高值点在时空中的聚集，而时空冷点即为裂隙分形维数和裂隙熵发生的低值点在时空中的聚集。可以通过新兴时空热点分析探测采动覆岩裂隙演化过程中存在的冷热点及其特征，评估这些冷热点随时间的变化趋势。热点分析对数据集中的每一个要素计算 Getis-Ord Gi* 统计（称为 G-i-星号），可以得到高值或低值要素在空间上发生聚类的位置。Getis-Ord Gi* 局部统计量可以对数据集的局部空间自相关性进行检测，分析其临近空间的聚类关系，得到时空对象属性分布的热点区域或冷点区域。Getis-Ord 局部统计可以表示为：

$$G_i^* = \frac{\sum_{j=1}^{n} w_{i,j} x_j - \bar{X} \sum_{j=1}^{n} w_{i,j}}{S \sqrt{\dfrac{n \sum_{j=1}^{n} w_{i,j}^2 - \left(\sum_{j=1}^{n} w_{i,j}\right)^2}{n-1}}} \tag{4-48}$$

式中，x_j 是要素 j 的属性值，$w_{i,j}$ 是要素 i 和 j 之间的空间权重，n 为要素总和，且

$$\bar{X} = \frac{\sum_{j=1}^{n} x_j}{n} \tag{4-49}$$

$$S = \sqrt{\frac{\sum_{j=1}^{n} x_j^2}{n} - (\bar{X})^2} \tag{4-50}$$

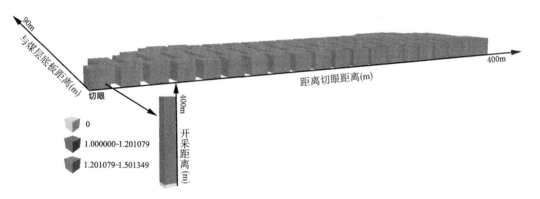

（a）时空立方模型

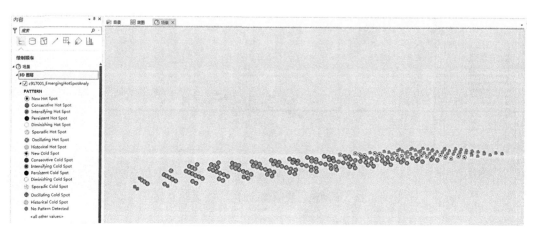

（b）热点分析

图 4-32 采动覆岩裂隙分形维数的时空立方及热点分析

高值点并不一定都是统计意义上的显著性热点，通过分析每个位置或空间网格上的 Getis-Ord Gi* 统计得分的时间序列，然后分析这些位置的热点和冷点特征，并对其趋势进行评估。分别对采动覆岩裂隙的分形维数和裂隙熵进行热点分析，结果如图 4-32(b)和图 4-33(b)所示，新增热点主要集中在工作面推进方向的上方与前方，主要反映了新裂隙的产生，裂隙的方向也发生改变，以及覆岩的变形破坏。对于采动覆岩裂隙分形维数来说，在切眼和工作面之间主要分布振荡的热点，即其具有冷点历史，说明了在工作面推进过程中，工作面后方、采空区及其上方的覆岩裂隙由于采动的影响，无论是在时间还是空间上均有裂隙产生、张开、闭合、压密和贯通等发生。而裂隙熵在工作面后方、采空区及其上方主要分布连续热点，也说明了覆岩裂隙受采动的影响，无论是在时间还是空间上均有裂隙的张开、闭合等发生，但是没有分形维数的振荡热点多，因此采动覆岩裂隙分形维数和裂隙熵可以用来表示裂隙时空状态及其时空演化特征。

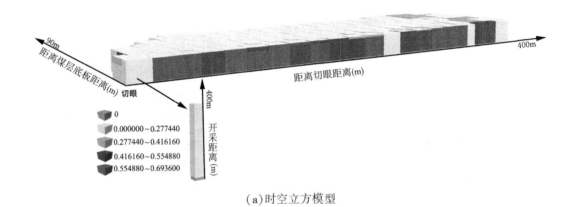

(a)时空立方模型

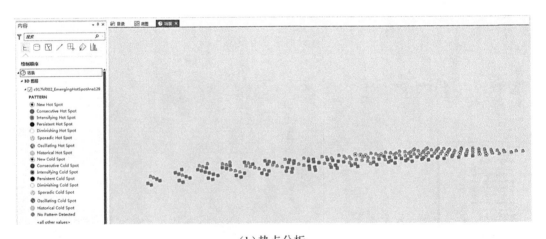

(b)热点分析

图 4-33　采动覆岩裂隙熵的时空立方及热点分析

某一单元内的裂隙分形维数增加，即说明此单元的裂隙长度占位空间发生了变化，其原因可能是产生了新的裂隙，也可能是裂隙贯通，这样就会同时导致裂隙的方向分布发生变化，裂隙场的熵会增大或者不变。如果某一单元的分形维数降低，可能是裂隙发生了闭合，裂隙的方向趋于同一方向，裂隙场系统的熵也会降低。当裂隙张开时，裂隙的长度占位空间不变，即分形维数不变，但是裂隙场的熵增加，裂隙趋于混乱。因此，可以用裂隙熵与分形维数相结合的方法来判断裂隙的状态，建立如表 4-5 的判断准则，其中"+"表示增加，"−"表示减小，"±"表示不变。

表 4-5 **采动覆岩裂隙演化时空状态判据**

序号	分形维数 D_f 变化	裂隙熵 K_f 变化	裂隙状态
1	D_f +	K_f +	裂隙产生
2	D_f −	K_f +	裂隙贯通
3	D_f −	K_f −	裂隙闭合
4	D_f ±	K_f ±	裂隙状态不变
5	D_f ±	K_f +	裂隙张开
6	D_f ±	K_f −	裂隙压密

基于 GIS，对覆岩裂隙的分形维数与裂隙熵的时空演化过程进行差异化计算，获得了采动覆岩裂隙判别参数的时空差异演化特征，如图 4-34 所示，在新裂隙产生区域，工作面推进过程中，裂隙场的分形维数和裂隙熵增加的区域均位于新裂隙产生的区域。工作面从 120m 推进至 180m、从 180m 推进至 240m、240m 推进至 300m、300m 推进至 340m 以及 340m 推进至 400m 时，裂隙状态不变的区域，分形维数和裂隙熵不变的均在相同区域。工作面从 240m 推进至 300m 时，裂隙场部分裂隙状态发生变化的单元格见表 4-6，结合表 4-5 以及图 4-34 可以判断采动覆岩裂隙过程中，各个位置的裂隙状态特征。

表 4-6 **部分裂隙分区状态**

裂隙状态	裂隙闭合	裂隙压密	裂隙张开	新裂隙产生	裂隙贯通
	59	21	50	53	56
	61	22	52	100	57
	62	23	93	101	293
	63	24	140	102	294
区域编号	64	41	141	103	
	98	56	142	134	
	255	95	339	135	
	300	137	340	139	

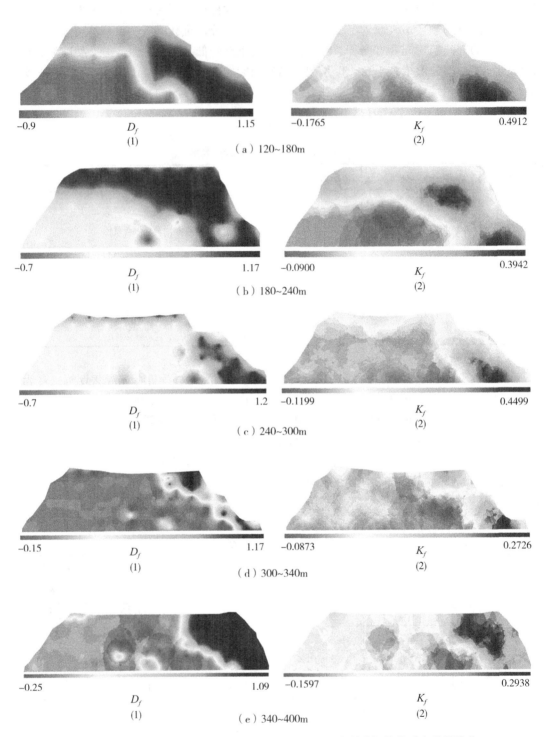

（1）为分形维数的时空差异演化　　　　　　（2）为裂隙场熵的时空差异演化

图 4-34　采动覆岩裂隙场的时空差异演化特征

4.6　本章小结

岩体的破坏与变形一直是岩体力学工作者关心的重要问题，多年来研究者们已对它们进行了广泛的研究。采动导致岩体破坏，进而造成裂隙的产生，而裂隙是水砂和瓦斯等气体的运移通道，与矿井突水溃砂以及瓦斯灾害等有密切关系。采动覆岩，由于受到采动的影响其破坏程度随着与顶板距离的增大而减小，最后形成垮落带、裂隙带和弯曲下沉带。采动影响下覆岩内裂隙的产生、扩展、时空演化是极其复杂的，如何用定量方法描述裂隙的时空演化过程一直是一个难题，而分形理论具有自相似性的特点，能够对自然界中的复杂几何形态进行定量化的描述，熵理论能够对系统的无序程度进行定量化描述。首先，本章通过相似材料模拟试验，采用数字图像处理技术对获得的裂隙图像进行处理，以保证提取有效的裂隙特征图像。然后，对覆岩裂隙图像的分形维数以及裂隙长度进行了计算，并获得了采动覆岩裂隙长度与分形维数的定量关系，随着开采距离的增大，采动覆岩裂隙网络演化具有较好的自相似性，即采动覆岩裂隙网络的演化具有分形特征，也可以据此定量化关系，可以有效利用井下实测裂隙照片的分形维数来计算采动裂隙的长度。最后，针对采动覆岩过程中，垮落带与裂隙带内的裂隙纵横交错，分布不均匀，裂隙发育具有无序性与随机性。因此本书基于信息论与概率熵模型，定义覆岩裂隙熵来描述裂隙发育的方向分布特征或裂隙系统的混乱以及无序化程度。随着工作面的推进，采动覆岩裂隙无论在时间还是空间上都在变化，这种变化是动态的，因此研究采动覆岩裂隙的时空演化特征有助于矿井水害的动态决策。

在工作面推进初期，采动覆岩裂隙的长度分布较均匀，长度也较短，最长裂隙小于35m。当工作面推进120m以后，采动裂隙的长度主要集中在10~25m，而最长的裂隙约为114m，这是由于采动过程中裂隙的贯通作用形成的。当到停采线后，停采线位置后方的采空区以及开切眼前方位置处采空区裂隙主要以压密为主，而在中部采空区及其上方，多处位置裂隙闭合，导致此处的分形维数降低，这与采空区的应力恢复规律基本一致，而最后采动覆岩裂隙的分形维数分布图形状呈现中间低、"两肩"高的"马鞍形"。当工作面推进到停采线时，停采线位置的采空区岩石破碎较严重，裂隙方向不一致，裂隙熵较高。裂隙熵反映了随着工作面的推进，裂隙方向周期变化特点。

首先，通过对裂隙场的分形维数和裂隙熵两个定量化描述裂隙状态的参数的时空演化特征进行的研究，采动覆岩裂隙场的分形维数和裂隙熵随工作面推进均可划分为三个阶段。然后，基于GIS对采动覆岩裂隙的分形维数和裂隙熵进行了时空可视化分析，并对其进行热点分析，新增热点主要集中在工作面推进方向的上方与前方，主要反映了新裂隙的产生。对于采动覆岩裂隙分形维数来说，在切眼和工作面之间主要分布振荡的热点，其具有冷点历史，而裂隙熵在工作面后方、采空区及其上方主要分布连续热点。最后，对裂隙的时空演化及其时空差异特征进行了研究，证明了裂隙场熵与分形维数可以作为判定裂隙时空状态的特征参数。对于某一单元内的裂隙的分形维数增加，即此单元的裂隙长度占位空间发生了变化，其原因可能是产生了新的裂隙，也可能是裂隙贯通，这样就会导致裂隙的方向分布同时发生变化，裂隙场的熵会增大或者不变。如果某一单元的分形维数降低，可能是裂隙发生了闭合，裂隙的方向趋于同一方向，裂隙场系统的熵也降低。当裂隙张开时，裂隙的长度占位空间不变，即分形维数不变，但是裂隙场的熵增加，裂隙趋于混乱。因此，可以利用裂隙场熵与分形维数结合的方法对裂隙的时空状态进行定量判定。

第 5 章　重复采动覆岩裂隙时空演化研究

随着煤炭需求量的不断增加，浅部资源逐渐减少和枯竭，矿井深度不断加深，如徐州、开滦、淮南、新汶等矿区，进入深部开采，开采深度超过 800m，甚至达到 1000m。煤的沉积通常是多煤层的形式，大多数地下煤矿开采都面临着多煤层开采情况，各个煤层具有不同的夹层厚度和地质条件，存在相互作用的可能性，这可能会对工作面开采造成灾害。在先前煤层开采完成后，工程师可能会在旧工作区上方或下方进行新工作面的开采，这样就会导致覆岩破坏开采岩层移动控制的问题。除了覆岩控制问题外，多煤层开采交互作用也会产生其他安全问题。我国深部煤矿大多为多层煤层长壁开采，岩层的多次采动导致的岩层破坏情况更加复杂。例如，相互作用可以形成瓦斯、水或泥砂的迁移路径，从而导致工作面的瓦斯涌出和突水的危险。因此，准确评价覆岩在多次(重复)采动后的破坏演化，对防治水害和煤矿开采设计都具有重要意义。

Tan Yunliang 等[200]为确保多个煤层开采过程中工作面的安全，在梁理论基础上建立了煤层开采后上覆岩层的破坏准则，并考虑了煤层层间距、工作面的尺寸和岩层性质特征对多次开采后覆岩破坏带高度的影响。同时，采用新研制的电控水流量检测仪对现场开采过程中覆岩破坏进行了探测。在煤层间距较大的情况下，下部煤层的开采不会改变上部煤层顶板岩层的破坏规律。下部煤层开采厚度越大，上部煤层覆岩裂隙越多，覆岩破坏带高度越大。此外，工作面开采造成的覆岩破坏程度随覆岩硬度的增加而增大。

同样的，多煤层长壁开采引起的覆岩变形沉陷的剖面往往不同于单煤层开采。因此，传统的地表沉陷预测方法对多煤层开采沉陷预测的可靠性较差。Ghabraie 等[201]在澳大利亚的一个多煤层开采的案例研究中，对单煤层和多煤层开采参数进行了研究，并发现了显著差异，因此建立了适用于每种多煤层开采方式的多煤层开采沉陷特征模型。他们所提出的模型随后用于对传统方法的修正。在改进的离散预测方法中，将多煤层开采划分为具有一定沉降参数的离散段，该方法可以灵活地考虑不同地段的多个沉降参数，从而可以预测多煤层开采下不规则沉降剖面。

隋旺华等[202-203]通过现场测试、相似材料模型试验和数值模拟等方法对水体下近距离煤层开采进行了研究，分析了煤层夹层厚度和性质对垮落带和导水裂隙带发育高度及其相互作用的影响，提出一个临界值来判断两个距离较近的煤层之间的相互作用和叠加是否可以被忽略。因此，对于近距离煤层要选择合适的开采方法，目前主要采用的是上行开采和下行开采方法，如图 5-1 所示，上行开采时首先开采下部煤层，然后开采上部煤层，当上下层煤间距与下部煤层开采厚度的比值满足一定值时，下层煤开采不会影响上层煤的开采，但是当煤层间距与下部煤层开采厚度的比值较小时，会对上层煤产生影响，甚至会导致上层煤不可采。而下行式开采顺序，是先开采上部煤层，后开采下部煤层，在上部煤层开采的过程中，基本上不会对下部煤层的开采产生影响，此方法为比较常用的近距离煤层开采方法。但是当煤层间距较小时，上层煤开采引起的矿山压力变化依然会影响到下层煤的开采。

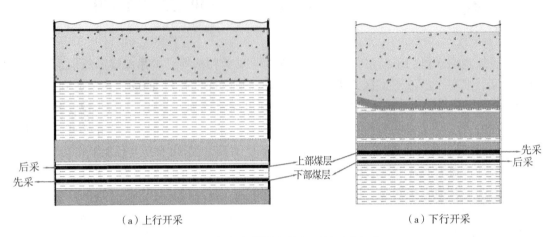

（a）上行开采　　　　　　　　　　（a）下行开采

图 5-1　近距离煤层上行和下行开采方法

相对于下行开采，上行开采需要进行研究以保证近距离煤层的安全开采，在上行开采中，目标煤层开采后，顶板岩体的重力作用使直接顶板和主顶板周期性冒落破坏，上覆岩层发生破坏和变形而形成裂隙网络。裂隙的分布与演化规律对煤层瓦斯的运移以及水砂的运移都有重要的影响，也成为影响顶板稳定性的主要控制因素。Wang Cheng 等[204]利用模拟材料模型模拟了上行开采引起的覆岩裂隙的形成与分布，揭示了覆岩破坏的演化规律。应用分形几何理论和 MATLAB 软件分析了覆岩裂隙网络的分形特征。覆岩破坏演化呈梯形，并伴有层组崩塌，裂隙发育高度不连续跳跃。随着工作面的推进，裂隙网络的分形维数总体上呈逐渐增大的趋势，分为三个阶段，即分形维数快速上升阶段、分形维数缓慢上升阶段、分形维数稳定阶段。在垮落带、裂隙带和弯曲带，裂隙的发育、扩展和闭合具有非同步性和内在的相似性。

数值模拟方法由于其便捷性和高效性，被用于近距离煤层开采的研究，以山西省蒲县新梁峪矿浅层多煤层为研究区，对下部煤层开采裂隙对上一近距离煤层开采的影响进行研究，采用 RFPA2D 软件建立了近距离煤层多煤层开采数值模型，研究了覆岩破坏、裂隙发育和再发育规律，研究了垂直应力的变化规律对工作面进行了分析。下部开采会导致采动裂隙的再发育，增加上一次采空高度，属于近距离煤层；重复开采引起采场垂直应力集中系数降低。最后，影响含水层甚至地表水的结果与观测结果一致[205]。

Guo Hua 等[206]对安徽省某煤矿深部多煤层长壁开采引起的岩层移动、应力变化、裂隙和瓦斯流动动力学进行了综合研究。对其中一个长壁工作面覆岩位移、应力和水压变化进行了现场监测。此外，还利用三维有限元程序对长壁工作面岩层动态进行了三维建模。

这项研究为采矿引起的地层应力变化、裂隙和瓦斯流动模式之间复杂的动态相互作用带来了许多新的解释。根据现场监测和数值模拟的结果，确定了沿长壁工作面周长的三维环形覆岩破坏带，以实现开采过程中的瓦斯排放效果最佳。同时，还提出了一种实用的方法来确定这一区域的几何形状和边界。此研究为煤与瓦斯最佳共采设计提供了一种新的方法和工程原则。

综上所述，当两层被采煤层间的夹层较厚而无法进行联合开采时，需要作为近距离煤层，此时需要采用上行或下行开采的顺序方法。无论是上行开采还是下行开采，在同时采用综放开采时，第一层煤开采时的覆岩裂隙时空演化特征与前文第4章单煤层开采导致的覆岩裂隙时空演化规律的分析研究结果类似。但是，当在第二层煤开采时，采动覆岩裂隙由于重复采动作用，采动覆岩裂隙的时空演化特征受到煤层层间距以及煤层厚度等的影响，覆岩裂隙的时空演化特征会发生变异。因此，有必要分别对上行开采和下行开采覆岩裂隙分布及演化规律进行研究，重复采动导致的覆岩裂隙网络更加复杂，无论是水砂还是瓦斯等有害气体的运移都会受其影响，因此对于近距离煤层开采覆岩破坏突水溃砂、瓦斯突出等矿山灾害研究有重要的意义。根据第4章单煤层采动岩体裂隙的时空演化特征参数可知，裂隙场裂隙的分形维数和裂隙熵对采动岩体裂隙的时空状态有决定性作用，因此更加需要对近距离煤层上行与下行重复采动情况下覆岩的裂隙场裂隙的状态、分形维数以及裂隙熵进行研究，首先确定分形维数和裂隙熵对近距离煤层重复采动覆岩裂隙的影响，然后研究分形维数和裂隙熵在近距离煤层重复采动覆岩裂隙演化过程中的作用。本章以两个不同开采顺序的近距离煤层工作面开采为例，通过相似模型试验，对近距离煤层上行和下行重复采动覆岩裂隙的时空演化特征进行讨论研究，揭示近距离煤层开采过程中重复采动导致的覆岩裂隙的时空变化机理。

5.1 上行开采重复采动覆岩裂隙演化特征

5.1.1 上行开采重复采动覆岩裂隙演化相似模型试验

上行开采重复采动覆岩裂隙演化研究选择的研究区为北皂煤矿 H1105 工作面，此矿位于山东省黄县煤田西北隅，H1105 工作面位于海域一采区，H1105 工作面掘进过程中主要受顶板泥石灰岩含水层、泥岩夹泥石灰岩互层含水层、煤$_1$油$_2$残余裂隙水影响。工作面上覆基岩厚度约为 140m，第四系松散层平均厚度为 90m，工作面标高 -272~-232m。

煤层直接顶为浅灰褐色含油泥岩，泥质结构，岩性致密，层理发育，平均厚度为6.57m，顶板抗压强度为 29.4MPa，泊松比平均为 0.2，局部含油泥岩较软弱。顶板主要含水层有泥岩，泥石灰岩岩组含水层，平均厚度为 18.3m。与第四系松散层之间夹有平均厚度 95m 的泥岩，钙质泥岩互层岩组。结合海域采区顶板软岩地层及第四系松散层(厚度约 90m)"两含夹一隔"的结构特征，一般情况下，具有较好的阻隔水能力和安全开采条件。工作面底板与煤$_2$间隔一层平均厚度为 18m 的含油泥岩，结构致密，块状结构，深灰色，韧性大，层理较发育，局部夹软褐灰色条带，抗压强度平均为 11.9MPa，泊松比平均为 0.43。各岩层主要物理力学参数见表 5-1。

表 5-1　　　　　　　　　　　　　煤层顶底板岩层力学参数

岩层	抗压强度（MPa）	弹性模量（MPa）	泊松比	黏聚力（MPa）	内摩擦角（°）	抗拉强度（MPa）	密度（g·cm³）	厚度（m）
第四系松散层	—	—	—	—	—	0	2	86
泥岩、钙质泥岩组	28.44	3647	0.25	3.22	36.7	1	2.24	95
泥岩、泥灰岩组	29.4	6000	0.25	2	30	1.1	2	18.3
泥岩、炭质泥岩组	29.4	4800	0.25	2.2	31	1.1	2.6	18
含油泥岩组	27.9	1925	0.2	3.14	27.1	1.3	1.79	6.7
煤$_1$油$_2$	10.5	2021	0.25	2.49	36	1	1.8	4
含油泥岩组	21.8	2022	0.43	2.83	32.96	1.2	1.81	18
煤$_2$	10.5	300	0.25	2	30	1	1.27	4
泥岩、砂岩组	22.46	2936	0.3	1.49	26.3	1	2.31	12.5
中砂岩组	24.41	7474	0.25	1.6	27.5	1	2.31	25

煤$_1$油$_2$煤层开采工作面下方距离 18m 为已开采的煤$_2$层 H2107 和 H2108 采空区，煤$_2$开采厚度为 4m，煤层倾角平均 6°，可视为水平煤层。目前，H1105 工作面在下部煤$_2$开采的基础上采用上行开采的方式，对煤$_1$油$_2$层进行开采，开采厚度为 4m，如图 5-2 所示。试验主要根据北皂煤矿 H1105 工作面煤$_1$油$_2$底板标高为 −280m 煤层综采放顶煤的地质条件进行模拟开采，研究煤$_1$油$_2$标高 −280m，采厚 4m 时，重复采动后覆岩的变形特征及破坏规律。

以原型剖面 −300m 水平为底界面，模拟至地表，模型设置在平面应力模型台上，模型尺寸长×宽×高 ＝ 300cm×30cm×140cm，两侧边界煤柱 30cm（原型 60m），模型采长 240cm（原型 480m），模型图如图 5-3 所示。

首先开采下层煤$_2$，根据现场工作面实际推进速度按照时间常数模拟开采，每次开采 5cm（原型 10m），采厚 2cm（原型 4m），采长 240cm（原型 480m），每次开采间隔 4h；模型开切眼一侧距边界 30cm（原型 60m），另一侧开采至距边界 30cm（原型 60m）处停采。煤$_2$开采岩层移动变形稳定后，开采上层煤$_1$油$_2$，开采范围及开采方法与煤$_2$开采过程相同。

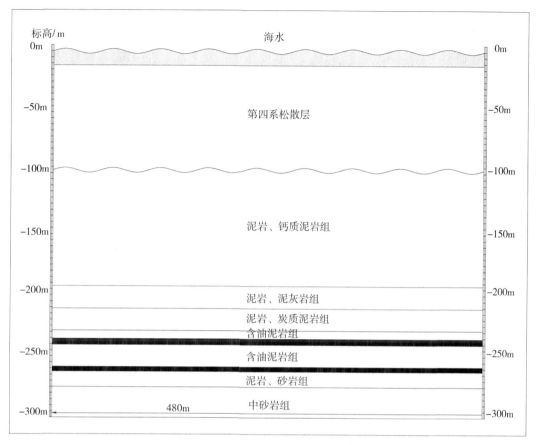

图 5-2 工作面走向剖面工程地质模型示意图[202]

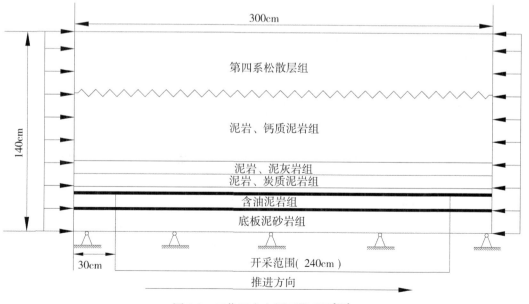

图 5-3 工作面走向剖面模型图[202]

5.1.2　上行开采重复采动覆岩裂隙演化试验结果分析

采用本研究的数字图像处理方法，对上行开采重复采动过程中覆岩裂隙图像进行处理，图 5-4 和图 5-5 分别为煤$_1$油$_2$初始采动覆岩裂隙图和上行开采重复采动覆岩裂隙网络演化图。

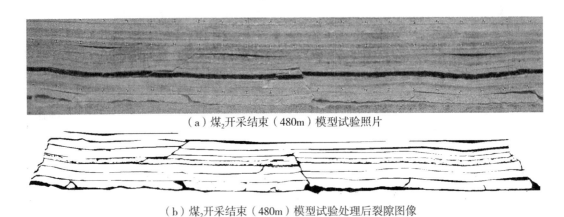

（a）煤$_2$开采结束（480m）模型试验照片

（b）煤$_2$开采结束（480m）模型试验处理后裂隙图像

图 5-4　煤$_1$油$_2$初始采动覆岩裂隙图

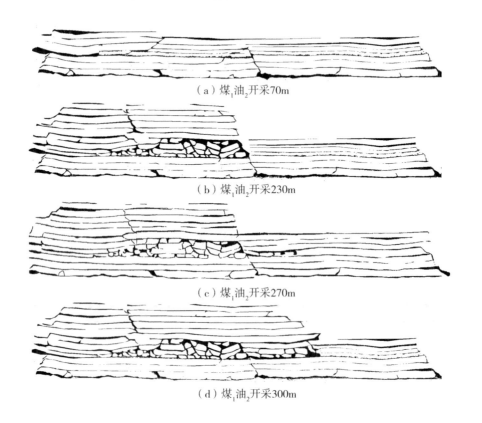

（a）煤$_1$油$_2$开采70m

（b）煤$_1$油$_2$开采230m

（c）煤$_1$油$_2$开采270m

（d）煤$_1$油$_2$开采300m

118

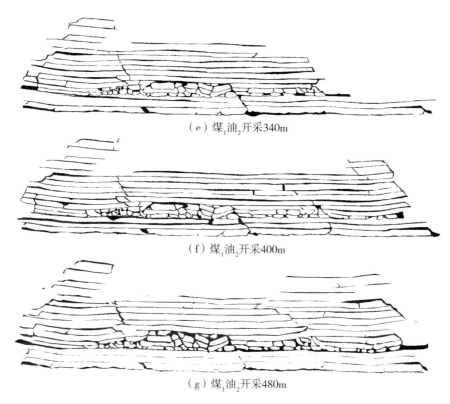

（e）煤$_1$油$_2$开采340m

（f）煤$_1$油$_2$开采400m

（g）煤$_1$油$_2$开采480m

图 5-5　上行开采覆岩裂隙网络演化图

　　由图 5-6 可知，在煤$_2$（下部煤层）完成开采后，上行开采过程中，即煤$_1$油$_2$（上部煤层）开采过程中，如图 5-6（a）所示，开采 230m 与 340m 之间，重复采动覆岩裂隙的分形维数在距离开切眼 230m 以后的位置发生波动，在工作面推进超过 340m 以后恢复与单煤层开采一样的规律。煤$_1$油$_2$（上部煤层）开采完成后，重复采动导致的覆岩裂隙场分形维数时空演化成"马鞍形"，这与煤$_2$（下部煤层）单层煤开采结果一样，也与前文研究结果一致。重复采动覆岩裂隙熵的时空变化特征如图 5-6（b）所示，裂隙熵在工作面推进方向上随着煤层开采呈周期性变化，并未发生波动，这与分形维数的变化规律不一致，说明上行开采重复采动的过程中，裂隙熵依然是表征裂隙方向的主要参数，裂隙的分形维数和裂隙熵同样可以用来描述上行开采重复采动过程中裂隙的时空状态变化特征。

　　由图 5-7 可知，上行开采过程中，即煤$_1$油$_2$（上部煤层）开采过程中，如图 5-7(a)所示，重复采动导致的覆岩裂隙场分形维数在垂直底板方向上呈先增加、后下降的趋势，在距离煤层底板 20m 的位置，分形维数最大，裂隙的密度最大。同样的，裂隙熵在垂直底板方向上呈先增加、后下降的趋势，这与单煤层开采有所区别，由于上部煤层采动，岩体受到重复采动的影响，在距离煤层底板 20m 的位置裂隙熵最大，在此位置不但裂隙的密度大，而且裂隙的方向分布混乱，说明此处的岩体破碎，距离煤层底板越远，裂隙熵越小，基本位于导水裂隙带的顶部，裂隙熵趋于 0，裂隙的方向基本趋于一致，说明此处裂隙主要为横向裂隙。

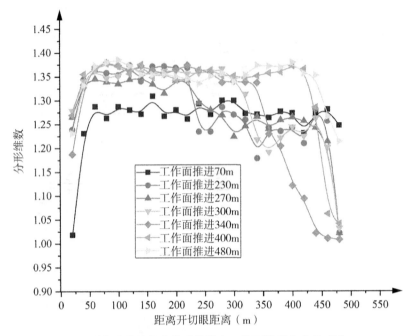

（a）覆岩采动过程中分形维数在工作面推进方向的变化

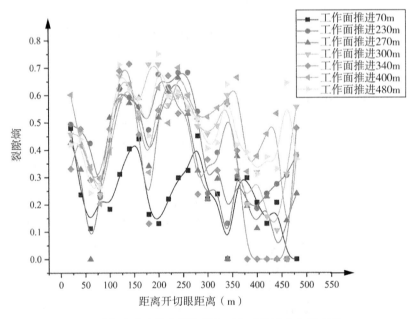

（b）覆岩采动过程中裂隙熵在工作面推进方向的变化

图 5-6　上行开采重复采动覆岩裂隙分形维数与裂隙熵在工作面推进方向时空演化

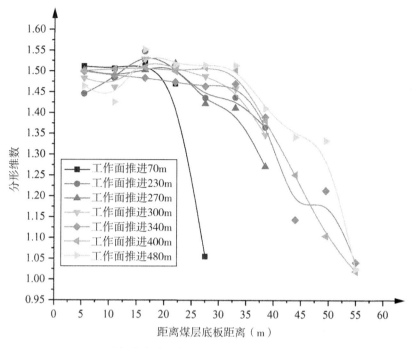

（a）覆岩采动过程中分形维数在竖直方向的变化

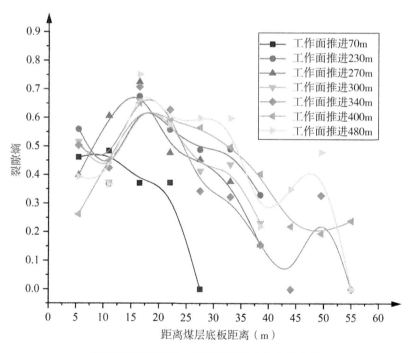

（b）覆岩采动过程中裂隙熵在竖直方向的变化

图 5-7　上行开采重复采动覆岩裂隙分形维数与裂隙熵在竖直方向的时空演化

图 5-8 显示了上行开采重复采动覆岩裂隙分形维数与裂隙熵演化特征，随着工作面的推进，采动覆岩裂隙的分形维数与裂隙熵基本上呈增加趋势，说明裂隙场在重复采动的影响下呈现熵增的特点，即上行开采重复采动覆岩裂隙场系统整体趋于更加混乱，并且在工作面推进方向具有周期性变化的特点。根据重复采动覆岩裂隙分形维数、裂隙熵以及前文裂隙状态判据，可以将上行开采重复采动覆岩裂隙时空演化特征划分为以下两个阶段：

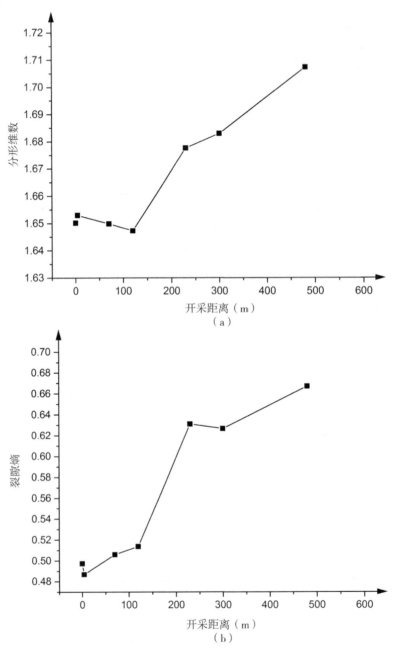

图 5-8　上行开采重复采动覆岩裂隙分形维数与裂隙熵演化特征

第一阶段：此阶段主要为重复采动导致煤$_2$(下部煤层)裂隙带破碎,煤$_1$油$_2$(上部煤层)垮落带的形成延伸阶段,主要在开切眼120m以前,裂隙以贯通为主,表现分形维数下降,裂隙熵增加;

第二阶段：当工作面推进到120m以后,随着开采的进行,重复采动覆岩裂隙的分形维数与裂隙熵均增加,此过程裂隙主要以张开、压密和新裂隙的产生为主。

5.2　下行开采重复采动覆岩裂隙演化特征

5.2.1　下行开采重复采动覆岩裂隙演化相似模型试验

下行开采重复采动覆岩裂隙演化研究选择的研究区为微山崔庄煤矿3煤02工作面,微山崔庄煤矿有限责任公司位于山东省微山县境内。主采山西组3$_上$、3$_下$煤层,3煤02工作面综采放顶煤,3煤覆岩厚度在矿区范围内变化较大,3$_上$煤以上覆岩厚度从36.4m至大于200m。基岩面的标高从−110m至−70m,基岩面的标高在全矿范围内有一定起伏特征。对工作面煤层上覆岩层工程地质岩组进行划分,将3$_上$煤上覆岩土层分为9组,将3$_下$煤覆岩土层分为11组,如图5-9所示。下行开采试验根据崔庄煤矿3煤02工作面综采放

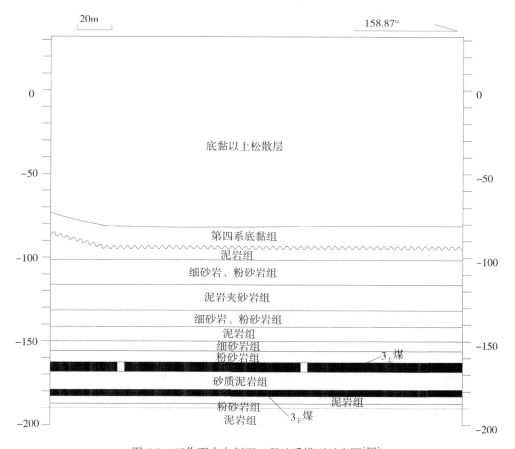

图 5-9　工作面走向剖面工程地质模型示意图[203]

顶煤的地质条件进行模拟开采，如图 5-10 所示。先采 $3_\text{上}$ 煤，从右侧巷道向左推进，一次采全高 5.9m，采到左侧巷道，共推进 110m 结束。再从右侧巷道向左推进 $3_\text{下}$ 煤，开采厚度为 4.0m，采到左侧巷道共推进 110m 结束。

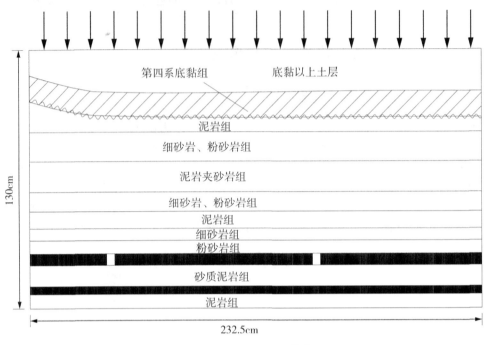

图 5-10　走向剖面模型[203]

5.2.2　下行开采重复采动覆岩裂隙演化试验结果分析

采用本研究的数字图像处理方法，对上行开采重复采动过程中覆岩裂隙图像进行处理，图 5-11 为 $3_\text{上}$ 煤开采结束后覆岩裂隙图，图 5-12 为下行开采重复采动覆岩裂隙演化图。

（a）$3_\text{上}$ 煤开采结束（110m）模型试验照片

（b）$3_\text{上}$ 煤开采结束模型试验处理后裂隙图像

图 5-11　$3_\text{上}$ 煤开采初始裂隙图

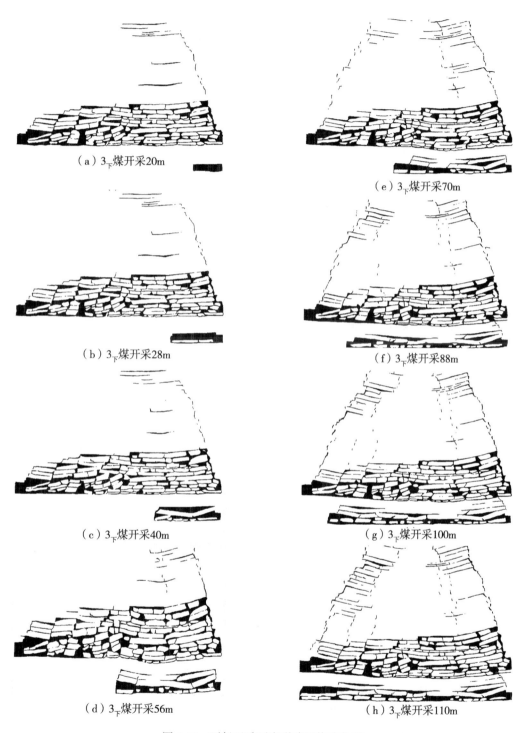

（a）3下煤开采20m

（b）3下煤开采28m

（c）3下煤开采40m

（d）3下煤开采56m

（e）3下煤开采70m

（f）3下煤开采88m

（g）3下煤开采100m

（h）3下煤开采110m

图 5-12　下行开采覆岩裂隙网络演化图

下行开采过程中，$3_{上}$煤(上部煤层)开采完成时，采动导致的覆岩裂隙场分形维数分布如图 5-13 所示，分形维数在工作面推进方向呈"马鞍形"，这与下行开采以及单煤层煤开采结果一样，与前文研究结果一致。但是，随着 $3_{下}$煤(下部煤层)开采完成时导水裂隙带的轮廓呈"梯形"。

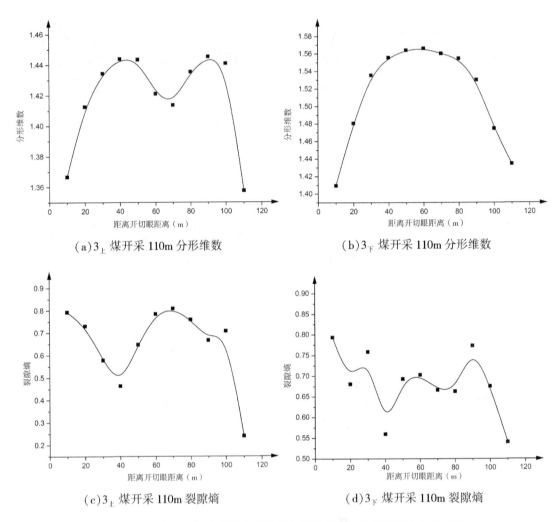

图 5-13　下行开采覆岩裂隙分形维数与裂隙熵在工作面推进方向的变化

图 5-14 显示了下行开采重复采动覆岩裂隙分形维数与裂隙熵在工作面推进方向的时空演化。随着工作面的推进，分形维数在工作面推进方向的分布也为"梯形"，如图 5-14(a)所示，工作面推进 56m 到 100m 之间，在距离切眼 90m 处分形维数发生波动。而如图 5-14(b)所示，下行开采由于 $3_{下}$煤(下部煤层)开采而导致的覆岩重复采动裂隙场裂隙熵随着工作面的推进呈周期性变化，随着工作面的推进而逐渐增加，说明下行开采重复采动覆岩裂隙的时空演化是熵增的过程，系统趋向于复杂，裂隙的方向趋向于混乱，导水裂隙带内覆岩破碎。

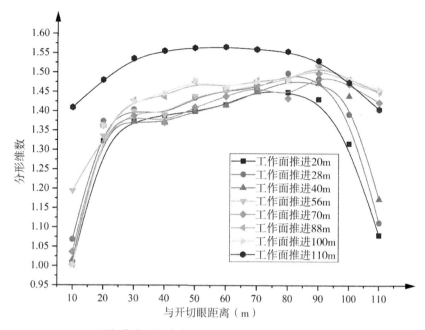

（a）覆岩采动过程中分形维数在工作面推进方向的变化

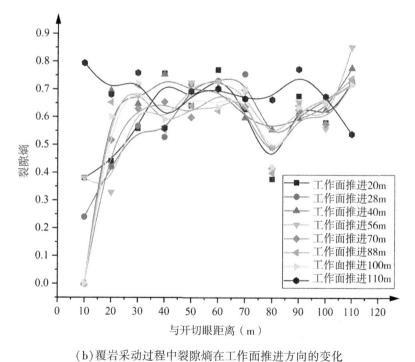

（b）覆岩采动过程中裂隙熵在工作面推进方向的变化

图 5-14 下行开采重复采动覆岩裂隙分形维数与裂隙熵在工作面推进方向的时空演化

图 5-15 为下行开采重复采动覆岩裂隙分形维数与裂隙熵在竖直方向的时空演化特征。随着工作面的推进，分形维数在垂直煤层底板方向的分布呈现周期性变化，呈现先减小后

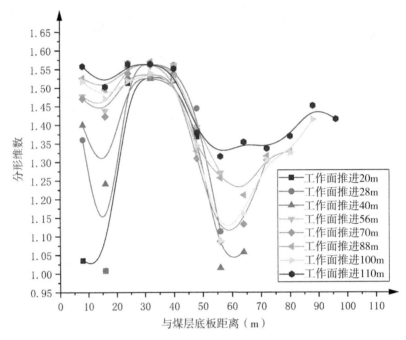

（a）覆岩采动过程中分形维数在竖直方向的变化

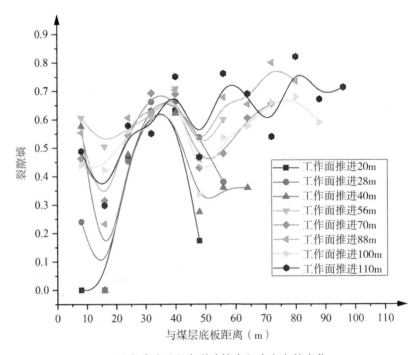

（b）覆岩采动过程中裂隙熵在竖直方向的变化

图 5-15　下行开采重复采动覆岩裂隙分形维数与裂隙熵在竖直方向的时空演化

增加,又减小,再部分增加的状态,这与上行开采重复采动覆岩裂隙分形维数在竖直方向的时空演化特征不同,主要是由于 $3_\text{下}$ 煤(下部煤层)开采而导致覆岩裂隙增加,在两煤层隔层中间形成了新的覆岩破坏带,覆岩裂隙主要集中在距离底板 35m 的位置。图 5-15(b)中,$3_\text{下}$ 煤(下部煤层)开采导致的覆岩裂隙熵呈现周期性变化,且基本上维持在逐步增加的状态,说明裂隙场在重复采动的影响下呈现熵增的特点,即下行开采重复采动覆岩裂隙场系统趋于更加混乱。

由图 5-16 可知,重复采动覆岩裂隙的分形维数与裂隙场熵均是递增趋势。在沿工作

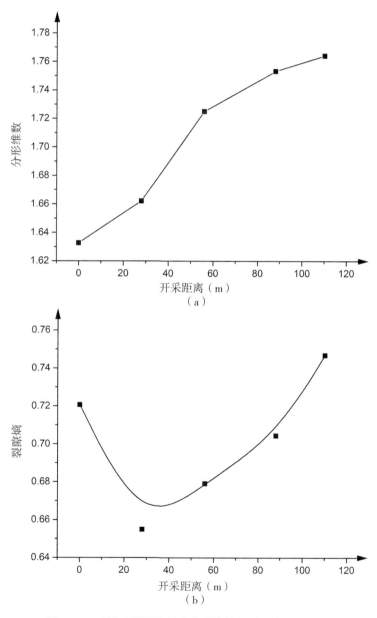

图 5-16 下行开采覆岩裂隙分形维数与裂隙熵演化特征

面推进方向同样呈周期性变化，且裂隙长度一直在增加。根据重复采动覆岩裂隙场分形维数、裂隙熵以及前文裂隙状态判据，下行开采重复采动覆岩裂隙时空演化特征主要以裂隙的产生为主，由此对于同一条件下的同一近距离煤层工作面，下行开采比上行开采，裂隙场系统的熵增加速度更快，裂隙更加趋于混乱。

根据重复采动覆岩裂隙分形维数、裂隙熵以及前文裂隙状态判据，可以将下行开采重复采动覆岩裂隙时空演化特征演化划分为以下两个阶段：

第一阶段：此阶段主要为重复采动表现分形维数上升，裂隙熵减小，主要在开切眼 56m 以前，$3_下$煤裂隙带形成，$3_上$煤裂隙以闭合为主。

第二阶段：当工作面推进到 56m 以后，随着开采的进行，重复采动覆岩裂隙的分形维数与裂隙熵均增加，此过程裂隙主要以张开、压密和新裂隙的产生为主。

5.3　本章小结

在地下煤矿开采过程中，往往存在多个煤层，当两层被采煤层间的夹层较厚时，作为近距离煤层开采，采用上行或下行开采的方法对其开采。采用综放开采时，无论是上行开采还是下行开采，第一层煤开采时的覆岩裂隙时空演化特征与单煤层或厚煤层的研究结果类似，当第二层煤的开采时，采动覆岩裂隙由于重复采动作用，导致覆岩裂隙的时空变异特征不同。

上行开采过程中，重复采动导致的覆岩裂隙场分形维数在某一位置发生波动，重复采动导致的覆岩裂隙场分形维数时空演化成"马鞍形"，这与下部煤层即单层煤开采结果一致。裂隙熵在工作面推进方向上随着煤层开采呈周期性变化，并未发生波动，这与分形维数的变化规律不一致，说明在上行开采重复采动的过程中，裂隙熵依然是表征裂隙方向的主要参数，裂隙的分形维数和裂隙熵同样可以用来描述上行开采重复采动过程中裂隙的时空状态变化特征。

下行开采随着工作面的推进，分形维数在工作面推进方向的分布为"梯形"，分形维数同样在某一位置发生波动。下行开采覆岩重复采动裂隙场裂隙熵随着工作面的推进呈周期性变化，随着工作面的推进而逐渐增加，说明下行开采重复采动覆岩裂隙的时空演化是熵增的过程，系统趋向于复杂，裂隙的方向趋向于混乱，导水裂隙带内覆岩破碎。

第6章 基于熵的采动覆岩突水溃砂
危险性空间多准则决策

从系统科学观点来看，采动覆岩突水溃砂作为一个开放系统，在外部采矿活动与内部地质应力等各种因素的共同作用下，其覆岩的结构、应力状态等将发生变化，进而导致覆岩破坏，当破坏带导通上覆松散含水层时，就会形成突水溃砂灾害。采动覆岩系统，在采动过程中不断与外界进行信息、物质、能量的交换，基于熵理论对采动覆岩系统中矿井突水溃砂影响的各个准则或因素进行分析，对各个影响准则的空间演化以及对突水溃砂的影响程度等进行定量分析，对于采动覆岩突水溃砂的空间决策具有重要的意义。熵最早用来表示热力学系统中分子的无序程度或者混乱程度，直到1948年，C. E. Shannon提出了信息熵的概念[147-148]，主要是为了解决信息的度量问题。后来通过对信息熵的推广，信息熵可以用来度量系统的状态。因此，可以基于信息熵理论，对采动覆岩破坏突水溃砂的各个影响因素进行定量化的计算分析，并基于空间多准则决策方法，实现采动覆岩矿井突水溃砂的定量化决策评价。

6.1 基本理论

与地理空间信息有关的决策问题统称为空间决策问题。地下空间灾害防治中的许多决策问题都是多准则空间决策问题，如地下工程的围岩稳定性问题，需要考虑工程因素、岩体结构、地下水以及岩石性质等准则；高承压水体上煤层开采，目前主要通过注浆加固技术对煤层底板进行改造，起到加厚底板隔水层厚度，封闭底板裂隙的作用。因此，对其安全开采进行评价的时候，需要考虑含水层富水性、地质构造、矿山压力、工作面尺寸、开采方法以及煤层厚度等，特别是注浆改造效果准则，其在提高底板隔水层的阻抗水能力。而在厚松散含水层下采煤，随着煤矿开采上限的提高，覆岩厚度越来越薄，开采条件越来越复杂，采动产生的力学环境、岩体结构和破坏特征等与其他的明显不同，导致采动覆岩应力场的时空关系更加复杂，突水溃砂等动力灾害容易发生，对这些灾害发生的评价决策，将需要考虑覆岩厚度，导水裂隙带高度，松散含水层富水性等多个准则，由于灾害发生的随机性、突发性和破坏形式的多样性，多个不同的判断准则都需要被考虑，进而对灾害的发生进行有效地决策与预报[207-209]。

空间多准则决策时需要考虑空间位置信息，主要是在空间环境中解决空间问题，其准则具有清晰的空间尺度。早在1981年，Hwang多准则决策问题[210]，已经被明确地分为了多属性决策和多目标决策。Van Herwijnen早在1999年就总结了空间多准则决策的核心要素包括：决策目标、准则权重以及决策结果[211-212]。随后，一个概念框架被Malczewski提出，基于对复杂空间问题的认识，认为多准则决策可以把其问题分解成一系列比较容易理解的子问题[213-216]。最后，再集成各个部分的信息，按一定的逻辑获得有意义的解的过程，随后多准则决策才开始被广泛应用，并快速发展。根据以往文献的总结，可得到空间多准则决策的分析框架图，如图 6-1 所示[131]。地理信息系统具有采集、存储、处理、分析和展示大量地理信息数据的功能，随着地理信息系统的发展，其可以用来对空间数据进行分析，经常被用来作为决策支持系统。GIS 提供了一个强大的空间数据库，并具有空间分析能力，能够提供地理环境中随时间变化的动态信息，并检查它们之间的关系，为决策者提供可视化结果。所以，GIS 与多准则决策结合来处理空间决策问题，具有非常大的优势。一方面，多准则决策提供了丰富的程序结构决策技术和处理程序，另一方面，GIS 提供了良好的空间数据管理、数据分析和可视化平台，可以更好地对空间决策问题进行处理，如图 6-2 所示[131]。基于 GIS 的空间决策中，比较重要的就是决策准则，决策准则是一切决策的基础。在地理空间中，决策准则与地理实体之间的关系有关，可以用地图来表示。

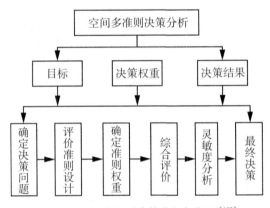

图 6-1　空间多准则决策分析框架图[102]

6.2　空间多准则决策的分析过程与方法

根据图 6-2 可知，空间多准则决策的分析过程可以概括为确定决策问题、构建决策准则、确定准则权重、多准则决策集结，不确定性分析[217-224]。定义决策对象集 R：

$$R = \{r^k \mid k = 1, 2, 3, \cdots, K \mid\} \tag{6-1}$$

在 GIS 空间数据库中，决策对象集合用栅格元素来代替，由于栅格数据计算能力强，我们在计算中主要采用栅格数据。在 GIS 数据库中，每个元素都可被看作决策对象的一个点，则决策对象划分为 n 个单元，可以表示如下：

$$R = \{r^1_{x,y,z}, r^2_{x,y,z}, r^3_{x,y,z}, \cdots, r^n_{x,y,z}\} \tag{6-2}$$

式中，(x, y, z) 表示某一点的空间位置坐标。令 $r^i_{x,y,z} = t^i$，则不同准则下其含属性值可以表示为：

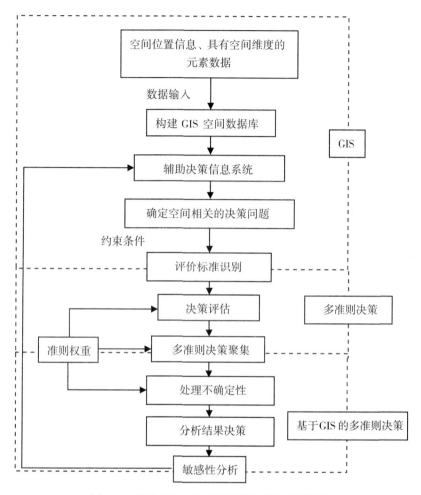

图 6-2　基于 GIS 与空间多准则决策分析框架图

$$t^i = (t_1^i, \ t_2^i, \ \cdots, \ t_j^i) \tag{6-3}$$

决策表可以用来表示多准则决策问题的输入数据，而决策表又可以用决策矩阵来表示，根据 Malczewski 的决策构造要素，可以定义决策矩阵 $\boldsymbol{B}$：

$$\boldsymbol{B} = \begin{bmatrix} B_{11} & \cdots & B_{i1} \\ \vdots & & \vdots \\ B_{1j} & \cdots & B_{ij} \end{bmatrix} \tag{6-4}$$

其中，决策准则可以用矩阵中的列代替，决策对象集可以用每一行来表示，B_{ij} 表示决策对象元素在第 j 个决策准则下的得分值。

6.2.1　空间决策准则构建及预处理方法

在实际的空间多准则决策过程中，决策准则的数量选择非常重要，数量太多和太少对于决策结果的影响都很大，不同的准则在决策过程中起的作用是不同的，有的起的作用比较大，有的比较小。一般情况下，为了抓住事物的主要矛盾，应该用最少的关键的准则进行决策。所选取的准则的原则是可以进行定量的评价与测量的，因此准则的选取是决策的基础。而空间决策都是在空间环境下进行的，所选的决策准则需要用地图形式来反映，空间的真实数据需要通过地图图层来表达。准则可以分为两类影响因素和约束[225]。影响因素是可以提高或降低决策结果的准则，多数情况下是连续变化的量。例如，采动覆岩中的隔水层厚度越厚，安全性越高，突水溃砂发生的可能性就越小。此外，每个准则必须是全面的和可测量的。准则可以是空间显式的，也可以是隐式的[226-227]。根据目前统计的文献，出现频率比较高的，也就是经常被用的准则类型主要有效益型，对决策对象的是正相关的，即在以采动覆岩突水溃砂危险性为决策对象时，随着准则值的增大，突水溃砂危险性也会增大；成本型，对决策对象的贡献是负相关的，即随着准则的增大，突水溃砂危险性减小；固定型，准侧值则越接近某个固定的值 t_j，对决策对象的贡献是正相关的，即对于采动覆岩突水溃砂危险性决策对象，当决策值接近某个固定值的时候，突水溃砂的危险性是降低的；区间型，决策值越接近某个固定的区间，特别是在区间内 $[q_1^j, q_2^j]$，准则对决策对象的贡献是正相关的，对采动覆岩突水溃砂危险性决策对象，当某个准则值在一定区间内时或者接近这个区间，突水溃砂危险性是增加的[228-230]。偏离区间型，准则值距离某个固定值 p_j 越远，准则对决策对象的贡献是正相关的，此种类型与固定值类型正好相反。其中，效益型和成本型的标准化公式分别为式(6-5)，式(6-6)。

$$y_{ij} = \frac{(x_{ij} - \min_i x_{ij})}{(\max_i x_{ij} - \min_i x_{ij})} \tag{6-5}$$

$$y_{ij} = \frac{(\max_i x_{ij} - x_{ij})}{(\max_i x_{ij} - \min_i x_{ij})} \tag{6-6}$$

$$y_{ij} = 1 - \frac{(x_{ij} - t_j)}{\max_i |x_{ij} - t_j|} \tag{6-7}$$

$$y_{ij} = |x_{ij} - p_j| - \frac{\min_i |x_{ij} - p_j|}{\max_i |x_{ij} - p_j| - \min_i |x_{ij} - p_j|} \tag{6-8}$$

$$y_{ij} = \begin{cases} 1 - \dfrac{\max(q_1^j - x_{ij}, \ x_{ij} - q_2^j)}{\max[q_1^j - \min_i(x_{ij}), \ \max_i(x_{ij}) - q_2^j]}, & x_{ij} \notin [q_1^j, q_2^j] \\ 1, & x_{ij} \in [q_1^j, q_2^j] \end{cases} \tag{6-9}$$

其中，x_{ij} 表示原始准则数据，y_{ij} 表示标准化后的准则值。式(6-7)、式(6-8)、式(6-9)和式(6-10)分别表示固定型、偏离型、区间型和偏离区间型的准则值标准化方法。

$$y_{ij} = \begin{cases} \dfrac{\max(q_1^j - x_{ij}, \ x_{ij} - q_2^j)}{\max[q_1^j - \min_i(x_{ij}), \ \max_i(x_{ij}) - q_2^j]}, & x_{ij} \notin [q_1^j, q_2^j] \\ 0, & x_{ij} \in [q_1^j, q_2^j] \end{cases} \tag{6-10}$$

6.2.2 决策准则权重的确定方法

如何确定权重系数，即准则对决策结果的贡献大小或者成为影响程度大小，是空间多准则决策结果准确性的重要前提。而在空间多准则决策过程中，需要对空间中同一位置的同一准则都赋予同一权重值，这样才能在决策的过程中实现对每个准则能够较好反映。因此，准则权重的选择对决策结果有重要影响。目前有许多确定权重的方法，如排序法（Ranking Method）、成对比较法和方差最大化等方法。

1）排序法

作为一种最简单的确定权重的方法，此方法属于主观赋权法，主要依赖于决策者的经验[231-236]。首先对决策准则按照重要性程度进行排序，最重要的，$n = 1$，次重要的 $n = 2$，等等，第 n 重要的值为 n，然后进行计算，其计算可以采用多种方法，其中比较常用的为求和法：

$$w_k = \frac{n - p_k + 1}{\sum_{k=1}^{n} (n - p_k + 1)} \tag{6-11}$$

式中，w_k 为第 k 项准则的权重，n 是准则的数目，p_k 是准则的排序。此方法也被在多处应用，基于此方法，Sharifi 等建立了 ILWIS-SMCE 决策模型；Ozturk 和 Batuk 开发了基于 ArcGIS 的多准则分析程序[237]。

2）成对比较法

其中，在 1980 年，Saaty 在层次分析法（Analytic Hierarchy Process，AHP）的基础上开发了成对比较法，主要采用根据经验定义 1 到 9 的值来对准则的重要性程度进行比较[231]，见表6-1，通过对准则的两两比较，建立一个比较矩阵：$C = [c_{kp}]_{n \times n}$，$c_{kp}$ 为两两比较的第 k 项和第 p 项准则。矩阵 C 是一个正互反矩阵，$c_{pk} = c_{kp}^{-1}$，所有对角线上的元素都等于1，即当 $k = p$ 时，$c_{kp} = 1$，因此只需要进行 $n(n-1)/2$ 对的实际比较即可，当建立了比较矩阵以后，权重向量 $w = (w_1, w_2, \cdots, w_n)$ 可以被计算出来。定义 λ_{max} 为矩阵 C 的最大特征根，则

$$Cw = \lambda_{max} w \tag{6-12}$$

虽然 Saaty 提出了许多方法来求解权向量，但是目前比较常用的是归一化求解方法，首先对矩阵 C 进行归一化或者标准化处理：

$$c'_{kp} = \frac{c_{kp}}{\sum_{k=1}^{n} c_{kp}}, \quad k = 1, 2, \cdots, n. \tag{6-13}$$

权重可以通过如下式求解：

$$w_k = \frac{\sum_{p=1}^{n} c'_{kp}}{n}, \quad k = 1, 2, \cdots, n. \tag{6-14}$$

$$W = \begin{bmatrix} w_1 \\ w_2 \\ \vdots \\ w_n \end{bmatrix} = \begin{bmatrix} \dfrac{1}{n}\sum_{i=1}^{n} c'_{1n} \\ \dfrac{1}{n}\sum_{i=2}^{n} c'_{2n} \\ \vdots \\ \dfrac{1}{n}\sum_{i=n}^{n} c'_{nn} \end{bmatrix} \tag{6-15}$$

表 6-1　　　　　　　　　　　　　成对比较的评价值[231]

相对重要程度	定义
1	第 p 项与第 k 项同等重要
3	第 p 项比第 k 项略微重要
5	第 p 项比第 k 项相当重要
7	第 p 项比第 k 项明显重要
9	第 p 项比第 k 项绝对重要
2, 4, 6, 8	两个相邻判断的中间值
正互反矩阵	$c_{pk} = c_{kp}^{-1}$

由于比较矩阵的建立是在决策者的经验判断的基础上，为了保证权向量的准确程度，可以采用一致性检验的方法，对构建的矩阵进行检验，一致性检验的指标可以定义为：

$$CI = \frac{\lambda_{\max} - n}{n - 1} \tag{6-16}$$

对照表 6-2 查找一致性检验指标值。

表 6-2　　　　　　　　　　　　　一致性检验指标值

m	1	2	3	4	5	6	7	8	9	10	11
RI	0	0	0.58	0.9	1.12	1.24	1.32	1.41	1.45	1.49	1.51

计算一致性检验比例 CR：

$$CR = \frac{CI}{RI} \tag{6-17}$$

当 CR<0.1 时，比较矩阵的一致性符合要求。当 CR≥0.1 时，比较矩阵的一致性不符合要求，需要对比较矩阵 C 的数据进行调整。

3）基于熵（Entropy）的准则权重计算方法

与排序法、成对比较法以及方差最大化方法不同，基于熵的权重求解方法是一种客观的求解方法，不需要根据决策专家的经验，此方法主要是基于信息熵来进行计算的。熵可以用来度量信息，因此准则的权重可以被认为是连续的信息，我们可以通过计算每个准则中信息的含量来计算准则 a_{ik} 的权重，其信息量用熵来度量，定义为 E_k：

$$\begin{cases} E_k = -\dfrac{\displaystyle\sum_{i=1}^{m} p_{ik}\ln(p_{ik})}{\ln m} \\[3mm] p_{ik} = \dfrac{a_{ik}}{\displaystyle\sum_{i=1}^{m} a_{ik}} \end{cases} \tag{6-18}$$

一组准则中包含信息的多样性程度可以定义为 b_k：

$$b_k = 1 - E_k \tag{6-19}$$

基于熵的准则权重可以定义为：

$$w_{E_k} = \frac{b_k}{\displaystyle\sum_{k=1}^{n} b_k} \tag{6-20}$$

基于熵的权重可以与其他方法求得的权重 w_k 相结合，可获得新的权重的定义：

$$w'_{E_k} = \frac{w_{E_k} w_k}{\displaystyle\sum_{k=1}^{n} w_{E_k} w_k} \tag{6-21}$$

显然 w_{E_k} 和 w'_{E_k} 的范围为 $0\sim1$ 之间，准则包含的信息种类越多，其值越高。准则的熵值越小，其多样性程度越大，这意味着此项准则提供的信息越多。如果某项准则是均匀的，即为一个定值，其准则权重为 0，此项准则可以不作为决策准则，因为它不传递有关决策情况的信息。基于熵的权重确定方法是一种有效的多尺度的可以适用于 GIS 空间决策的分析方法。其能够很好地与 WLC（Weighted Linear Combination）相结合进行空间决策[238-239]。

4) 离（方）差最大化（Maximizing Deviation）

根据信息论的原理[240]，如果某一准则在每一排水平使决策对象无显著差异，标准无关的不同等级水平的多准则决策评价对象的排序[241]。如果准则使决策对象有较大差异，则此准则对决策结果有较大贡献，起比较重要的作用。可以用准则的方差来表示某准则对决策对象的偏差影响。对于准则 y_j，$D_{ij}(w)$ 表示不同评价对象之间的偏差：

$$D_{ij}(w) = \sum_{k=1}^{n} |y_{ij}w_j - \overline{y_{kj}}w_j| \tag{6-22}$$

定义总偏差 $\mathrm{TD}_j(w)$：

$$\mathrm{TD}_j(w) = D_{ij}(w) = \sum_{i=1}^{n}\sum_{k=1}^{n} |y_{ij} - \overline{y_{kj}}|w_j \tag{6-23}$$

式中，w 是权重系数，且 $\boldsymbol{w} = (w_1, w_2, \cdots, w_n)^{\mathrm{T}} > 0$，满足单位化约束条件：

$$\sum_{j=1}^{n} w_j^2 = 1 \tag{6-24}$$

然后目标函数可以定义为：

$$\text{maxTD}(w) = \sum_{j=1}^{m} \text{TD}_j(w) = \sum_{j=1}^{m} \sum_{i=1}^{n} \sum_{k=1}^{n} |y_{ij} - \overline{y}_{kj}| w_j \tag{6-25}$$

结合式(6-24)与式(6-25)，求解 w_j 的问题即为求解方程组最优化解的问题。求解此联合模型[242]：

$$\begin{cases} \text{maxTD}(w) = \sum_{j=1}^{m} \sum_{i=1}^{n} \sum_{k=1}^{n} |y_{ij} - \overline{y_{kj}}| w_j \\ \text{s. t. } w_j \geqslant 0, \ j = 1, \ 2, \ \cdots, \ m, \ \sum_{j=1}^{m} w_j^2 = 1 \end{cases} \tag{6-26}$$

可求得目标函数的极大值点，w_j'：

$$w_j' = \frac{\sum\limits_{i=1}^{n} \sum\limits_{k=1}^{n} |y_{ij} - \overline{y_{kj}}|}{\sum\limits_{j=1}^{m} \left[\sum\limits_{i=1}^{n} \sum\limits_{k=1}^{n} |y_{ij} - \overline{y_{kj}}| \right]}, \ j = 1, \ 2, \ \cdots, \ m \tag{6-27}$$

传统的权重系数可以定义为：

$$w_j = \frac{w_j'}{\sum\limits_{j=1}^{m} w_j'}, \ j = 1, \ 2, \ \cdots, \ m \tag{6-28}$$

对其进行归一化处理，最终可得：

$$w_j = \frac{\sum\limits_{i=1}^{n} \sum\limits_{k=1}^{n} |y_{ij} - \overline{y_{kj}}|}{\sum\limits_{j=1}^{m} \sum\limits_{i=1}^{n} \sum\limits_{k=1}^{n} |y_{ij} - \overline{y_{kj}}|}, \ j = 1, \ 2, \ \cdots, \ m \tag{6-29}$$

此种方法需要对获得的权重信息进行归一化处理，适用于权重完全未知的情况，当部分权重信息已知时，无法考虑，对决策结果的准确性有一定影响，因此可构造方差目标函数，对权重进行计算，通过计算决策目标离差的平方，即方差[242]：

$$t\sigma_j(w) = \sigma_{ij}(w) = \sum_{i=1}^{n} \sum_{k=1}^{n} |w_j y_{ij} - w_j \overline{y_{kj}}|^2 \tag{6-30}$$

构建如下最优化求解问题：

$$\begin{cases} \max\sigma(w) = \sum_{j=1}^{m} \sum_{i=1}^{n} \sum_{k=1}^{n} |y_{ij} - \overline{y_{kj}}|^2 w_j^2 \\ \text{s. t. } w_j \geqslant 0, \ j = 1, \ 2, \ \cdots, \ m, \ \sum_{j=1}^{m} w = 1 \end{cases} \tag{6-31}$$

我们引入拉格朗日(Lagrange)函数来求解此模型：

$$\sigma(w, \ v) = \sum_{j=1}^{m} \sum_{i=1}^{n} \sum_{k=1}^{n} |y_{ij} - \overline{y_{kj}}|^2 w_j^2 + 2v \left(\sum_{j=1}^{m} w_j - 1 \right) \tag{6-32}$$

式中，v 为拉格朗日算子。求其偏导数，并令：

$$\begin{cases} \dfrac{\partial \sigma}{\partial v} = 2\sum_{i=1}^{n}\sum_{k=1}^{n}\left| y_{ij} - \overline{y_{kj}} \right| + 2v = 0, \ j = 1,2,\cdots,m \\[2mm] \dfrac{\partial \sigma}{\partial v} = \sum_{j=1}^{m} w_j - 1 = 0 \end{cases} \qquad (6\text{-}33)$$

最后，可得最佳权重方程：

$$w_j = \frac{1}{\displaystyle\sum_{j=1}^{m} \dfrac{1}{\displaystyle\sum_{i=1}^{n}\sum_{k=1}^{n}\left| y_{ij} - \overline{y_{kj}} \right|^2}}, \ j = 1, \ 2, \ \cdots, \ m \qquad (6\text{-}34)$$

如果可以确定某项准则的影响程度，比如某项准则的影响程度很小，但是实际取值时计算出影响程度较大[209]，此时可以根据经验对准则限定范围 $0 \leqslant a_j \leqslant w_j \leqslant b_j$，其中 a_j 和 b_j 分别为 w_j 的下限和上限，可以通过求解下面的线性规划模型求解权向量。

$$\begin{cases} \max \text{TD}(w) = \sum_{j=1}^{m}\sum_{i=1}^{n}\sum_{k=1}^{n}\left(y_{ij} - \overline{y_{kj}} \right)^2 w_j \\[2mm] \text{s. t. } 0 \leqslant a_j \leqslant w_j \leqslant b_j, \ \sum_{j=1}^{m} w_j = 1 \end{cases} \qquad (6\text{-}35)$$

6.2.3 决策信息的集结方式

随着时间的推移，决策系统是在不断地运动、变化着的。系统的运行状态，可以通过实时的综合决策来对其进行评价，这样就可以得到实时的反馈信息，也可以实时更新措施，以保障系统的安全运行[232]。常用的集结方法主要有线性加权综合法、非线性加权综合法等[233-235]。

1) 线性加权组合方法(Weighted Linear Combination，WLC)

线性加权组合方法是目前 GIS 多准则决策中最常用的方法[235-237]，线性加权组合方法主要由两部分组成：准则权重 w_k 和值函数 $v(a_{ik})$，它是结合了决策结果位置集合和准则权重的地图组合程序，定义：

$$V(A_i) = \sum_{k=1}^{n} w_k v(a_{ik}) \qquad (6\text{-}36)$$

式中，$V(A_i)$ 是第 i 个准则在位置 $s_i(x_i, y_i, z_i)$ 的对决策对象的综合值，线性加权组合方法可以让准则保持从风险最小 0 到风险最大 1 的连续性变化，准则之间也是可以补偿的。其补偿方式是由准则权重决定的，准则的相对特性也可以用其表示，极端情况和高风险情况可以避免。

2) 有序加权平均组合方法(Ordered Weighted Averaging，OWA)

在 1988 年，由美国学者 Yager 提出的一种介于"AND"和"OR"运算之间的"ORAND"数据信息集结算子，被称为有序加权平均组合方法[238-239]。其特征是对数据从大到小进行重新排列，并对数据所在的位置进行加权，再进行集结，可以消除一些不合理的决策情况出现。目前有序加权平均组合方法也被广泛地应用在各个方面。徐泽水等[228]对有序加权平均算子进行了研究，把其求解过程分成了三个基本步骤：首先对准则的值按照降序进行重新排列，再计算其权重，最后，根据权重系数和新序列的准则值一一对应，求解最后的决策结果。

定义：$F: R^n \to R$，如果 $F(a_1, a_2, \cdots, a_n) = \sum_{j=1}^{n} w_j b_j$，其中 j 表示任意空间位置，对决策准则由大到小排序，得到各个准则的属性值 b_j，w_j 表示第 j 项准则的权重，且 $\boldsymbol{w} = (w_1, w_2, \cdots, w_n)^{\mathrm{T}}$ 是与 F 相关的加权向量，$\sum_{j=1}^{n} w_j = 1$，则其称其为有序加权平均函数 F。

决策方法的决策策略可以通过有序权重向量 $\boldsymbol{w} = (w_1, w_2, \cdots, w_n)^{\mathrm{T}}$ 来进一步说明，其中 AND 相当于 $\boldsymbol{w} = (0, 0, \cdots, 1)^{\mathrm{T}}$ 的状态，OR 相当于 $\boldsymbol{w} = (1, 0, \cdots, 0)^{\mathrm{T}}$，而前面所述的加权线性组合方法对应地为 $\boldsymbol{w} = (1/n, 1/n, \cdots, 1/n)^{\mathrm{T}}$ 的状态，即保守估计的平均风险状态。由于有序权重向量从 AND 到 OR 是连续变化的，因此在进行动态决策时可以调整决策风险水平，如图 6-3 所示。

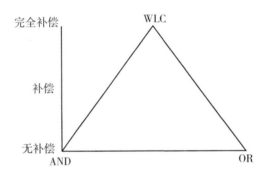

图 6-3　有序加权平均算子多准则决策空间

Yager 提出可以用 ANDness、ORness 和 TRADEOFF 来对补偿程度进行度量[239]，其定义如下：

$$\text{ORness} = \sum_{k=1}^{n} \left(\frac{n-j}{n-1} \right) w_k, \ 0 \leqslant \text{ORness} \leqslant 1 \qquad (6\text{-}37)$$

$$\text{ORness} = 1 - \text{ANDness} \qquad (6\text{-}38)$$

$$\text{TRADEOFF} = 1 - \sqrt{n \sum_{k=1}^{n} \frac{\left(w_k - \dfrac{1}{n} \right)^2}{n-1}}, \ 0 \leqslant \text{TRADEOFF} \leqslant 1 \qquad (6\text{-}39)$$

其中，n 为准则项数，k 为准则的次序，w_k 为次序为 k 的准则的权重。因此，基于有序加权平均算子的空间多准则决策集合规则为：

$$\text{OWA}_i = \sum_{j=1}^{n} \left(\frac{u_j v_j}{\sum_{j=1}^{n} u_j v_j} \right) z_{ij} \qquad (6\text{-}40)$$

式中，u_j 为准则权重，v_j 为次序权重，z_{ij} 为准则值。根据 Yager 的研究，准则权重可以作为一种概率分布，因此可以引入熵的方程，来计算信息的数量。

6.2.4　不确定性分析

我们认识到，在现实世界中，由于测量和概念错误，可用的信息往往是不确定的。在解决空间多准则决策问题的程序中，应充分考虑到这种缺乏完整信息的情况。决策分析中的不确定性有许多来源，来源于问题构造和分析过程的内部或外部。内部不确定性可能来自对决策问题、模型设定和数据输入的不确定[243]。外部不确定性与决策环境的性质有关，因而也可能是决策者之外的特定行动过程的后果。特别是地下工程过程中，由于地下工程的工程及水文地质条件以及开采条件的复杂性与变化性，在煤层开采过程中，必然会导致各个影响因素的变化。因此，需要对决策模型及结果进行不确定性分析，即通过对影响决策对象的不确定性因素进行分析，并定量地计算各个不确定性因素的变化与决策结果的关系及其影响程度，进而可以获得最敏感的影响因素以及各个影响因素对决策结果影响变化的临界点。

不确定性分析主要用于投资项目决策分析与评价工作中，基本上有两种方法处理不确定性——直接方法和间接方法。分析方法主要有敏感性分析、概率分析等。而结合本书采动覆岩突水溃砂多准则决策，例如松散含水层底部含水层富水性是决策采动覆岩突水溃砂的重要准则，根据《煤矿防治水细则》，含水层富水性等级是根据钻孔单位涌水量的临界值划分的。因此采用敏感性分析的方法对采动覆岩突水溃砂空间多准则决策模型进行不确定性分析，可以获得敏感的影响因素以及影响因素对决策结果影响的变化的临界点。

大量的理论和经验证据表明，将不同的多准则决策准则应用于同一决策问题会产生不一致的结果。多准则决策方法之间的不一致性是为特定决策问题选择最合适方法相关的不确定性来源。对于选择"最佳"多准则决策模型，没有一套公认的规则。选择多准则决策方法的过程应与决策问题的性质、数据要求、结果的一致性和计算复杂性等因素有关。基于 GIS 的多准则决策方法通常假设决策者(工程师或专家)能够对评价的重要性作出准确的判断标准。在某些情况下，这可能导致多准则决策的错误指定模型。由于信息有限或不精确，决策者可能无法准确确定其偏好的知识[244]。

具体地说，前文讨论的任何确定性方法，如 WLC 和 AHP 等，都可以扩展到考虑决策过程中涉及的不确定性。为此，有必要区分决策情境中可能存在的两类不确定性：与描述事件、现象或陈述本身语义相关的模糊性(不精确性)相关的不确定性，以及与决策情况相关的有限信息的不确定性。因此，不确定性下的多属性和多目标问题可以进一步细分为模糊决策问题和概率(或随机)决策问题，这取决于所涉及的不确定性类型。

空间多准则决策中不确定性分析的类型取决于用于解决决策问题的决策规则(方法)。然而，多准则分析的两个主要组成部分，即准则值和准则权重，是不确定性的主要来源。因此，空间多准则决策中的不确定性分析旨在识别和评估与准则图相关的不确定性和决策准则权重对决策结果的影响。准则图和权重误差是相互关联的。

如前文所述，与准则权重相关的不确定性可以纳入多准则决策中程序概率，模糊程序在评估决策者时考虑了固有的不确定性和不精确性首选项。然而，在许多情况下，唯一的解决办法就是偏好不确定性(是指偏好的置信度测量)。因此，偏好不确定性可以用偏好误差定义为准则权重的评估值与其真实值之间的差值，不确定性也可能与标准权重评估的不精确性有关。例如在模糊综合决策中决策者可以使用一组语言术语，如"不重要""重要""非常重要"或"极其重要"来指定其对评估标准的偏好用模糊集合理论来处理量化。

为了处理 GIS 多准则决策中的不确定性，建议对模型输入因子进行敏感性分析。敏感性分析改变输入参数，并检查结果对多准则决策结果的影响，就像地理可视化一样。然而，尽管地理可视化可以让分析者直观地评估影响，敏感性分析提供了效果，但在事实上，可视化还可以帮助进行定量敏感性分析。

多准则决策中的敏感性分析是一套评估多准则模型输出不确定性和模型输入因素(如准则值和权重)重要性的方法。我们可以分别分析两个相互关联的组成部分：不确定度分析和敏感性分析。不确定性分析的目的是评估与多准则模型输入因子相关的不确定性对模型输出中不确定性的影响(例如，决策结果的优劣)。敏感性分析着重于模型输入因子的不确定性对输出不确定性的影响。它旨在将输出中的不确定性划分为与输入因素相关的不同不确定性来源。这里我们使用敏感性分析来涵盖不确定性和敏感性分析[245]。

传统的敏感性分析可分为两类：局部法和全局法。当局部灵敏度分析方法集中于选定的输入因子时，全局方法允许所有输入因子在其不确定度范围内变化。全局和局部方法之间的传统区别并不意味着任何空间内涵。它基于敏感性分析的范围，从局部一次实验到输入因素之间相互依赖性的全局测试。在基于 GIS 的多准则建模中常规的局部敏感性分析方法是对 GIS-MCDA 模型进行敏感性分析的最常用方法。

敏感性分析(Sensitivity Analysis)作为一种不确定分析方法，被引入空间多准则决策的不确定性分析中，它涉及一组输入数据的不确定性对多准则决策模型输出的影响。敏感性和不确定性分析可以被认为是广义灵敏度分析的组成部分，不确定性分析是敏感性分析的先决条件。敏感性分析可以是全面的(全局敏感性分析)，也可以部分地考虑选择的输入因子(局部敏感性分析)[246-247]。许多学者提出了不同的空间建模框架的敏感性分析的不确定分析方法。本书引入敏感性分析的方法，对采动覆岩突水溃砂空间多准则决策模型进行不确定性分析，计算各个准则因素对决策结果的变化影响，并分析各个决策准则的临界值。

6.3　基于熵的采动覆岩突水溃砂危险性空间多准则决策

裂隙岩体由于受到采动的影响，岩体裂隙张开、产生和贯通等，甚至造成岩体的破坏断裂，从而形成导水通道。如果破坏区域或裂隙区域连接到上部或下部的承压含水层，将造成工作面突水，此为近水体采煤面临的主要问题。根据充水水源、导水通道等的不同，矿井水害可以分为多种类型，而松散含水层下采煤面临的主要为受采动影响导水裂隙带导通松散含水层而导致工作面的突水溃砂。隋旺华等人对近松散层采煤突水溃砂进行了研究并给出了定义，在开采煤层距离松散含水层比较近的时候，如果裂隙带导通了松散含水层，此时水砂混合流体会溃入井下采掘工作面，且其含砂量比较高，导致事故的发生，引起财产损失和人员伤亡，此为一种矿井地质灾害[248-252]，如图 6-4 所示。

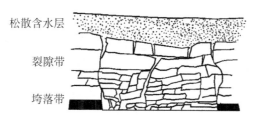

松散含水层

裂隙带

垮落带

图 6-4 突水溃砂灾害形成结构图[248]

导致突水溃砂灾害形成的方式有多种, 例如断层导通、直接采动导通(一般基岩厚度较薄)、钻孔导通等, 如图 6-5 所示。

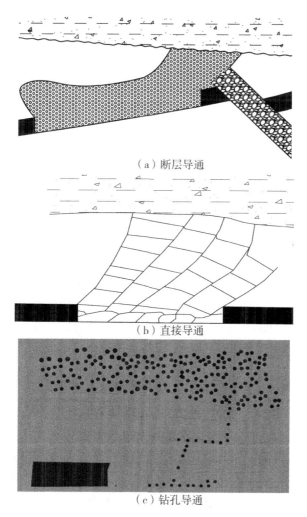

(a) 断层导通

(b) 直接导通

(c) 钻孔导通

图 6-5 松散含水层下采煤突水溃砂导通形式[248]

采动裂隙覆岩突水溃砂是一种被多种因素控制的复杂系统，前文已经对覆岩采动过程中应力与裂隙特征进行了时空演化分析，因此，采动覆岩突水溃砂也是一个具有时空特征的演化过程，目前对其的判别研究主要以定性或半定量的研究方法为主，突水溃砂定性决策流程图如图 6-6 所示。

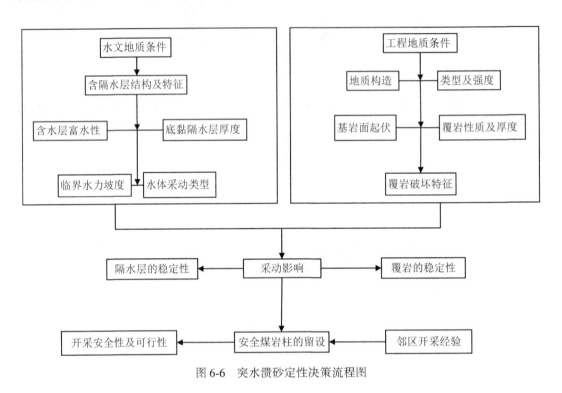

图 6-6 突水溃砂定性决策流程图

近年来，随着计算机技术的迅速发展，为了提高煤炭资源回收率，在许多覆岩厚度比较薄的区域，需要提高开采上限，并要防止突水溃砂灾害发生，保证安全开采。因而需要对影响的复杂因素进行时空演化分析，因此引入能够很好考虑因素空间特征的空间分析方法对采动裂隙覆岩突水溃砂灾害控制因素进行时空决策与评价，并通过基于熵的多准则决策方法，对采动裂隙覆岩突水溃砂灾害进行定量的决策研究是十分必要的。

6.3.1 采动覆岩突水溃砂空间决策准则体系构建

隋旺华等通过数值模拟以及"三下"采煤等，基于工程地质模型，对厚松散含水层下采煤进行了研究，并提高了煤矿的安全生产效率和煤炭回收率，具有重要的实际应用价值[13]。对于临近风化带的采煤，采动破坏高度的计算，董青红等采用 GIS 技术对其进行了拟合，并提出了基于 GIS 的决策模式，同时考虑了保护层[252]。由于采动裂隙覆岩突水溃砂系统的复杂性，影响采动覆岩突水溃砂的因素多且复杂，这些因素即为采动裂隙覆岩突水溃砂的决策准则。这些准则之间相互影响、相互关联，因此在对采动裂隙覆岩突水溃砂进行多准则空间决策时，需要首先建立采动裂隙覆岩突水溃砂的决策准则体系。

　　裂隙覆岩由于采动的作用，而产生移动、变形甚至破断，由此进一步产生了裂隙的扩展、延伸、贯通与闭合等。当开采煤层上部的覆岩厚度较小时，如果煤层被开采的厚度较大，覆岩受到采动破坏的影响形成裂隙带和垮落带，裂隙带中的裂隙基本上都是导通的，当其与松散含水层导通时，就形成了矿井突水溃砂的通道，因此覆岩厚度与采动破坏高度控制着采动裂隙覆岩突水溃砂的发生，是其重要的控制准则。

　　隔水层是可以用来隔断含水层与开采煤层之间的水力联系，如果该层的厚度较大，因采动导致的裂隙可以被抵消，此层能够阻止裂隙带的发育，在此层上部的岩层能够基本保持完整，从而导水裂隙带不会与松散含水层导通，如果隔水层厚度较小，无法抵消或阻止采动裂隙的发育，此时其内也会形成裂隙，且规模较大，导致含水层与导水裂隙带很快被贯通，矿井突水溃砂事故易发生。由于含水层的特征不同，甚至会发生淹井事故。因此，隔水层准则对降低矿井突水溃砂灾害具有重要作用。

　　近年来，矿井水害事故仍然是矿山开采中最严重的问题之一，依旧会造成重大的经济损失和人员伤亡。大约80%的突水与矿井断层有关。根据前文所述，断层构造等可能成为突水溃砂的通道，大量工程实例表明，在原地质条件下，断层直接冲破含水层，其中导水断层引起的突水事故所占比例较小。在初始地质条件下不存在水，但断层突水主要是由于煤层开采导致的断层破坏和变形，进而具有了导水作用，即断层活化。断层复杂程度是影响矿井安全生产的主要因素，常常诱发矿井突水。因此，研究断层与突水的关系具有重要意义。由此可见，如何准确地预测和评价断层安全对采矿的影响，已成为矿山灾害防治工作中最重要的研究内容之一。由于在断层破碎带的附近，其渗透性和含水性比较强，岩石的强度较低，当受到采动破坏的影响，其应力场发生变化时，附近围岩易被破坏，从而导致隔水层厚度减少，水砂容易通过破碎带进入开采煤层，随着工作面开采，形成了突水通道。基岩起伏程度较大时，更容易受到采动破坏的影响，导致隔水层的完整性和连续性降低，其隔水能力降低，裂隙发育更快，根据前文计算，覆岩裂隙场熵会增大，因而易发生突水溃砂事故。

　　松散含水层是采动覆岩突水溃砂发生的根本原因，松散含水层是主要的突水水源，所以疏放松散层含水层中的地下水也是防治采动覆岩溃砂突水发生的一种有效措施，但当松散含水层富水性较强且含水层规模较大时，含水层的疏放很难达到需求。因此要考虑松散含水层的厚度、渗透性、富水性以及水压力等特征，在进行决策时含水层的稳定性越好，开采覆岩溃砂突水发生的概率越小。

　　开采活动是导致开采覆岩溃砂突水的根本原因，煤层未开采时，覆岩等均处于稳定状态，采动裂隙覆岩系统处于稳定状态，由于采动的影响，覆岩裂隙场熵总体增加，不同位置应力场熵不同，采动覆岩系统总体的熵一直在增加，说明系统越来越混乱，因此开采煤层厚度与煤层的埋深是影响采动覆岩溃砂突水决策的重要因素。考虑到近松散含水层煤层开采影响的差异性与时空变异性，因此决策准则定为：松散层含水层、地质构造、隔水层、采动覆岩、开采活动。结合定性与定量的方法，可得采动裂隙覆岩突水溃砂危险性决策准则体系，如图 6-7 所示。本书基于熵，在 GIS 环境中，建立采动覆岩突水溃砂空间多准则决策模型，其基本流程如图 6-8 所示。

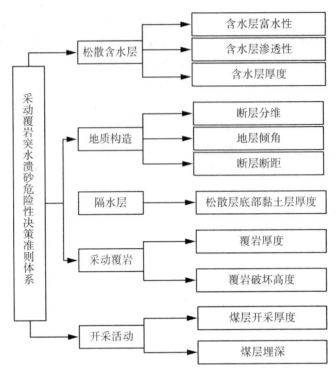

图 6-7 采动裂隙覆岩突水溃砂危险性决策准则体系

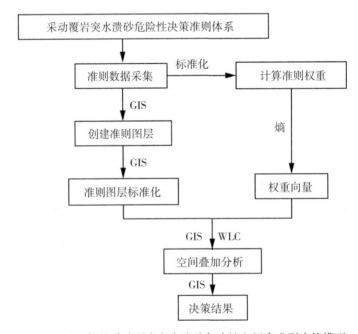

图 6-8 基于熵的采动覆岩突水溃砂危险性空间多准则决策模型

6.3.2 采动覆岩突水溃砂空间决策准则的标准化处理

1) 松散含水层准则基础图层

松散含水层是采动覆岩溃砂突水发生的根本原因，而对含水层特征有影响的因素包括含水层的富水性、渗透性与厚度等，在其他因素恒定的条件下，含水层厚度越大，作为充水水源，其充水水量越大。《煤矿防治水细则》中以钻孔单位涌水量(q)对含水层富水性进行分级，其分级标准见表6-3。

表6-3 含水层富水性分级[15]

含水层富水性等级	钻孔单位涌水量 $q(\mathrm{L}/(\mathrm{s}\cdot\mathrm{m}))$
弱富水性	$q \leqslant 0.1$
中等富水性	$0.1 < q \leqslant 1.0$
强富水性	$1.0 < q \leqslant 5.0$
极强富水性	$q > 5.0$

隋旺华等通过试验对采动覆岩垮落带和裂隙带中的溃砂涌水特征进行了研究，得到松散含水层图层通过垮落带和裂隙带进行渗透变形破坏的临界水力坡度及其与松散层的物理力学性质和裂隙尺寸的关系[252]。根据现场抽水试验及钻孔数据，基于GIS与熵，建立松散含水层准则图层。通过钻孔单位涌水量(q)来量化含水层富水性，渗透系数来量化含水层渗透性，为了保证准则与子准则的一致性，含水层的富水性、渗透性与厚度对于含水层准则增加风险来说均为效益型准则，可以通过式(6-5)进行标准化，对于采动覆岩溃砂突水危险性决策来说，含水层是效益型准则，因此需要通过式(6-5)对其进行标准化处理。其结果与处理流程如图6-9所示，含水层准则层决策过程的熵与权向量见表6-4。

表6-4 含水层准则层决策过程的熵与权向量

准则	富水性	渗透性	厚度
熵(entropy)	0.9801	0.9490	0.9904
权重(weight)	0.2466	0.6336	0.1198

2) 基于AHP与GIS的地质构造准则评价

在地质构造区域，受到采动影响，对覆岩受到的扰动比较强烈，裂隙岩体受到破坏较剧烈，容易导通松散含水层，导致矿井突水溃砂灾害的发生。因此地质构造是采动裂隙覆岩突水溃砂的重要准则。根据前面地质构造的复杂程度对矿井突水溃砂有重要影响的分析，《煤矿地质工作规定》第十一条，依据断层、褶皱、岩浆岩等对地质构造的复杂程度进行了划分[253]，详见表6-5。

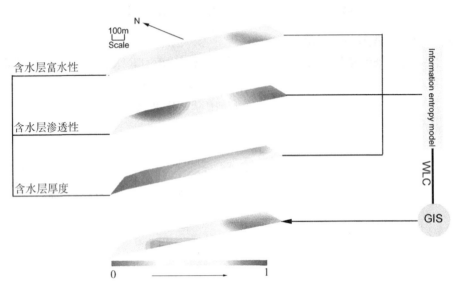

图 6-9　松散含水层准则基础图层决策及其流程

表 6-5　　　　　　　　　　　　　地质构造复杂程度划分[253]

地质构造复杂程度	主要内容	主要特征
简单构造	含煤地层沿走向、倾向的产状变化不大，断层稀少，没有或很少受岩浆岩的影响，不影响采区的合理划分和采煤工作面的连续推进	①产状接近水平，很少有缓波状起伏；②缓倾斜的简单单斜、向斜或背斜；③为数不多和方向单一的宽缓褶皱
中等构造	含煤地层沿走向、倾向的产状有一定变化，断层较发育，局部受岩浆岩的影响，对采区的合理划分和采煤工作面的连续推进有一定影响	①产状平缓，沿走向和倾向均发育宽缓褶皱，或伴有一定数量的断层；②简单单斜、向斜或背斜，伴有较多断层，或局部有小规模的褶曲及倒转
复杂构造	含煤地层沿走向、倾向的产状变化很大，断层发育，有时受岩浆岩的严重影响，影响采区的合理划分，只能划分出部分正规采区	①受几组断层严重破坏的断块构造；②在单斜、向斜或背斜的基础上，次一级褶曲和断层均很发育；③紧密褶皱，伴有一定数量的断层
极复杂构造	含煤地层的产状变化极大，断层极发育，有时受岩浆岩的严重破坏，很难划分出正规采区	①紧密褶皱、断层密集；②形态复杂的褶皱，断层发育；③断层发育，受岩浆岩的严重破坏

　　其中断层构造的复杂程度的定量评价，对地质构造复杂程度的评价有重要意义。断层密度可以用来对断层复杂性进行评价，但是此方法仅仅包含了断层的数目。近年来，许多学者的研究表明断层具有很好的自相似性，因此其具有分形结构特征，断层构造即为一个

非线性的复杂系统，可以用分形维数来表示其复杂程度，分形维数包含了断裂构造的各个方面信息，可以作为对断层构造的一个综合评价指标[254-256]。为了更加合理地对断层构造进行评价，本书采用断层的分形维数来代替传统的密度因素[256]。基于此，考虑地层倾角、断层分形维数与断层断距，本书提出基于 WLC 的构造复杂程度的地质构造复杂指数（Fault Complexity Index，FCI），地质构造的复杂指数可以定义为：

$$FCI = \sum_{i=1}^{n} w'_i \cdot F_i(x, y) \tag{6-41}$$

式中，$w'_i = (w_1, w_2, \cdots, w_n)^T$ 表示第 i 项指标的权重向量，$F_i(x, y)$ 是地质构造决策准则的分布函数。基于 AHP 的地质构造准则决策流程如图 6-10 所示。

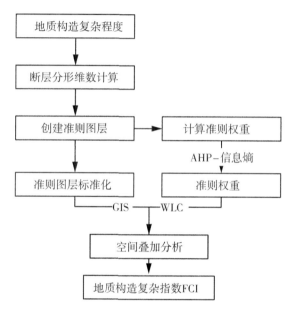

图 6-10 地质构造准则创建流程图

研究区断层构造采用前文第 4 章中分形维数的测量计算方法，首先对研究区划分单元格，并对每个单元格进行计算，如图 6-11 所示，图 6-12 显示了部分单元格的分形维数计算过程，计算出每个单元格的分形维数，见表 6-6。基于 Kriging 模型，获得研究区断层分形维数的空间分布特征图，如图 6-13（a）所示。首先根据 AHP 方法对控制地质构造复杂程度的准则进行计算。选择地层倾角、断层构造分形维数和断层断距作为地质构造复杂程度的控制准则，建立决策矩阵：

$$A = \begin{pmatrix} 1.000 & 2.000 & 3.000 \\ 0.500 & 1.000 & 1.200 \\ 0.333 & 0.833 & 1.000 \end{pmatrix} \tag{6-42}$$

然后，计算获得影响断层构造复杂程度的各个准则的权重，见表 6-7。决策矩阵的最大特征值 $\lambda_{max} = 3$，CI = 0，CR = 0 < 0.10，因此，可认为决策矩阵是符合一致性要求的，但是由于决策矩阵的构建主要是根据专家的经验，因此考虑到徐泽水等人提出的主-客观赋

权方法(方差最大化方法),本书引入信息熵理论,建立 AHP-熵的主观与客观结合的确定权重的方法,计算获得各个因素的熵值与权重,见表 6-8。

表 6-6　　　　　　　　　　　　　研究区分形维数计算结果

单元格	分形维数	单元格	分形维数
2	0.674	63	0.785
3	1.094	64	1.306
5	0.456	65	0.874
6	1.029	87	0.354
7	0.981	93	0.378
10	1.046	94	0.985
11	1.039	96	1.190
13	1.150	98	0.345
14	1.061	99	0.985
16	0.783	107	1.052
27	0.985	110	0.856
28	1.235	111	1.173
29	1.195	112	1.126
30	0.658	113	1.108
35	0.958	134	1.121
36	1.092	135	1.098
42	0.586	139	0.858
43	0.956	140	1.253
44	0.535	141	0.853
60	0.985		

表 6-7　　　　　　　　　　　　　权向量计算结果

评价对象	因素	权重	CR	λ_{max}
地质构造复杂程度	断层分形维数	0.55	0.00	3.00
	地层倾角	0.25		
	断层断距	0.20		

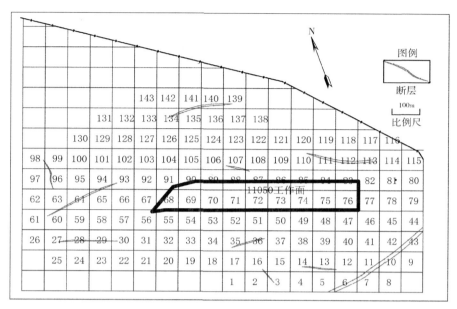

图 6-11 研究区断层构造分形维数计算划分图

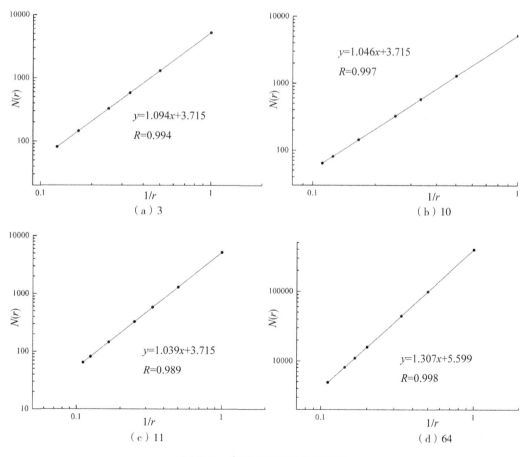

图 6-12 断层分形维数计算过程

表 6-8   各因素的熵与权重

因素	断层分形维数	地层倾角	断层断距
熵值	0.9216	0.9668	0.9764
权重	0.5799	0.2454	0.1747

结合表 6-7 与表 6-8，对两种方法获得权重求平均值可得影响因素的权向量为 (0.5650，0.2477，0.1873)，根据平均权重，基于 GIS 获得了地质构造复杂程度空间多准则决策结果图层，如图 6-13(d) 所示。

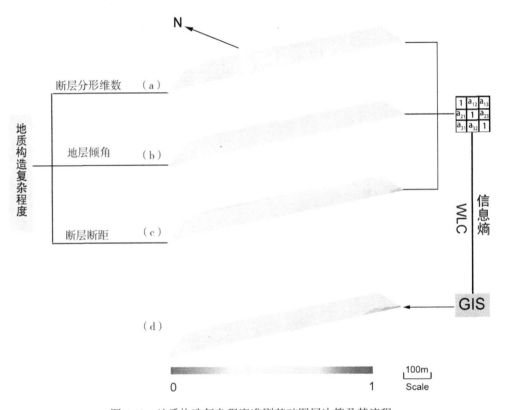

图 6-13   地质构造复杂程度准则基础图层决策及其流程

其中，地层倾角、断层分形维数和断层断距对于地质构造复杂程度来说均为效益型准则，可以用式(6-5)对其进行标准化处理。由此建立基于 GIS 的地质构造复杂程度准则基础图层，如图 6-13 所示。而对于采动覆岩突水溃砂危险性决策来说，地质构造是效益型准则，因此需要通过式(6-5)对其进行标准化处理。

3) 隔水层准则基础图层

隔水层是可以用来隔断含水层与开采煤层之间的水力联系，特别是松散层底部、含水层底部的黏土隔水层能够有效地隔断松散含水层对基岩内含水层的补给。在覆岩采动变形破坏过程中，当覆岩变形破坏较小时，底部黏土层能够有效阻隔导水裂隙带导通松散含水层，阻止矿井突水溃砂的发生。并且，《建筑物、水体、铁路及主要井巷煤柱留设与压煤开采规范》[16]中也对分层开采厚度与黏性土的关系有详细的规定。因此，对于松散含水层下采煤安全性决策来说，隔水层准则是效益型准则，对其进行标准化处理可以用式(6-5)。根据前文第2章厚松散层工程地质岩组特征分析，及井下仰斜孔探测数据可知，研究区多数区域松散层底部含有黏土层，而部分区域是固结程度较高的黏土质胶结砂砾石。由此基于 GIS 绘制隔水层准则基础图层，如图 6-14 所示。对于采动覆岩溃砂突水危险性决策来说，隔水层准则是成本型准则，因此需要通过式(6-6)对其进行标准化处理。在本研究区内的薄基岩区内，松散层底黏土层厚度较厚，此准则在此区域能有效降低采动覆岩突水溃砂的危险性。

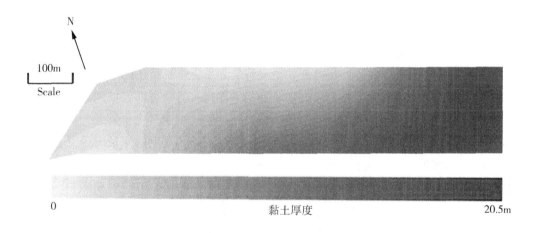

图 6-14 隔水层准则基础图层

4) 采动覆岩准则基础图层

一般来说，含水层下开采会因水砂突涌而对生态环境造成破坏，存在安全隐患。在含水层下开采有两个关键问题：一个问题是水和砂涌，因此需要找到预防和控制突入的方法；另一个问题是保持含水层中的水量。导水裂隙带（包括裂隙带和垮落带）是引起水和砂涌出的主要通道。裂隙覆岩由于采动的作用而导致其产生移动、变形甚至破断。如果煤层被开采的厚度较大时，覆岩受到采动破坏的影响形成裂隙带和垮落带，裂隙带中的裂隙基本都是导通的，当其与松散含水层导通时，就形成了矿井溃砂突水的通道，因此覆岩厚度与采动破坏高度影响着采动裂隙覆岩突水溃砂的发生，是其重要的控制准则。因此，预测导水裂隙带高度，对于煤矿安全开采、煤矿节水和地表生态环境保护具有重要的理论意义和实用价值。

为了预测和计算导水裂隙带的高度，人们进行了许多研究，提出了许多方法，包括经验统计和类比方法、数值模拟、比例模型试验和现场测试等方法。经验统计和类比方法是通过对其他地质、水文条件相似的矿区的开采经验和资料的对比分析，对比分析两个矿区的异同，确定研究区覆岩破坏带的发育。根据不同开采地质条件下的经验公式，可直接应用于研究。快速推进和高强度长壁采煤留下的大采空区，随着采空区的形成，顶板岩层剧烈移动，上覆岩层破坏严重。高强度开采覆岩破坏传递过程，可将其分为两个阶段：传输发展阶段和传输终止阶段[257-260]。

河流下厚煤层安全开采的关键是了解不同开采方法下裂隙导水带的发育规律。可以用数值模拟方法对分层开采和长壁放顶煤开采时的导水裂隙带进行研究。Du Feng[261]发现分层开采时，厚煤层段导水裂隙带最大高度为88m；下分层开采时，最大高度为95m，裂隙高度与煤层厚度之比为15.8。对于长壁放顶煤开采，导水裂隙带高度达到126m，比分层开采高31m，断裂高度与煤层厚度之比为21。通过现场实测，验证了厚煤层综放开采中导水裂隙带的高度。在相同的地层条件下，关键层的构造稳定性的变化是决定采矿方法和影响导水裂隙带高度的主导因素。

相似材料模型试验是实验室研究导水裂隙带高度广泛采用的研究方法。而数值模拟的主要问题是寻找合理的参数和边界条件，其结果可能并不完全符合实际情况。一方面，覆岩破坏准则的数值模拟在实际工程中具有重要的指导作用；另一方面大量现场试验结果基于经验统计和类比方法，虽然现场测量结果的精度高，但是由于其工作量大，成本高效率低等缺点，目前并不能大量用于预测开采过程中上覆岩层破坏高度的测量。因此，两种或两种以上方法的结合可能提供更准确的结果。据前面所述相似模型试验，并结合《建筑物、水体、铁路及主要井巷煤柱留设与压煤开采规范》[16]和《煤矿防治水细则》[15]，在研究区采厚大于3m的情况下，可以根据现有的开采经验进行多元回归拟合，确定覆岩破坏高度的计算公式。本节基于GIS的空间栅格图层计算功能，建立了基于GIS的空间多元非线性回归模型。研究区的导水裂隙带高度是否发育到松散层底部含水层是决策研究区采动突水溃砂的关键因素，因此主要预测导水裂隙带高度作为覆岩破坏高度来进行决策，导水裂隙带高度(water-conducting fractured zone)与煤层开采厚度、覆岩岩性、工作面斜长、开采深度以及煤层倾角等均有关系，例如胡小娟和李文平等[262-263]在论文中考虑多因素的多元回归模型，用硬岩岩性比例系数来反映顶板软硬岩层组合结构对导水裂隙带高度的影响。

$$b = \frac{\sum h}{M(17.5 \pm 2.5)} \tag{6-43}$$

式中，M 为开采煤层厚度，$\sum h$ 为预计的导水裂隙带高度范围内的硬岩岩层的累计厚度。通过调查收集开采煤层厚度大于3m的矿区的导水裂隙带高度以及各个相关因素数据[262-263]，见表6-9。

表6-9   导水裂隙带高度以及各个相关因素数据[262-263]

煤矿	工作面	煤层开采厚度(m)	硬岩岩性比例系数	工作面斜长(m)	采深(m)	煤层倾角(°)	导水裂隙带高度(m)
梁宝寺煤矿	3202	3	0.23	186	649.1	10	42.99
张集煤矿	1212	3.9	0.42	200	370	7	49.05
新安煤矿	11201	4	0.53	140	390	8	70
张集煤矿	1221	4.5	0.45	135	370	7	57.45
云盖山煤矿	18102	4.6	0.55	146.5	526	21	60.2
南屯煤矿	$93_{upper01}$	4.8	0.36	175	485	5.8	62.5
新安煤矿	11419	4.8	0.63	120	530	7	82
许厂煤矿	1302	5.1	0.5	78	255	3	51.3
兴隆庄煤矿	2303-2-3	5.3	0.24	145.7	312	4	44.2
平顶山13煤矿	11001	5.3	0.48	132	242	10	63.6
兴隆庄煤矿	23s1-2-3	5.7	0.63	177.9	283.9	6	51.4
南屯煤煤矿	$633_{upper10}$	5.77	0.81	154	400	5.7	70.7
济宁3号煤矿	$13_{lower01}$	6.1	0.37	170	475	3	64.6
华丰煤矿	1409	6.5	0.63	150	1065	32	75.6
王庄煤矿	6202	6.5	0.48	148	300	4.5	114.87
济宁3号煤矿	1301	6.6	0.37	170	745	4	66.6
兴隆庄煤矿	2306	7	0.52	168	433	5	72.97
兴隆庄煤矿	4314	7.4	0.55	160	331	7	64.25
阳城煤矿	1305	7.5	0.19	222	665	19	53.7
鲍店煤矿	1314	7.5	0.47	173.5	367	6	75.5
彬长煤矿	106	7.6	0.62	116	463		96.4
杨村煤矿	301	8	0.53	120	272	11.5	62
兴隆庄煤矿	4320	8	0.55	170	450	8	86.8
兴隆庄煤矿	1301	8.13	0.52	193	4.9	9	72.9
鲍店煤矿	5306	8.6	0.41	190	367	6	61.77
鲍店煤矿	1316	8.61	0.38	170	357	6.5	66.5
鲍店煤矿	1310	8.7	0.45	198	418.6	6	83
鲍店煤矿	1303	8.7	0.62	153	434.6	8	71
鲍店煤矿	1301	12.1	0.43	220	810	5	82.3
鲍店煤矿	865	13.425	0.7	123	490	15	130.78

多元回归分析可以分为多元线性回归分析与多元非线性回归分析，其模型可通常被定义为：

$$\begin{cases} y = b_0 + b_1 x_1 + b_2 x_2 + \cdots + b_n x_n + \varepsilon \\ \varepsilon \approx N(0,\ \sigma^2) \end{cases} \tag{6-44}$$

式中，y 是预测对象，x_1，x_2，$\cdots$，x_n 与预测对象有关的影响因素，b_0，b_1，$\cdots$，b_n 是回归系数。回归系数可以通过最小二乘法进行确定，如下式：

$$f(x_i) = \sum_{i=1}^{n} (y_i - b_0 - b_1 x_{i1} - \cdots - b_n x_{nn})^2 \tag{6-45}$$

对此方程求其偏导数，并令其等于 0：

$$\frac{\partial f(x)}{\partial b_0} = \frac{\partial f(x)}{\partial b_1} = \cdots = \frac{\partial f(x)}{\partial b_n} = 0 \tag{6-46}$$

可获得回归系数的方程组：

$$\begin{cases} n b_0 + b_1 \sum x_{i1} + \cdots + b_n = \sum y_i \\ b_0 \sum x_{i1} + b_1 \sum x_{i1}^2 + \cdots + b_n \sum x_{in} x_{i1} = \sum x_{i1} y_i \\ \cdots\cdots\cdots\cdots\cdots\cdots\cdots\cdots \\ b_0 \sum x_{in} + b_1 \sum x_{i1} x_{in} + \cdots + b_n \sum x_{in}^2 = \sum x_{in} y_i \end{cases} \tag{6-47}$$

求解此方程组，可以得到最优的回归系数 b_0，b_1，$\cdots$，b_n。为了提高多元回归模型的精度，需要对其进行 R、F 和 t 检验，其中复相关系数 R 为：

$$R = \sqrt{1 - \frac{\sum_{i=1}^{n} (y_i - \hat{y}_i)^2}{\sum_{i=1}^{n} (y_i - \bar{y}_i)^2}} \tag{6-48}$$

总的回归系数可以用 F 检验：

$$F = \frac{n - m - 1}{m} \cdot \frac{R^2}{1 - R^2} \tag{6-49}$$

在 F 分布中，当 $F > F(m,\ n,\ -m-1)$ 时，多元回归模型是可用的。每个回归系数可以通过 t 检验进行验证：

$$t_j = \frac{\hat{b}_j}{\sqrt{c_{jj} \cdot \sigma}} \tag{6-50}$$

当 $|t_j| = t_{\frac{\alpha}{2}}(n - m - 1)$，因素 x_j 对预测对象有显著影响，否则，此因素应该被剔除。为了提高多元回归模型的精确程度，引入信息熵理论，获得各个因素的权重，因此改进多元回归模型如下：

$$y = b_0 + w_1 b_1 x_1 + w_2 b_2 x_2 + \cdots + w_n b_n x_n \tag{6-51}$$

根据表 6-10 中的数据，首先进行多元线性回归，建立导水裂隙带及其影响因素的多元线性方程：

$$H = 4.82M + 41.75b - 0.13l + 0.02S - 0.36\alpha + 32.44 \qquad (6\text{-}52)$$

式中，H 为导水裂隙带的预测高度，M 为煤层开采厚度，b 为硬岩岩性比例系数，l 为工作面斜长，S 为采深，a 为煤层倾角。此多元线性模型的复相关系数为 0.749，其各个回归系数的显著性见表 6-10，回归的标准化残差的标准 P-P 图如图 6-15 所示。

表 6-10   多元线性回归模型系数显著性

因素	回归系数					
	煤层开采厚度	硬岩岩性比例系数	工作面斜长	采深	煤层倾角	常量
显著性	0.559	0.358	0.219	0.085	0.001	0.151
t	-0.593	0.937	-1.264	1.798	3.769	1.486

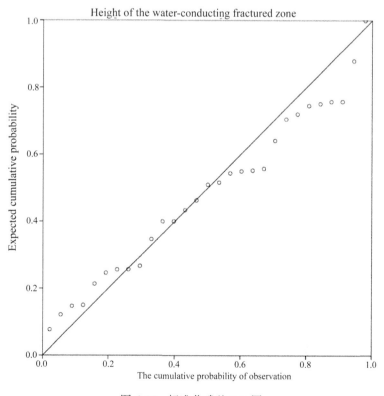

图 6-15 标准化残差 P-P 图

由表 6-10 可知，在此多元线性回归模型中，煤层倾角对导水裂隙带高度有显著影响，而其他因素影响不显著。因此，需要通过建立多元非线性模型对导水裂隙带高度进行预测，并需要考虑各个因素的权重系数。首先对影响导水裂隙带高度各个因素进行非线性回归分析，共分析 11 种类型的模型，并获得了各个模型的显著性及其复相关系数，见表 6-11 与图 6-16，根据各个模型及其显著性确定各个因素与导水裂隙带的最优化关系：

$$\begin{cases} H = 53.51M - 6.86M^2 + 0.29M^3 - 67.13 \\ H = 95.96b^{0.44} \\ H = 0.407l - 0.002l^2 + 50.33 \\ H = e^{4.397 - \frac{70}{S}} \\ H = 76.02 - \dfrac{33.92}{\alpha} \end{cases} \tag{6-53}$$

基于信息熵理论计算各个因素的熵与权重系数，见表 6-12，由此可获得导水裂隙带高度预测的多元非线性模型：

$$H = 25.12M - 3.22M^2 + 0.14M^3 + 17.93b^{0.44} + 0.05l - 0.0003l^2 +$$
$$0.079e^{4.397 - \frac{70}{S}} - \frac{4.37}{\alpha} - 14.91 \tag{6-54}$$

表 6-11　　　　　　　　　　　各个模型的复相关系数与显著性

模型	煤层开采厚度		硬岩岩性比例系数		工作面斜长		采深		煤层倾角	
	R	Sig	R	Sig	R	Sig	R	Sig	R	Sig
Linear	0.621	0.000	0.508	0.005	0.201	0.295	0.112	0.563	0.099	0.610
Logarithmic	0.590	0.001	0.516	0.004	0.167	0.388	0.154	0.426	0.114	0.554
Inverse	0.545	0.002	0.495	0.006	0.113	0.560	0.192	0.318	0.125	0.519
Quadratic	0.633	0.001	0.520	0.017	0.238	0.469	0.181	0.647	0.116	0.839
Cubic	0.694	0.001	0.525	0.042	0.400	0.217	0.300	0.493	0.118	0.949
Compound	0.623	0.000	0.547	0.002	0.174	0.366	0.137	0.479	0.089	0.644
Power	0.618	0.000	0.569	0.001	0.136	0.482	0.179	0.353	0.102	0.599
S	0.595	0.001	0.559	0.002	0.080	0.680	0.218	0.256	0.121	0.531
Growth	0.623	0.000	0.547	0.002	0.174	0.366	0.137	0.479	0.089	0.644
Exponential	0.623	0.000	0.547	0.002	0.174	0.366	0.137	0.479	0.089	0.644
Logistic	0.623	0.000	0.547	0.002	0.174	0.366	0.137	0.479	0.089	0.644

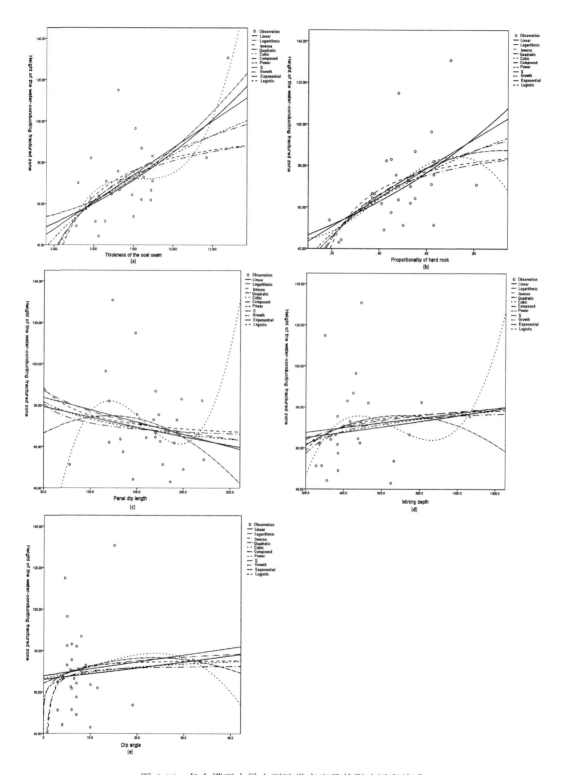

图 6-16 各个模型中导水裂隙带高度及其影响因素关系

表 6-12 各个因素的熵值与权重

因素	煤层开采厚度	硬岩岩性比例系数	工作面斜长	采深	煤层倾角
熵	0.9446	0.9780	0.9840	0.9906	0.9848
权重	0.4695	0.1868	0.1354	0.0794	0.1288

根据以上非线性回归模型，确定研究区的开采覆岩破坏高度的准则图层，根据研究区钻探资料等，可基于 GIS 获得研究区覆岩厚度的基础图层，对于采动覆岩准则来说，覆岩厚度是效益型准则，而覆岩破坏高度是成本型指标，分别采用式(6-5)和式(6-6)进行标准化处理。而对于采动覆岩突水溃砂危险性决策，采动覆岩是成本型准则，采用式(6-6)进行标准化处理。基于 GIS 与熵，建立采动覆岩准则图层，如图 6-17 所示。采动覆岩准则层决策过程的熵与权向量见表 6-13。

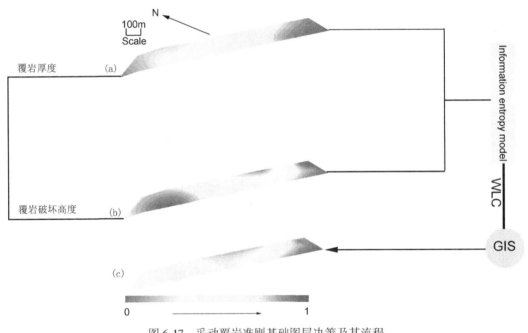

图 6-17　采动覆岩准则基础图层决策及其流程

表 6-13 采动覆岩准则层决策过程的熵与权向量

准则	覆岩厚度	开采覆岩破坏高度
熵(entropy)	0.9553	0.9581
权重(weight)	0.5130	0.3870

5) 开采活动准则基础图层

开采活动是导致开采覆岩溃砂突水的根本原因，煤层未开采时，覆岩等均处于稳定状态，采动裂隙覆岩系统处于稳定的状态，由于采动的影响，采动覆岩系统总体的熵增加。煤层的开采厚度越大，开采覆岩受到的扰动越大，产生的矿山压力越明显，覆岩的采动破坏越严重，随着煤层埋深的增加，煤岩体的原岩应力必将增大，因此工作面的支撑压力也将增加，覆岩矿压明显，易导致灾害的发生。因此根据探测资料，煤层开采厚度和煤层埋深对于开采活动准则增加风险来说是效益型准则，可以通过式(6-5)进行标准化，而开采活动准则对于采动覆岩溃砂突水危险性决策也是效益型准则，也需要式(6-5)对其进行标准化处理，并基于 GIS 与熵，建立开采活动的准则图层，如图 6-18 所示。开采活动准则层决策过程的熵与权向量见表 6-14。

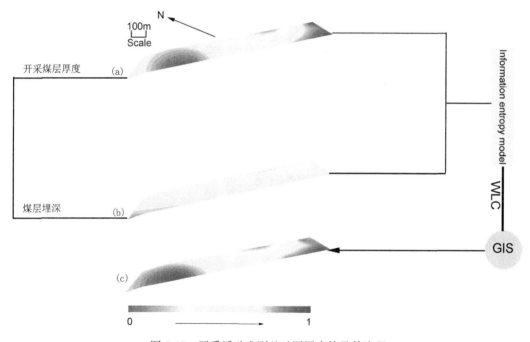

图 6-18　开采活动准则基础图层决策及其流程

表 6-14　　　　　　　　　开采活动准则层决策过程的熵与权向量

准则	开采煤层厚度	煤层埋深
熵(entropy)	0.9897	0.9933
权重(weight)	0.6068	0.3933

6.3.3　基于熵的空间决策准则权重计算

基于熵的权重求解方法是一种客观的求解方法，不需要根据决策专家的经验计算。基于熵的求解权重的计算方法，根据已建立的各个准则的基础图层进行计算，各个基础图层均已标准化，直接计算各个准则的熵，对采动覆岩突水溃砂空间多准则决策来说，即采动裂隙覆岩发生突水溃砂的危险性程度，松散含水层是效益型准则，而对于安全性来说其是成本型准则，本次决策针对采动裂隙覆岩突水危险性进行决策，各个准则与标准化公式选择见表 6-15。

表 6-15　　　　　　　　　　　　　　　　各准则的熵与权重

准则	准则类型	标准化公式	权重
松散含水层准则	效益型	式(6-5)	0.2022
地质构造准则	效益型	式(6-5)	0.1054
隔水层准则	成本型	式(6-6)	0.2696
采动覆岩准则	成本型	式(6-6)	0.2028
开采活动准则	效益型	式(6-5)	0.2200

根据计算结果可知，由于此区域地质构造条件简单，因此其对采动裂隙覆岩突水危险性的影响较小，其权重值最小，而开采活动是导致裂隙覆岩破坏、突水溃砂的根本原因，这也在其权重值最大而体现出来，其次是采动覆岩的影响，覆岩厚度和覆岩破坏是两个相互制约的影响因素，如果覆岩厚度较大，覆岩破坏较小，采动导致的裂隙带不会发育到含水层，进而不会导致含水层的水砂突涌到工作面。而覆岩破坏的产生也是由于开采活动而导致的，这在其权重值小于开采活动而体现出来。最后，由于本区域薄基岩区域煤层开采导致的覆岩破坏，在一定程度上能够被松散层底部黏土层阻止，因而松散层底部黏土层在研究区提高开采上限，并对突水溃砂的防治有重要作用。

6.3.4　基于熵-WLC-GIS 的空间多准则决策

为了定量地决策研究区采动覆岩突水危险性，并能针对性地制定相关措施，因此根据相关研究成果，基于 WLC 提出表述采动覆岩突水溃砂危险性指数(risk index，RI)，采动覆岩突水溃砂危险性指数可以定义为

$$RI = \sum_{i=1}^{n} \boldsymbol{w}_i' \cdot F_i(x, y) \tag{6-55}$$

式中，$\boldsymbol{w}_i' = (w_1, w_2, \cdots, w_n)^{\mathrm{T}}$ 表示第 i 项指标的权重向量，$F_i(x, y)$ 是采动覆岩突水危险性决策结果的分布函数。

为了更加清晰又针对性地对研究区采动覆岩突水危险性进行研究，需要对其决策结果进行分区，为有针对性地制定措施提供根据[264-266]。目前有许多数据统计分类方法，可以基于 GIS 软件实现[267-270]，例如自然间断点法(Jenks)、标准差、相等间隔、分位数和几何间隔等，各种方法的基本特征见表 6-16。

表 6-16　　　　　　　　　　　　**数据分级方法及其特点**

数据分级方法	特　　征
自然间断点法（Jenks）	可对分类间隔加以识别，对相似值进行最恰当地分组，并可使各个类之间的差异最大化。要素将被划分为多个类，对于这些类，会在数据值的差异相对较大的位置处设置其边界
标准差	主要用于显示要素属性值与平均值之间的差异
相等间隔	相等间隔会将属性值的范围划分为若干个大小相等的子范围
分位数	分位数分类非常适用于呈线性分布的数据。分位数为每个类分配数量相等的数据值。不存在空类，也不存在值过多或过少的类
几何间隔	用于根据具有几何系列的组距创建分类间隔。分类器中的几何系数可以更改一次（可更改为其倒数），以便优化类范围。该算法创建几何间隔的原理是，使每个类的元素数的平方和最小

为了对分区进行最恰当的划分[271-275]，本书选用自然间断点法（Jenks）对决策结果进行分类，其计算原理可以定义为：

$$\text{SSD}_{i\cdots j} = \sum_{k=i}^{j} \left(A[K] - \text{mean}_{i\cdots j} \right)^2 \tag{6-56}$$

式中，$\text{SSD}_{i\cdots j}$ 为计算的方差，i，j 为分类的序列号，$A[K]$ 为一个分类的值集，$K = i\cdots j$；$\text{mean}_{i\cdots j}$ 为分类的平均值。

采动覆岩突水危险空间多准则决策结果如图 6-19(f)所示，分区结果如图 6-20 所示。

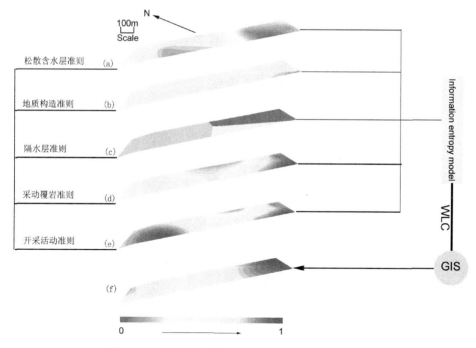

图 6-19　采动覆岩突水溃砂危险性空间多准则决策

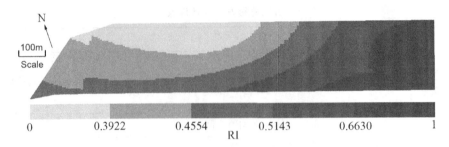

图 6-20　采动覆岩突水溃砂危险性空间多准则决策分区

从图 6-20 中可以看出，研究区的大部分区域的风险均较低，RI 基本上都在 0.5143 以下，但是由于不同的区域，控制采动覆岩突水溃砂的准则不同，其突水溃砂危险性程度不同，相对应开采过程中采取的措施也不同，开采方案以及煤层开采厚度等均不同。

(1)第 Ⅰ 类高危险区：RI ≥ 0.6630 的区域，此区域的危险性高的主要原因是覆岩厚度较薄，基本在 30~50m 之间，而此区域的综合煤厚在 8~12m 之间，虽然此区域的松散层底部黏土层厚度较大，但是为了防止导水裂隙带导通松散含水层，此区域必须限厚开采，并制定相关的防治水措施以保证安全开采。

(2)第 Ⅱ 类危险区：0.5143 ≤ RI < 0.6630 的区域，此区域受采动破坏发生突水溃砂的危险性虽然比 Ⅰ 类区域有所降低，因为此区域的覆岩厚度有所增加，基本为 70m，但此区域的黏土隔水层厚度较小，受到采动破坏时，裂隙覆岩的裂隙增加，延伸可能会发生突水溃砂，因此，此区域应该制定相关的防治水措施以保证安全开采。

(3)第 Ⅲ 类突水溃砂威胁区：0.4554 ≤ RI < 0.5143 的区域，该区域起主要作用的是松散层底部含水层准则，且此区域黏土隔水层更加薄，覆岩厚度增加到 80m，开采时要留设足够的安全煤岩柱，并制定相关的防治水措施保证安全开采。

(4)第 Ⅳ 类较安全区：0.3922 ≤ RI < 0.4554 的区域，该区域的覆岩厚度在 100~140m 之间，但是此区域的综合煤层厚度在 8~10m，虽然裂隙带发育高度不会波及松散含水层底部，但由于受到松散含水层的影响，制定相关的防治水措施保证安全开采，该区域基本安全。

(5)第 Ⅴ 类安全区：RI < 0.3922 的区域，该区基岩厚度普遍大于 120m，覆岩厚度大于需要的安全煤岩柱，各个准则在此区域的作用均较弱，属于安全区。

6.4　不确定性分析

在现实生活中，测量观测误差通常是提供的信息不确定性的结果，因此，处理空间多准则决策问题的过程必须考虑到信息的缺乏。外部不确定性的本质与决策环境有关。可以通过灵敏度分析确定影响模型的敏感性准则，敏感性分析可以对不确定性进行量化，也可以预测对模型的影响，敏感性分析分为全局分析和局部分析，本书采用局部敏感性分析方法，从定量的角度，研究影响采动覆岩突水危险性的有关准则，以此揭示这些准则对采动覆岩突水危险性决策影响大小的规律。图 6-21~图 6-24 为各个子准则对准则图层的影响规律关系，从图 6-21 可以看出，影响松散含水层准则三个主要因素，对含水层风险的提高均为效益型因素，并且都可以分为三个阶段，根据其曲线形式可以定义为：线性影响阶段(与因素呈线性关系，增加较慢)，指数影响阶段(与因素呈指数关系，增加迅速)，线性影响阶段(与因素呈线性关系，增加较慢且比相对于第一阶段影响较小)。

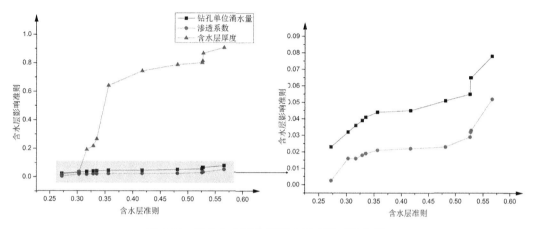

图 6-21 松散含水层准则影响因素敏感性分析

从图 6-22 可以看出，地质构造复杂程度的影响因素对地质构造的复杂程度是敏感的，地质构造的复杂程度随着地层倾角的增大而一直增加，说明地层倾角的变化更易导致地质构造的复杂性增加。而断层的分形维数对地质构造复杂程度的影响是呈阶段性的，而断层断距对地质构造的复杂程度的影响基本呈线性关系，与地层倾角的影响类似。

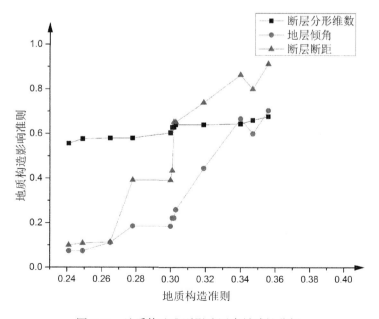

图 6-22 地质构造准则影响因素敏感性分析

从图 6-23 可以看出，覆岩厚度对采动覆岩准则的影响呈阶梯状增加，由于覆岩厚度较薄时，采动裂隙覆岩突水溃砂的危险性比较大，而覆岩厚度较厚时，采动裂隙覆岩突水溃砂的危险性较小。而覆岩破坏对采动覆岩准则的影响是呈直线降低的，随着覆岩破坏作用的加强，采动覆岩准则对采动裂隙覆岩突水溃砂危险性的贡献也在增加。

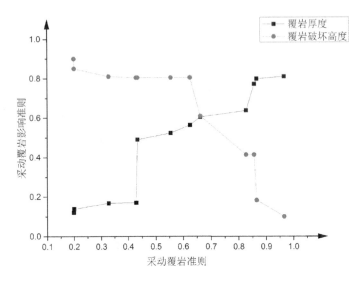

图 6-23 采动覆岩准则影响因素敏感性分析

从图 6-24 可以看出，开采煤层厚度对开采活动准则的影响呈阶梯状增加，由于开采煤层厚度较厚时，采动裂隙覆岩突水溃砂的危险性比较大，煤层埋藏深度也呈现相似规律，煤层埋藏越深，原岩应力越大，开采造成的扰动也越大，开采活动导致的危险性越大。

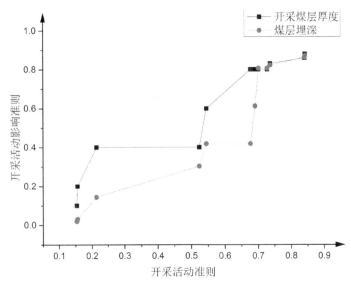

图 6-24 开采活动准则影响因素敏感性分析

从图 6-25 可以看出，采动裂隙覆岩突水溃砂的危险性程度随着松散含水层准则、地质构造准则、开采活动准则的增加而增大，而采动覆岩准则和隔水层准则，对采动裂隙覆岩突水溃砂的危险性是起抑制作用的。当隔水层较厚时，采动裂隙覆岩突水溃砂的危险性程度会很小。

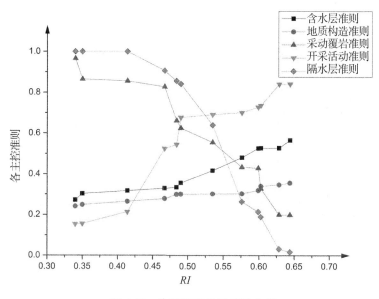

图 6-25　决策准则的敏感性分析

6.5　溃砂灾害预防与回采验证

根据研究区的 11050 工作面覆岩厚度较薄区域 S_1 -1 孔的取心情况，如图 6-26 所示，黏土层或砂质黏土层的大部分整体性相对较好，实际的钻孔涌水量说明了新近系底部为弱富水性含水层或隔水层。实际开采中，在第 I 类高危险区，二$_1$煤层限制采厚 2.8m，二$_3$煤层由于覆岩厚度不足未采，并且在开采前加强了补勘和疏放水，在覆岩厚度小于 60m 范围内布置了钻孔疏放水，且钻孔深度超过导水裂隙带影响范围和进入新近系底部以上 10m，并设置好了集水沟和排水沟。由于临近基岩风化带，岩性软弱、破碎，要严防冒顶。工作面内限厚开采区域铺顶网限制采高，覆岩厚度不足 50m 区域铺设了双抗网防砂，在上、下顺槽覆岩厚度小于 90m 区域内，每隔 30~50m 设一道挡砂墙，防止一旦出现涌水量异常，可立即增加排水能力和启动挡砂墙。在第 II 类危险区，二$_3$煤层依然未采，仅采二$_1$煤层，并且在开采过程中开展覆岩垮落带、导水裂隙带的高度和范围的实测工作，在开采结束后提交试采总结报告，为后续的安全回采提供了实践经验，采取与 I 类高危险区开采的同样措施，实现了安全回采。在第 III 类突水溃砂威胁区，制定相关安全技术措施，特别是在裂隙发育段造成煤体破碎的地方采取了加固措施或留煤柱，同样实现了安全回采。第 IV、V 类区域，二$_1$、二$_3$ 两层煤联合开采，11050 工作面在留设防砂煤柱情况下，开采时常规排水能力达到 100m³/h，另备用了 100m³/h 排水能力，并编制了切实可行的防水避灾方案，绘制避难路线图，写入了作业规程。开采前和开采期间加强、加密了水文孔的观测工作。在工作面回采期间涌水量为 1~3m³/h，正常涌水量为 2m³/h，为局部顶板淋水，随着回采推进，涌水量未有增大现象。由于根据决策分区结果，对各个区域都针对性地采取了措施，工作面的实际回采率达到了 94.9% 以上，实现了工作面的安全高效回采。

(a) S_1-1 孔岩芯（104.5～107.5m）

(b) S_1-1 孔岩芯（135～138m）

(c) S_2-2 孔岩芯（88.5～90.5m）

(d) S_2-2 孔岩芯（105.5～107.5m）

图 6-26　仰斜钻孔揭露岩心特征

6.6　本章小结

松散含水层下采煤面临的主要问题是裂隙岩体由于受到采动的影响，岩体裂隙张开、产生、贯通等，甚至造成岩体的破坏断裂，从而形成导水通道，如果破坏区域连接到含水层，将造成工作面突水溃砂。本章首先建立了采动覆岩溃砂突水空间决策准则：松散层含水层、地质构造、隔水层、采动覆岩、开采活动。根据《煤矿地质工作规定》，基于加权线性组合方法（WLC）与层次分析法（AHP）建立了地质构造复杂指数（FCI）对地质构造准则进行了量化分析。基于多元非线性回归与信息熵理论，对厚煤层综放开采导水裂隙带高度进行了预测，建立了厚煤层综放开采导水裂隙带高度的计算模型。

通过基于熵-WLC-GIS 的空间多准则决策模型对研究区进行了突水危险性的空间决策，并应用自然间断点法对决策结果进行分类。第 Ⅰ 类高危险区：RI≥0.6630 的区域；第 Ⅱ 类危险区：0.5143≤RI<0.6630 的区域；第 Ⅲ 类突水溃砂威胁区：0.4554≤RI<0.5143 的区域；第 Ⅳ 类较安全区：0.3922≤RI<0.4554 的区域；第 Ⅴ 类安全区：RI<0.3922 的区域。研究区的大部分区域的风险均较低，RI 基本都在 0.5143 以下，但是由于不同的区域，控制采动覆岩突水溃砂的准则不同，其突水溃砂危险性程度不同，相对应地在开采过程中的采取的措施也不同，开采方案以及煤层开采厚度等均不同。例如实际开采中，在第

Ⅰ类高危险区，二₁煤层限制采厚 2.8m，二₃煤层由于覆岩厚度不足，在此区域不再进行开采，并且在开采前加强了补勘和疏放水，在覆岩厚度小于 60m 范围内布置了钻孔疏放水，且钻孔深度超过导水裂隙带影响范围和进入新近系底部以上 10m，并设置好了集水沟和排水沟。

最后，对影响采动覆岩突水溃砂危险性的有关准则进行了敏感性分析，并对各个准则的变化进行了分析。采动裂隙覆岩突水溃砂的危险性程度随着松散含水层准则、地质构造准则、开采活动准则的增加而增大，而采动覆岩准则和隔水层准则，对采动裂隙覆岩突水溃砂的危险性是起抑制作用的。当隔水层较大时，采动裂隙覆岩突水溃砂的危险性程度会很小。

第7章 基于熵的空间多准则决策系统开发与应用

7.1 基于熵的空间多准则决策系统开发

地理信息系统(Geographic Information System)，又被称为"地学信息系统"或"资源信息系统"，是在计算机软件、硬件系统支持下特定的十分重要的空间信息系统，该系统构成如图7-1所示。早在20世纪60年代，加拿大地理信息系统(CGIS)就被描述为一项决策支持技术。到20世纪80年代初，地理信息系统(GIS)作为一种新的信息处理技术，具有管理、分析以及自动化处理各种空间数据的独特能力，开始实现商业化。随后其被广泛地应用在资源管理、环境污染和灾害控制等各个领域，产生了许多GIS的决策应用[276-285]。各种地理特征和现象，或者说是空间对象的特征和现象都可以采用地理数据对其量化。对象的空间位置、属性及时域特征都可以通过地理信息来表示。地理信息除了具有一般信息的特性之外，还具有空间分布性、数据量大和信息载体多样性等特点。

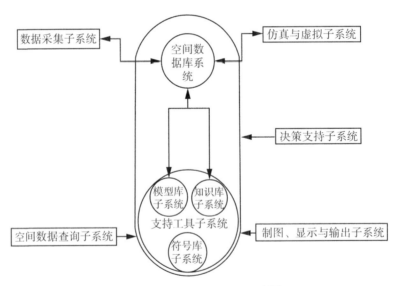

图 7-1 地理信息系统的构成[282]

选择软件平台时主要考虑到ArcGIS功能基本上能满足采动覆岩突水溃砂决策工作需要，并且在空间和属性数据处理、操作方便和性价比等方面具有一定的优势。通过ArcGIS Engine的二次开发可以开发出具有各种功能的程序，并且其适用于多种开发语言。

利用 CrcGIS Engine 所开发的程序能够很方便地运行在 Windows 和 Linux 系统平台上。其简便的图形操控界面以及控件，可以快速地构建扩展 GIS 程序。其中，ArcGIS Engine Runtime 和 ArcGIS Engine soft Developer kit 需要提前安装，并配置好。系统的总体构成包括数据存储计算、制图、输出、决策功能。

本系统主要应用于近水体采煤的多准则空间决策，软件正常安装后，用户使用时需要用户名和密码，用户登录后可输入大量数据或系统自动识别数据，然后系统自动读取数据，自动计算可视化输出图像。同时，系统可最大限度地实现易安装、易维护性、易操作性，运行稳定，安全可靠。图 7-2 为系统界面图。

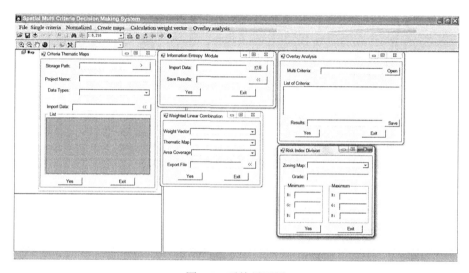

图 7-2　系统界面图

（1）创建准则图层与标准化：首先对控制采动覆岩突水的各个准则进行预处理并量化存储，点击"Cratemaps"，对准则集预存储的位置进行确定，然后读取预处理后的各个准则数据，最后单击"Yes"确定，即可生成需要的决策空间多准则集。接下来，通过"Single criteria"和"Normalized"按钮可以实现对各个准则图层标准化并显示在软件的左侧边栏。

（2）权重计算：点击"Calculation Weight Vector"可以调用系统的"Information entropymodule"，直接导入存储的数据，可进行计算获得各个准则的熵和权向量。

系统权向量的计算主要是基于熵，首先通过计算各个准则数据的熵，并根据 6.2.2 节基于熵的求解权重的计算方法，通过编程实现权重向量的计算，其代码如下：

```
Dim p As Integer
        Dim Ee As Double = 0
        Dim sumwg As Double = 0
        Dim f As Integer
        Dim zz As Integer = 0
        For p = 0 To szcol. Count − 1
            Ee = Ee + szcol(p). sz
```

171

```
        Next
        'MsgBox(Ee)
        For f = 0 To szcol.Count - 1
            Dim svalue As Double = szcol(f).sz
            If svalue <> 0 Then
    sumwg = sumwg + (1 - svalue) / (columncount - Ee)
            End If
            'MsgBox((1 - svalue) / (columncount - Ee))
        Next
        For zz = 0 To szcol.Count - 1
            Dim svalue As Double = szcol(zz).sz
            If svalue <> 0 Then
                szcol(zz).qz = ((1 - svalue) / (columncount - Ee)) / sumwg
            End If
        Next
        szqzcol = szcol
        Dim dd As Integer
        Dim aa As Integer
        'For dd = 0 To szcol.Count - 1
        '      MsgBox(szcol(dd).qz)
        'Next
        'For j = 0 To      Xlssheetrecopy.UsedRange.Columns.Count - 1
        'MsgBox(Xlssheetrecopy.Cells(1, j + 1).value)
        'Next
        Xlssheetre.Cells(2, 1).value = " entropy "
    For dd = 0 To Xlssheetre.UsedRange.Columns.Count - 1
      Dim name As String = Convert.ToString(Xlssheetre.Cells(1, dd + 1).value)
            If name = " criteria " Then
                Continue For
            End If
            If name = szcol(dd).column Then
      Xlssheetre.Cells(2, dd + 1).value() = Convert.ToDouble(szcol(dd).sz)
            End If
                Next
        Xlssheetre.Cells(3, 1).value = " weight "
```

（3）叠加分析：点击"Overlay analysis"，可以实现对各个准则图层的空间叠加，根据式(6-41)可知，首先应用系统的 WLC 模块，对各个准则图层进行加权求和，然后导入"Overlay analysis"模块中，实现决策图层的集结，生成 RI 图。

（4）图形输出：在 RI 模块中，根据 R（红）、G（绿）、B（蓝）来对决策结果图形输出进行控制，最终获得决策结果分区图。系统的总体构成包括数据存储计算、制图、输出、评价功能。系统权向量的计算主要是基于熵，首先计算各个准则数据的熵，然后通过编程实现权重向量的计算。

通过"Create maps"创建控制采动覆岩突水的各个准则，并通过"Single criteria"和"Normalized"获得各个准则图层。通过"Overlay analysis"与 WLC 模块对各个准则图层进行加权叠加生成 RI 图。本系统也可适用于其他可通过空间多准则决策的地质灾害等的决策评价[284-285]。

7.2　基于熵的空间多准则决策模型在充填开采中的应用

矿山绿色开采是可持续发展战略下的一种新型生产方式。自 1992 年联合国环境与发展会议提出绿色矿山开采生产后，这种生产方式在世界上许多国家和组织中得到了逐步推广。在我国，政府积极开展矿山绿色开采，并与"十五"规划一起纳入日程。矿山绿色开采是指将整个预防措施应用于生产过程、产品和服务中，以解决传统末端处理的弊端。在这种情况下，从健康经济标准来看，绿色开采就是清洁开采，煤矿生产要求煤炭企业关注煤炭产品的全生命周期，实施安全生产过程控制，从煤炭资源的开采设计、加工和利用等方面，控制废弃物污染的排放。这可以将煤炭加工、运输和煤炭资源利用过程中对环境的不良影响降至最低。同时，应考虑伴生矿产的综合利用，尽可能降低资源成本，获得最大的经济效益[286]。

为了有效减轻覆岩破坏和沉陷，进而防治含水层下煤层开采突水的发生，许多开采方法已得到了广泛研究，在我国主要有分层开采、条带开采和充填开采等。在这些开采方案中，条带开采和充填开采是减轻覆岩破坏和防治松散层下开采矿井工作面遭受地下水灾害的两种最有效的方法。其中条带开采作为一种局部开采方法，主要用于建筑物、铁路和水体下的采煤，由于其实用性而被经常使用。由于煤层被分成若干条带，剩余的煤柱可以提供临时或永久性支撑，以维持和支撑覆岩。因此，煤柱的设计和稳定性是与煤柱非弹性或非有效宽度有关的两个最复杂的问题。以往的研究表明，影响支撑煤柱稳定性的因素有水平地应力与垂直地应力之比、工作面宽度、岩体强度等级、覆岩厚度、地质地层岩性和煤层开采方法。

充填开采是许多采矿方法中的一种重要方法，是解决许多开采岩层稳定性问题的一个重要途径，是绿色采矿的基本要求。充填开采是指为了处理或履行某些工程功能而被放入地下开采的空隙中的任何废料。当矿山计划使用充填时，需要考虑填料类型、输送系统和填料来源。此外，填料的应用将导致地面和地下基础设施的增加，最终导致运营成本的整体增加。目前常用的充填方法主要有三种：干式充填、水力充填和膏体充填。干式充填是指通过人工、重力或机械设备将充填材料如石料、砾石、土壤、工业固体废弃物等运输到可压缩的充填体中的技术。通常根据粒度分布规律，通过破碎、筛分和机械力混合来制备的原料。水力充填是以水为输送介质，输送山砂、河砂、破碎砂、尾矿或水淬渣等水工充填材料的技术。膏体充填是将水与骨料混合搅拌而成的水泥浆装胶结物，凝固以后有一定的强度，通过管道或者借助机械输送到工作面。在中国，矿山开采会产生不同类型的废弃物，如尾矿、煤矸石和污泥等。干式充填和水力充填通常用于废石、碎石和砂石的处理，而膏体充填通常是废渣回收的最佳方案。然而，工业废料的储存在世界各地仍呈累积趋势。在这种情况下，清洁高效的矿山充填技术引起了世界各国科学家和决策者的关注[287]。

充填开采在矿山开采生产中占有重要地位，是许多地下矿山日常生产的关键环节之一。其主要作用是改善覆岩的稳定性，减少废矿石、尾矿的堆积。它还有其他优点，例如减少露天采矿废物的处理，从而减少甚至消除一些与采矿废物管理有关的问题，如尾矿坝溃决或酸性矿井排水。为了确保安全和经济的充填体设计，充填体的强度必须足够高，至少使其在相邻采场开采期间能保持稳定。

由于生产需要不同，我国充填采矿法主要有水力充填法、煤矸石充填法和膏体充填采矿法三种。水力充填是指将两种或多种不同的物料混合在一起，通过管道输送到采空区。同时，混合液固化形成支护体，支撑上覆岩层，实现沉降控制。其中骨料主要由铝酸盐或添加剂组成，胶结料由石膏、石灰、黏土组成。骨料和胶结料都加入一定量的水中制成浆液，在以 1 : 1 的比例混合后，该浆液材料将在 30 分钟内凝固。然而，这种材料固化后，水很容易流失，同时失去支撑能力。因此，这种充填方法只能在新采区进行全范围的充填。与之相比，煤矸石回填是指煤矸石破碎后，通过皮带运抵工作面，然后将废矸石通过刮板输送机运至位于液压支架下的充填区域。接下来通过出料口落煤，经捣固设备压缩，实现采空区内的绿色开采。这种技术虽然牢固，但处理难度大，控制沉降效果相对较差。因此，这种充填方法只能在没有刚性要求的情况下使用[288]。

膏体充填采矿法是将煤矸石等固体采矿废弃物破碎加工后，与粉煤灰、胶结材料和水按一定比例混合的采煤方法。搅拌后，浆体可凝固。膏体浆液经注浆泵和重力通过管道输送至膏体充填面，及时有效地填满采空区。这种方法一方面可以保护地表建筑物，另一方面可以提高煤矿开采的安全性和煤炭资源的回收率。这种方法还利用了煤矸石和粉煤灰等膏体废料，其中，煤灰主要来自火力发电厂。煤矸石是煤炭生产或巷道地下开挖过程中产生的岩块。胶凝材料主要分为两大类：以炉渣、钢渣等工业废渣为原料生产，或者与普通水泥、自然资源以及复合材料混合而成适用于地下矿山充填采矿的添加剂。

膏体充填开采中，可以直接在地面钻探，膏体充填物通过钻孔管道输送，与采空区混合，从而减小覆岩的变形破坏和地表沉降。在这种情况下，采空区顶部形成了平衡应力拱，岩层的自重使拱impl弯曲下沉。随着充填的进行，采空区上方的上覆岩层在膏状充填体的支撑下逐渐成为上覆岩层梁。膏体充填体压缩后，其承载能力达到原岩的应力状态。充填体的压缩范围与充填区的可压缩范围相同。然后，膏状充填体转化为岩体的一部分，支撑上覆岩层，防止其变形或损坏。最终实现了控制覆岩变形地表沉降的目的。

膏体充填采矿为上覆岩层支护和控制地表沉陷提供了一种新的途径。膏体充填技术符合煤矿工艺要求可持续发展政策，减少环境污染，提高资源回收率。此外，膏体充填采矿技术在许多方面减少了采矿环境的污染。开采技术减少了煤炭开采后的地表下沉。因此，采矿活动对地表环境的影响减小。由于采用固体废弃物回填，解决了固体废弃物占用土地的问题，减少了对环境的破坏。该开采技术的实施，可有效防止水损害、瓦斯涌出和岩爆，从而改善井下工作面条件。此外，该技术还可提高资源回收率，提高绿色开采水平；减少采矿活动对地表建筑造成的损害，使采矿更能为当地居民所接受；减少采矿所需的材料或时间，缩短采矿对地表环境的影响时间，减少对环境的破坏。膏体充填技术不需要借助于地下措施，并且可以在不改变目前开发的采矿系统的情况下实施，能有效实现管理采矿作业与环境保护相结合。这项技术可以帮助控制地层移动和地表沉降，为发电厂产生的粉煤灰和煤矿产生的煤矸石提供地下储存。因此，有利于保护环境，保护地下水资源。

膏体充填开采在我国已经实施了 40 多年。然而，2006 年第一个采用膏体充填开采的煤矿是太平煤矿[289]，该矿成功地开采了厚松散含水层和薄基岩之下的煤层，通过顶板控制降低地表沉陷、改善覆岩对环境的损害，如图 7-3 所示。此外，太平煤矿取得了显著的经济效益、环境效益和安全效益，膏体充填开采法是解决建筑物下采煤，且不需要地面村庄转移的有效途径。膏体充填开采中使用的膏体充填材料通常由粉煤灰、砂、水泥等组成，膏体充填体是膏体充填技术的核心组成部分，人们对其早期和长期强度、抗压、流动和蠕变等性能进行了大量的研究。结果表明，膏状充填体具有较高的早期强度，在低围压下即可发生应变硬化。

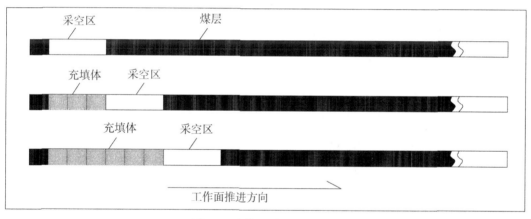

图 7-3 膏体充填开采示意图

7.2.1 研究区地质概况

太平煤矿位于山东省济南市的西南方向 188 千米的邹城县境内。太平煤矿位于兖州煤田西南部，太平煤矿煤层上覆岩层被新近系松散层覆盖。二叠系山西组 3 号煤层是一个在松散含水层下进行开采的煤层，被薄基岩覆盖。太平煤矿主采 3 号煤层的厚度为 2.10～9.97m，平均厚度为 8.85m，倾角 5°～15°。20 世纪 90 年代以来，太平煤矿在相关的技术研究和试验的支持下，在松散含水层下开采出煤炭约 100 万吨。自 2006 年以来，通过使用其他 9 个面板的膏体回填，已采出煤炭 200 多万吨。

根据地质勘察与钻探资料，太平煤矿地层从老到新主要由奥陶系、石炭系、二叠系、侏罗系和第四系地层组成。影响 3 号煤层开采的水文地质构造由侏罗系砂岩含水层、第四系松散含水层和砂岩含水层组成。该区地下水补给条件较差，地下水主要为静水储备。六采区南部区域范围内探测的基岩厚度为 0～32.6m，其类型和性质都发生了显著的变化。基岩的工程地质类型自上而下为：①细砂岩类型，褐黄色至灰白色，块状或致密块状，主要由石英、长石组成，局部夹薄层粉砂岩，发育少量裂缝并且充填泥质，岩芯 RQD 为61%左右。岩石的抗压强度为 21.6～25.0MPa，抗拉强度为 1.46～1.54MPa，变形模量为2.06～2.72GPa，泊松比为 0.20～0.24。②泥岩类型：灰色泥岩，含植物碎屑化石，平坦状断口，为 3 煤层的直接顶板，岩芯 RQD 为 57%左右，岩石抗压强度为 5.7MPa，抗拉强度为 0.45MPa，属于软质岩石，煤层开采后易于向充填采空区垮落。从覆岩强度看，大部分为软弱类型和中硬偏软弱类型。

图 7-4 所示为太平煤矿的工作面布置示意图，显示了该采区工作面的布局，研究区位于太平煤矿六采区南部的 03 工作面。由于该区域的覆岩厚度较薄，煤层厚度较厚，为减少覆岩破坏，提高工作面开采的安全性，该工作面采用分层充填开采。在 2011 年 12 月，开采出了该工作面 3 号煤层的一分层。

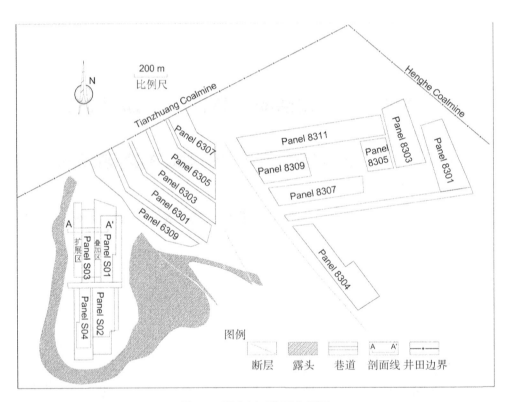

图 7-4　研究区工作面布置图

如图 7-5 所示，为六南 03 工作面 3 号煤层一分层和底分层的空间关系，有一个扩展区域和一个叠加区域。扩展区域是二分层煤开采工作面的边缘，新布置六南 03 工作面底分层上顺槽在六南 03 一分层上顺槽位置外扩 47m，下顺槽在六南 03 一分层下顺槽位置外扩 34m，将原施工泄水巷作为本工作面下顺槽使用；切眼位置向南推移，距六南 03 一分层切眼 83m，距一分层工作面 102m³/h 涌水点 38m，切眼位置对应一分层工作面涌水量为 50.3m³/h；停采线距六南皮带巷 30m。

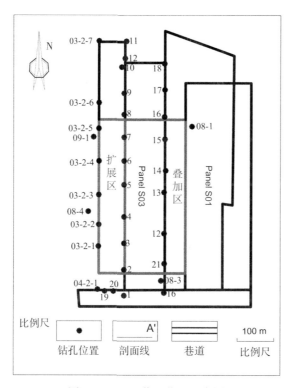

图 7-5　S03 工作面位置示意图

7.2.2　分层充填开采空间决策准则构建及预处理方法

在煤矿工程地质、水文地质特征的系统分析基础上，构建煤矿近松散煤层提高开采上限的评价指标体系，包括覆岩厚度、基岩起伏程度、第四系底部黏土厚度，覆岩破坏高度、松散层底部含水层富水性 5 个主控因素。利用 ArcGIS 的三维分析模块 3D Analyst 对各个主控因素进行数据采集及三维空间量化分析，建立各个主控因素三维信息专题图，真实地刻画近松散含水层提高开采上限受控于多因素且具有非常复杂的空间分布特征。

1) 新近系松散含水层富水性研究

含水层富水性是含水层储藏地下水能力的定性描述，其影响因素众多，机制复杂，很难建立统一的富水性评估模型。《煤矿防治水细则》中仅简单地以钻孔单位涌水量为依据，将含水层富水性分为四个级别。本书选取了地质勘探报告中常见、易于获取且能够定量刻画的多种主要影响因素对含水层的富水性进行分析。含水层厚度是表征含水层富水性的最直观因素。它直接影响含水层含水量的多少。在相同条件下，含水层厚度越大，富水性越强。含水层单孔抽水试验资料中的单位涌水量，是表征含水层出水能力的重要指标。野外勘探工作中，钻孔涌水量是能够连续获得的第一手资料，是进行富水性评价的直观依据。

渗透系数是表征岩石渗透性能的参数，渗透系数越大，岩石的透水性能越强，裂隙连通性越好，富水性越高。

六采区南部区域第四系下组为浅灰色、灰绿色黏土、黏土质砂及中、粗砂砾层组成，砂层与黏土层交互沉积，单位涌水量为 0.0152~0.198L/(s·m)，富水性分布不均。研究区第四系松散层厚度为 133~194m，根据岩性和富水性可以划分为下、中、上段地层，其平均厚度为 158.95m。六南 03 工作面的地质剖面图如图 7-6 所示，说明了松散层和工作面之间的关系。第四系松散层中部主要由砂质黏土和低渗透黏土层组成，可称为隔水层。该区域第四系下组含水层富水性为中等偏弱，第四系下组含水层水头在基岩面以上 64.3~74.3m（基岩面有起伏），平均为 69.3m。按照《煤矿防治水细则》附录二，第四系下组属中等富水性含水层，但总体中等偏弱，威胁着 3 号煤层的安全开采，因此，应考虑采取降水或设置隔煤岩柱等安全措施，见表 7-1。

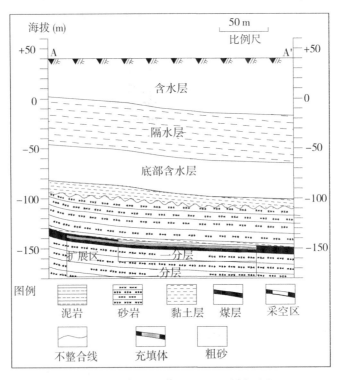

图 7-6　六南 03 工作面工程地质剖面图

表 7-1　　　　　　　　　　　　　　　　　含水层富水性影响因素

钻孔编号	第四系底部含水层厚度（m）	单位涌水量[L/(s·m)]	渗透系数（m/d）	钻孔编号	第四系底部含水层厚度（m）	单位涌水量[L/(s·m)]	渗透系数（m/d）
03-2-7	19.1	0.075	0.206	13	20.4	0.055	0.243
11	19.0	0.065	0.191	5	12.9	0.082	0.251

钻孔编号	第四系底部含水层厚度（m）	单位涌水量[L/(s·m)]	渗透系数（m/d）	钻孔编号	第四系底部含水层厚度（m）	单位涌水量[L/(s·m)]	渗透系数（m/d）
12	18.8	0.067	0.195	03-2-3	4.0	0.095	0.267
10	18.2	0.068	0.197	08-4	0	0.101	0.280
18	21.0	0.031	0.170	03-2-2	5.9	0.103	0.288
17	20.8	0.035	0.182	4	12.1	0.083	0.281
9	16.2	0.074	0.205	12	24.2	0.062	0.275
03-2-6	12.1	0.092	0.222	3	16.1	0.084	0.295
8	14.3	0.078	0.212	03-2-1	10.5	0.097	0.340
16	20.2	0.040	0.195	2	20.5	0.086	0.315
08-1	25.7	0.052	0.183	21	29.8	0.065	0.301
15	20.5	0.042	0.203	08-3	33.05	0.070	0.316
7	13.0	0.080	0.221	04-2-1	18.1	0.101	0.338
03-2-5	9.2	0.105	0.218	19	20.0	0.096	0.337
09-1	8.2	0.110	0.234	1	24.3	0.089	0.336
03-2-4	7.1	0.102	0.244	20	21.9	0.093	0.335
6	11.9	0.082	0.235	16	32.5	0.071	0.326
14	20.2	0.050	0.223				

应用熵值决策模型首先对研究区第四系底部含水层进行富水性分析，具体计算如下，根据表7-1中数据，富水性各个控制因素的权重系数见表7-2，最后应用GIS空间分析功能，应用含水层厚度作为高程值，获得松散层底部含水层因素的专题图，如图7-7(a)、图7-7(b)、图7-7(c)所示，以及富水性分区图如图7-7(d)所示。

表7-2　　　　　　　　　　　　　富水性影响因素权重

因素	含水层厚度（m）	单位涌水量[L(s·m)]	渗透系数（m/d）
熵值	0.9688	0.9886	0.9937
权重	0.6391	0.2330	0.1279

2) 覆岩破坏高度预测

六采区南部工作面煤层厚度为2.10~9.97m，在覆岩厚度相对较大区域，煤层平均厚度在8m以上。六采区南3煤层一分层的开采布置的4个工作面地层情况基本相似，至2015年9月，南01、南02、南03、南04工作面一分层及01、02、04工作面二分层都已

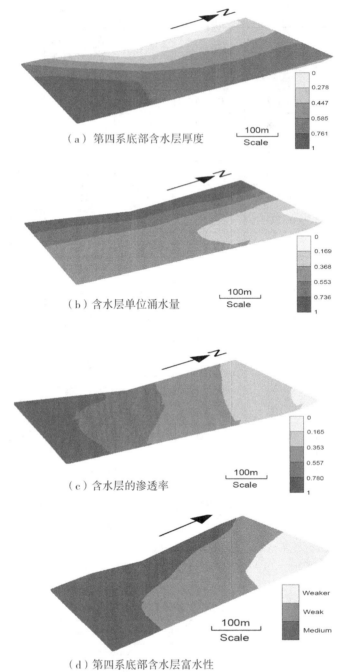

（a）第四系底部含水层厚度

（b）含水层单位涌水量

（c）含水层的渗透率

（d）第四系底部含水层富水性

图 7-7 第四系底部含水层富水性专题图

安全回采完毕。3 煤层一分层回采过程中除南 03 工作面在上顺回采至 45m、下顺回采至 48m 时，工作面涌水量由 15~40m³/h 增加至 90m³/h，90m³/h 涌水量持续时间约 48 小时，其后逐渐减少并稳定在 20m³/h 左右，实现了安全开采。其余工作面在回采过程中，顶板垮落正常，工作面顶板仅有少量淋水，工作面涌水量均小于 $10m^3/h$。

为分析充填开采覆岩破坏，可使用"等效采厚"的概念，即将膏体充填开采后采空区的剩余空间等价为一个等厚的薄煤层开采后形成的采空区，这样就可以应用常规的长壁垮落法覆岩破坏和地表沉陷有关经验公式进行充填开采的覆岩破坏高度预测。为控制六南03工作面底分层开采引起导水裂缝带发育，对六南03工作面底分层采用膏体充填开采方式，以减少导水裂缝延伸高度，防止第四系底部含水层进入开采工作面。而对于煤层膏体充填开采引起的覆岩破坏规律，《建筑物、水体、铁路及主要井巷煤柱留设与压煤开采规程》中没有直接适合膏体充填开采条件下导水裂缝带高度的计算公式（单层厚度 1~3m），根据等效开采厚度法对六南03工作面底分层煤层开采覆岩破坏规律进行计算。2015 年 6 月，六南02工作面三分层膏体充填开采过程中对上覆充填体的厚度进行了探测，充填体厚度统计见表7-3。

表7-3   **六南02工作面膏体充填厚度探测值**

钻孔编号	充填体厚度（m）	钻孔编号	充填体厚度（m）	钻孔编号	充填体厚度（m）
1	2.00	13	2.00	25	1.90
2	2.00	14	1.95	26	2.00
3	1.95	15	2.00	27	2.00
4	2.00	16	1.90	28	2.00
5	2.00	17	1.80	29	2.00
6	1.75	18	2.00	30	2.00
7	2.00	19	2.00	31	2.00
8	1.85	20	2.00	32	2.00
9	2.00	21	2.00	33	2.00
10	1.95	22	1.90	34	1.90
11	2.00	23	2.00	35	2.00
12	2.00	24	1.95	36	2.00

根据六南02工作面三分层膏体充填开采过程中对上覆充填体厚度的探测结果，六南02工作面三分层膏体充填开采采厚为 2.2m 时，经过长时间固结后膏体的有效厚度为 1.75~2m，平均为 1.86m，由此应用差值法绘制六南采区在膏体充填后经过长时间固结的有效厚度预测等值线图，如图7-8所示，然后预测03工作面底分层全区膏体充填后的厚度分布情况。由于六南03工作面一分层的开采扰动，底分层叠加区开采时覆岩岩性考虑为软弱；底分层扩大区靠近风化带，覆岩岩性偏弱，为安全起见，底分层扩大区开采时覆岩岩性考虑为中硬，应用不同的采厚计算覆岩破坏高度。为保证安全开采，并根据充填开采等效采厚的概念，六南03工作面底分层覆岩破坏高度选用预测结果中的最大值，即覆岩破坏高度选择规程中厚煤层分层开采的导水裂缝带高度计算公式，如式(7-1)的计算结

果。六采区南 03 工作面底分层充填开采不同采厚导水裂缝带高度即覆岩破坏高度预测见表 7-4。最后，应用 GIS 空间分析功能，获得覆岩破坏主控因素的专题图，如图 7-9 所示。

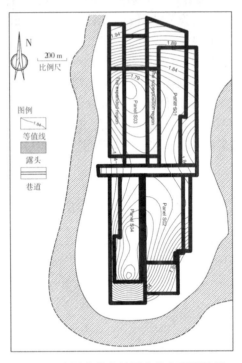

图 7-8　底层膏体充填厚度分布预测结果

$$\begin{cases} H_{li} = \dfrac{100 \sum M}{1.6 \sum M + 3.6} \pm 5.6, \text{（中硬、硬岩）} \\[4mm] H_{li} = \dfrac{100 \sum M}{3.1 \sum M + 5.0} \pm 4.0, \text{（软岩）} \end{cases} \tag{7-1}$$

表 7-4　　　　　　　　　　六南 03 工作面充填开采覆岩破坏高度预测

钻孔编号	充填体预测厚度（m）	等效开采厚度（m）	导水裂隙带高度（m）	钻孔编号	充填体预测厚度（m）	等效开采厚度（m）	导水裂隙带高度（m）
03-2-7	1.96	0.24	11.71	13	1.88	2.12	23.92
11	1.95	0.26	11.96	5	1.79	0.41	15.23
12	1.75	0.45	16.02	03-2-3	1.92	0.28	12.52
10	1.82	0.38	14.63	08-4	1.91	2.09	23.81
18	1.99	0.21	10.94	03-2-2	1.92	0.28	12.52

续表

钻孔编号	充填体预测厚度(m)	等效开采厚度(m)	导水裂隙带高度(m)	钻孔编号	充填体预测厚度(m)	等效开采厚度(m)	导水裂隙带高度(m)
17	2.00	0.20	10.70	4	1.82	0.38	14.63
9	1.89	0.31	13.17	12	1.83	2.17	24.10
03-2-6	2.00	0.20	10.70	3	1.76	0.44	15.82
8	1.79	0.41	15.23	03-2-1	1.98	0.22	11.17
16	1.98	2.02	23.54	2	1.74	0.46	16.21
08-1	1.95	2.05	23.65	21	2.00	2.00	23.46
15	1.90	2.10	23.85	08-3	1.97	0.23	11.40
7	1.92	0.28	12.52	04-2-1	1.93	0.27	12.30
03-2-5	1.99	0.21	10.94	19	1.99	0.21	10.94
09-1	2.00	2.00	23.46	1	2.00	0.20	10.70
03-2-4	1.84	0.36	14.22	20	1.94	0.26	12.07
6	1.76	0.44	15.82	16	1.93	0.27	12.30
14	1.82	2.18	24.14				

7.2.3 基于熵的充填开采空间多准则决策

根据研究区勘探资料及水文地质、工程地质与开采技术条件分析,并结合现场试验测试资料,获得研究区主控因素的典型量化数据,见表7-5。煤层上覆岩体层的移动与破裂是由于煤层开采导致的,采动破坏的裂隙会在覆岩中形成。根据研究区基岩分布情况,应用 GIS 三维分析功能,生成覆岩厚度评价指标因子专题图,如图 7-9(a)所示。基岩面起伏专题图定量地、清晰地反映了地下构造,特别是褶皱构造形态如图 7-9(b)所示,本区域构造简单,应用熵值数学模型获得基岩程度因素的权重仅为 0.0057,本区地质构造对提高开采上限影响程度较低。太平煤矿第四系底部普遍分布有一层黏土层,该层黏土一般为灰白色、浅灰绿色,质较纯,有时为砂质黏土,钻探至该层位不出水。根据本矿多年开采实践经验,该黏土层可以作为防水保护层的组成部分。该层黏土在六南采区普遍分布,厚度为 0~14.02m,根据钻孔揭露,在六南 03 工作面底分层上顺槽西北侧出现黏土天窗,范围很小。六南 03 工作面底分层开采区域黏土层分布为 0~10.9m,上顺槽西北侧的 03-2-3、03-2-4、03-2-5 和 03-2-6 钻孔探测黏土厚度为 0,六南 03 工作面一分层曾出现较大涌水量,达到 90m³/h,但持续时间很短,经过采空区疏排水工作,03 工作面实现了安全开采,该黏土层起到了很好的保护作用,黏土层的完整性未产生影响,该黏土层仍可以作为防水保护层的组成部分。而六采区南部 03 工作面 3 号煤覆岩由于受风化作用,强度有较大幅度的降低,岩石大部分属于软质岩石和中硬偏软类型,有利于抑制导水裂缝带的发育,第四系底部黏土隔水层厚度评价指标因子专题图如图 7-9(c)所示。然后,对上述各个主控因素专题图进行归一化处理。最后，结合熵值数学模型式(6-18)获得各个因素的权重，见表 7-6，运用 GIS 进行空间叠加分析，获得近松散煤层提高开采上限的综合决策分区图，如图 7-10 所示。

表 7-5　　　　　　　　　　　　　六南 03 工作面充填开采各因素值

钻孔编号	覆岩厚度（m）	基岩面起伏（m）	第四系底部黏土层厚度（m）	钻孔编号	覆岩厚度（m）	基岩面起伏（m）	第四系底部黏土层厚度（m）
03-2-7	9.30	−108.20	0.00	13	31.00	−116.80	5.60
11	17.10	−114.20	0.70	5	27.80	−107.50	1.10
12	20.60	−113.50	1.40	03-2-3	15.60	−105.70	0.00
10	22.80	−107.40	0.70	08-4	14.99	−104.37	5.00
18	26.70	−115.10	5.20	03-2-2	14.20	−107.40	0.70
17	27.40	−118.40	6.30	4	25.60	−109.50	2.10
9	24.20	−110.40	1.40	12	32.30	−111.50	4.20
03-2-6	13.50	−106.70	0.00	3	27.00	−109.70	2.10
8	25.60	−106.30	1.40	03-2-1	12.80	−110.00	2.40
16	29.50	−119.10	8.50	2	26.30	−109.30	2.80
08-1	27.26	−121.86	14.02	21	28.40	−115.40	3.10
15	32.60	−119.20	10.90	08-3	31.30	−113.34	9.05
7	25.60	−106.40	0.80	04-2-1	13.20	−106.80	0.70
03-2-5	11.40	−105.70	0.00	19	17.10	−111.20	1.10
09-1	20.01	−108.29	0.00	1	23.50	−109.20	2.10
03-2-4	12.80	−103.80	0.00	20	22.40	−107.80	2.10
6	25.30	−106.40	0.70	16	30.10	−110.20	4.90
14	31.60	−119.00	9.80				

表 7-6　　　　　　　　　　六南 03 工作面充填开采各因素的熵值与权重

因素	覆岩厚度	基岩面起伏	第四系底部黏土层厚度	导水裂隙带高度	含水层富水性
熵值	0.9864	0.9997	0.9844	0.9935	0.9908
权重	0.3013	0.0057	0.3455	0.1443	0.2032

ArcGIS 中有一系列用于统计参数映射的数据分类方法，数据值可以根据数据中自然存在的中断或缺口进行分类，采用自然间断法对决策结果进行分区，用自然间断法确定了

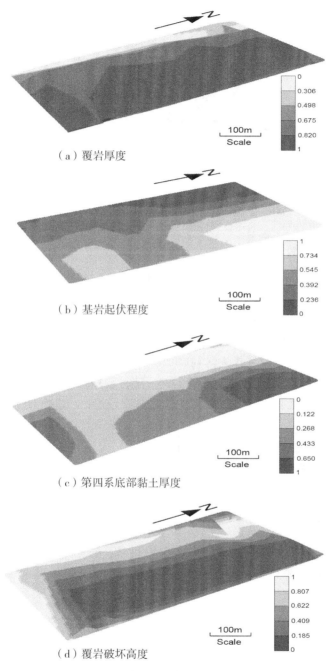

（a）覆岩厚度

（b）基岩起伏程度

（c）第四系底部黏土厚度

（d）覆岩破坏高度

图 7-9 充填开采各准则专题图

分区专题图的阈值，将研究区划分为五个分区，如图 7-10 所示，从六南 03 工作面底分层提高开采上限的综合决策图中可以看出，对于六南 03 工作面底分层开采大部分地区，进行充填开采属较安全区，但由于不同地段，影响提高开采上限的因素不同，其突水溃砂危

185

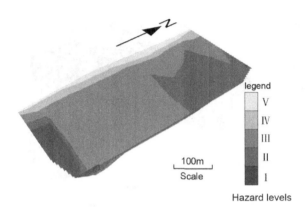

图 7-10　厚煤层分层充填开采空间多准则决策结果图

险性程度不同，未来防治水工作的重点也有所不同。

（1）严重危险区：主要分布在研究区 03 工作面扩大区，且基岩厚度薄，其特点为第四系底部黏土层厚度小，且有空白区，含水层厚度较薄，且富水性中等，顶板基岩薄易全厚切落，破断直接波及松散层含水层甚至上部水体，易发生顶板突水溃砂，应按照要求进行充填开采，制定相关防治水措施保证安全开采。

（2）危险区：分布在研究区扩大区与叠加区交界处，此处基岩厚度虽然增加，但富水性中等，当受到采动破坏时，发生突水溃砂的可能性会增加。

（3）突水溃砂威胁区：该区主要分布于基岩厚度较厚区，主要为叠加区，第四系底部黏土层厚度较稳定，松散层底部含水层富水性弱，为煤矿生产过程中应控制采厚，采用膏体充填，覆岩厚度满足留设防水煤岩柱要求。

（4）较安全区：该区主要分布于厚基岩区，该区特点是受到采动破坏后，并进行充填开采，裂隙带破坏高度不会波及松散层底部含水层。

（5）安全区：该区基岩厚度普遍大于 29m，充填开采采厚 2.2m，覆岩厚度大于需要防水煤岩柱，属于安全区。

六南 03 工作面专题图显示，底分层大部分可以安全开采。但是，在不同的地区，应根据不同的危险程度，考虑不同的方案来预防和控制突水和涌砂，这些危险程度受决定采矿安全的不同因素的影响。

7.2.4　不确定性分析

近 50 年来，对松散含水层开采安全风险评价的主要方法是定性和半定量。在本研究中，采用基于经验公式的水流裂隙带最大高度。在煤层开采厚度为 2.2m 时，确定叠加区防水煤柱尺寸为 25.6m，扩张区防水煤柱尺寸为 15.84m。图 7-11 显示了防水煤柱的分布图。图 7-12 为上覆岩层、上部煤层厚度、膏体回填层厚度和底部黏土层厚度等值线图。通过比较图 7-11 和图 7-12，可以对开采的安全性作出决策，这是众所周知的传统方法。为了将传统方法的结果与基于熵的空间多准则决策模型进行比较，采用敏感性分析方法探讨各因素对灾害等级变化的影响。基于单因素敏感性分析方法，各因素与危险度的关系如图 7-13 所示。

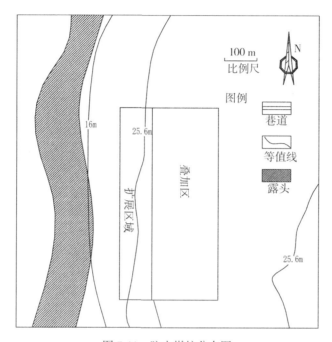

图 7-11　防水煤柱分布图

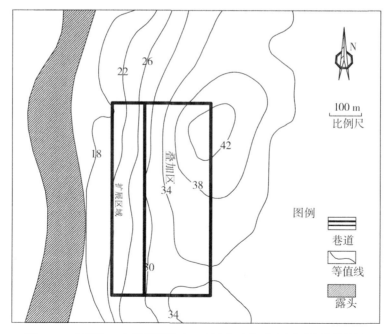

图 7-12　充填体、上部煤层厚度、覆岩与底部黏土层厚度等值线图

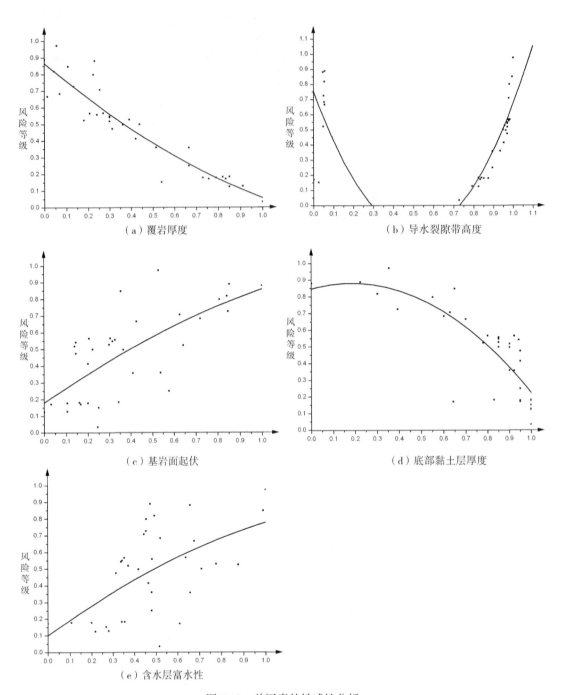

图 7-13　单因素的敏感性分析

在五个影响因素中，导水裂隙带高度对松散含水层下采煤危险性程度非常敏感。危险等级对涌水量和基岩标高也很敏感。因此，这五个因子均为敏感性参数，基于熵多准则决策模型由于增加了对地质条件的考虑而更加准确。例如，研究区域的西角区域被划分为安全存在一定程度危险的区域。由于基岩标高较大的变化和导水裂隙带有较大高度，覆岩厚度应符合防水煤柱的设计要求。然而，传统的方法忽略了基岩起伏等几个关键因素。图7-11 和图 7-12 的结果不如图 7-10 的精确，因为只划分了两个区域，没有划分过渡区域。因此，水文地质条件的逐渐变化没有反映出来。与常规方法相比，该决策模型更加全面，能够较全面地考虑决定开采安全的主要因素。该决策模型的结果符合实际生产情况，适用于其他地质条件相似的地区。该模型为松散含水层下采煤危险性评价提供了新的方法。但由于研究区地质构造简单，故采用基岩地表高程。对于地质构造较为复杂的矿山，需要对其地质构造进行定量分析。

7.2.5 讨论

本节应用基于熵的空间多准则决策模型，在煤矿工程地质、水文地质特征的系统分析基础上，探讨了太平煤矿 03 工作面膏体充填开采提高开采上限的几个主控因素，并对影响因素进行了三维量化分析，最终对 03 工作面底分层充填开采做出科学的区划和决策评价。由于影响近松散含水层煤层提高开采上限的因素较多，其致灾地质因素包括断裂构造、含水层富水性、覆岩破坏高度、覆岩厚度、隔水层厚度以及岩性组合等诸多因素，因而需要对几个主控因素加以重点分析。根据工程地质、水文地质与采矿条件，得出影响研究区近松散含水层煤层提高开采上限的主控因素为：覆岩厚度、基岩起伏程度、第四系底部黏土厚度、覆岩破坏高度、松散层底部含水层富水性。含水层富水性是含水层储藏地下水能力的定性描述，其影响因素众多，首先应用基于熵的空间多准则决策模型对研究区松散层底部含水层进行决策分析，获得研究区松散层底部含水层富水性分区图，研究区富水性分布不均，松散层底部含水层大部分为弱富水性区域。然后，根据 02 工作面三分层膏体充填开采过程中对上覆充填体厚度的实际探测结果，对 03 工作面底分层充填开采覆岩破坏高度进行了预测。再次，在对研究区水文地质、工程地质特征分析的基础上，对各个主控因素进行数据采集及三维空间量化分析，建立各个主控因素三维信息专题图，刻画了近松散含水层提高开采上限受控于多因素且具有非常复杂的空间分布特征。最后，根据信息熵确定了各个主控因素的权重，对各个因素量化信息图层进行归一化处理，根据权重运用 GIS 进行空间叠加分析，获得了近松散煤层提高开采上限的综合决策分区图，对研究区近松散煤层提高开采上限进行了科学的区划与决策。本节研究结果充分说明了基于熵的空间多准则决策模型适用于松散含水层下充填开采的决策评价。

7.3 基于熵的空间多准则决策模型在煤层底板突水危险性评价中的应用

岩溶在我国广泛存在，影响着我国的供水、采矿、水利水电建设、城市道路建设和日常生活活动。中国碳酸盐岩面积近 325 万平方千米，其中剥蚀岩溶面积约 125 万平方千米，赋存岩溶面积约 200 万平方千米。不幸的是，在中国北方，煤层通常在岩溶含水层之间、上方或下方。因此，中国北方 30 多个煤田面临着因煤层开采引起的岩溶含水层水浸的威胁[290]。大多数煤矿含有大量的岩溶地层，岩溶水的涌水量超过 $60m^3/min$，见表 7-7。

因此,对岩溶含水层开采引起的突水危险性进行评价,对岩溶含水层上方或下方的煤层安全开采具有重要意义。

表 7-7 采动岩溶含水层突水案例

矿井	日期	最大突水量 (m³/min)
Zibo	1935-05-13	443
Linxi	1950s	71-8
Yanmazhuang	1979-03-09	240
	1985-05-17	320
Fangezhuang	1984-06-02	2053
Renlou	1996-03-04	576
Dongpang	2003-04-12	1167
Luotuoshan	2010-03-01	1083

近年来,采矿引起的岩溶含水层突水危险性评价一直是许多研究者关注的焦点,并提出了许多基于地理信息系统的方法来解决这一问题。地质、水文地质、工程地质条件,排水条件和地下水环境以及采矿技术条件的大量相关空间数据可从有岩溶含水层的地下矿山获得。煤矿岩溶含水层突水危险性受到多个影响因素的影响,例如地质、水文地质环境,开采方法以及含水层岩层的地质力学特征等。因此,可以利用基于熵的空间多准则决策模型来解决煤矿井下岩溶含水层突水这个复杂问题,进而可以用熵的空间多准则决策模型对岩溶含水层附近煤层开采工作面突水的危险性进行评价。

7.3.1 研究区地质概况

新桥煤矿位于河南省永城市西南 16km 处的新桥镇、马桥镇和双桥镇的交界处。新桥煤矿地处中纬度季风气候区,年平均气温 14.3℃,年平均降雨量为 850.65mm,1963 年至 2017 年最大降水量为 1518.6mm(1963 年),最小为 543.7mm(2011 年)。每年超过 50% 的大气降水是在 7 月和 8 月。矿井开采通常在海平面以下 300m 至 1000m 的深度进行。本次研究区选择了新桥煤矿 2103 工作面,如图 7-14 所示,该工作面位于南一采区南翼,位于新庄西部、何庄东部,地面多是良田,无村庄房屋。工作面东部为 F_{14} 断层保护煤柱,西部为 2101 工作面(已采),南部为 F_{14} 断层保护煤柱,北部为南一采区轨道运输上山保护煤柱。工作面平均走向长 1083.5m,倾斜长度为 87.3～190.5m,标高为 −396.3～−547m。二₂煤结构较简单,煤层厚度最小 0.2m,最大 5.0m,平均 2.92m,煤层倾角 4°～12°,平均 7°,为较稳定煤层。南一采区回采工作面的主要充水水源是二₂煤层顶板砂岩裂隙水、太原群上段灰岩岩溶裂隙水、工程用水(供水水源为太原群上段灰岩水)。

二₂煤层顶板砂岩裂隙水,该含水层为弱含水层,以静储量为主,涌水相对有限,在断层发育处，小断裂构造发育有顶板滴淋水或渗水现象。2103 工作面掘进期间显示局部二$_2$煤层顶底板裂隙发育，掘进顶板滴淋水现象明显，其涌水量为 2~5m^3/h。

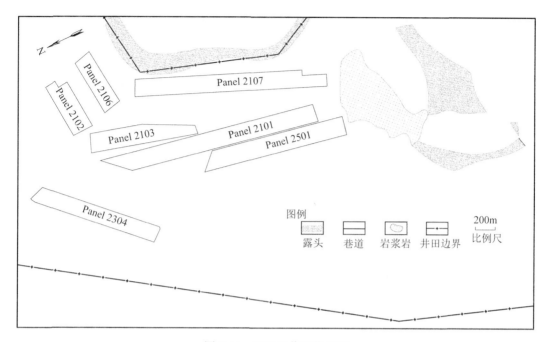

图 7-14 2103 工作面位置图

按照"预测预报、探查先行，排查会诊、系统完善，超前治理、综合防治，分类评价、消灾采掘"的防治水模式，结合"立足采面，探查先行，以堵为主，疏堵结合，分类治理，综合防治"的防治水方针，2103 工作面顶板砂岩水，因其钻探探测与疏放的难度，其钻探疏放效果较差，故采取"以疏为主，以排为辅"的工程防治技术措施。采掘揭露煤层顶板砂岩含水层的含(导)水裂隙后，含水层的涌水自动疏放流出，且能顺巷道水沟自流。

太原群上段灰岩水含水层位于二$_2$煤层底板以下 47.53m 深度，在掘进期间对太原群上段灰岩水扰动有限，其原始隔水层能够起到良好的隔水性能，太原群上段灰岩水对掘进没有影响。按照"防、堵、疏、排、截"综合防治措施，寻求针对太原群上段灰岩水采取"以堵为主，以排为辅"的具体安全对策。即在掘进期间施工钻探、注浆钻孔，先探测后注浆封堵，将煤层底板至 L$_{10}$灰岩顶界面全部改造为相对隔水层；在回采期间构建完善的排水系统，做好回采期间的安全防范，以防患于未然。

太原群上段灰岩水，该含水层平均厚约 13.58m，该含水层为较强含水层，无论是静储量还是动储量，赋存均较丰富，补给充沛；且地层层位稳定，岩溶裂隙较为发育，水蚀现象明显。水质类型为 SO$_4$-NaCa 型，属中等含水层。因此太原组上部煤层开采时，岩溶含水层中的承压水威胁着工作面的安全。二$_2$煤层底板下承压灰岩含水层水压大于 4.75MPa。

煤层底板破坏带随着开采的推进而不断发展，隔水层厚度减小。如图 7-15 所示，在可开采的二$_2$煤层下面有三个岩溶含水层。本次额外考虑了水泥浆的注浆量对岩溶含水层富水性的影响。图 7-16 显示了为加固岩溶含水层而进行注浆的 94 个钻孔。在钻探注浆过程中，测定了 L$_{10}$、L$_{11}$ 和 L$_{12}$ 含水层注浆过程中的涌水量和注浆量。本研究以岩溶含水层

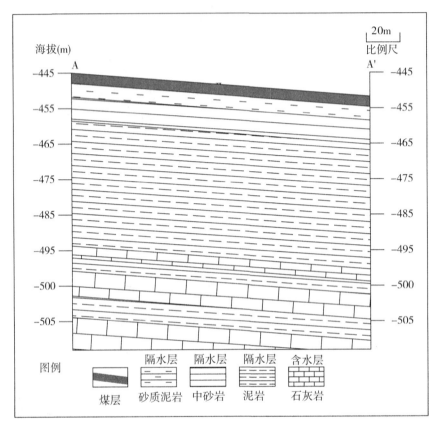

图 7-15　2103 工作面地质剖面图

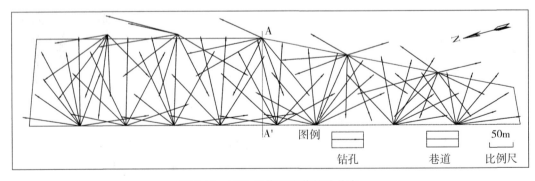

图 7-16　2103 工作面注浆钻孔分布

钻孔注浆的涌水量和注浆量为变量，根据地质、水文地质、工程地质条件和开采条件，对岩溶地层和孔隙结构的加固程度进行定量化描述。表 7-8 列出了影响岩溶含水层采动突水的 10 个扩展准则。表 7-9 列出了各含水层涌水量和注浆量。

表 7-8　　　　　　　　　　　岩溶含水层突水危险性决策准则

煤层底板突水脆弱性指数	准则	扩展准则
脆弱性指数	工程地质条件	地质构造
		隔水层厚度
		L_{10} 灰岩涌水量
		L_{11} 灰岩涌水量
		L_{12} 灰岩涌水量
	水文地质条件	灰岩承压含水层水压
		L_{12} 灰岩注浆量
		L_{11} 灰岩注浆量
		L_{10} 灰岩注浆量
	开采条件	煤层底板破坏深度

表 7-9　　　　　　　　　　岩溶含水层注浆过程中的涌水量和注浆量

含水层	钻孔总的涌水量（m^3/h）	占总涌水量的比例（%）	总注浆量（吨）	占总注浆量的比例（%）
L_{10}	2033	81.81	5971	69.58
L_{11}	328	13.20	1707	19.89
L_{12}	124	4.99	904	10.53
总计	2485	100.00	8582	100.00

本工作面地质构造条件简单，三维地震勘探和掘进共揭露 13 条断层，其中轨道顺槽揭露 1 条落差为 4.3m 的逆断层，对回采有一定的影响；初步分析判定原断层 F_{1-0I-4} 与 $F_{1-03-P4}$ 为同一断层；另有轨顺揭露 1 条落差为 4.3m 的逆断层，对回采有一定的影响；工作面内部有一条物探断层掘进期间未揭露，落差为 0~2m，对回采影响较小；其他均是小断层，对回采影响不大；轨顺与皮顺均有薄煤带，对回采影响较大。所有揭露的断层均不含水或不导水，但不排除受采动影响而活化突水的可能；这些断裂构造均对回采有不同程度的影响。其断层参数详见表 7-10。

表7-10 2103 工作面断裂构造参数

断层	走向（°）	倾向（°）	倾角（°）	断距（m）
$F_{1-03-G1}$	164°	74°	60°	1.1~2.0
$F_{1-03-G2}$	48°~159°	21°~115°	58°	2.0
$F_{1-03-G3}$	108°	18°	85°	0.8
$F_{1-03-G4}$	150°	240°	43°	2.1
$F_{1-03-G5}$	243°	153°	35°	2.1~4.0
$F_{1-03-G6}$	195°	285°	60°	1.4
$F_{1-03-G7}$	181°	91°	40°	4.3
$F_{1-03-G8}$	285°	195°	52°	2~2.4
$F_{1-03-P1}$	133°	43°	57°	2.5
$F_{1-03-P2}$	104°	194°	65°	2.7
$F_{1-03-P3}$	89°	359°	60°	2.0
F_{1-01-4}	245°	155°	60°	2.0
DSF63	67°	157°	70°	0~2.0

7.3.2　煤层底板突水空间决策准则构建及预处理方法

相对于前文充填开采的案例，2103 工作面地质构造比较复杂，可以通过计算断层构造的分形维数来对地质构造进行量化，采用盒子维法对断层的分形维数进行计算：

$$D = \dim_{\text{box}}(S)：\ = \lim_{\varepsilon \to 0} \frac{\log N(\varepsilon)}{\log(1/\varepsilon)} \tag{7-2}$$

式中，$N(\varepsilon)$ 是每边长度为 ε 的盒子数量，D 是分形 S 的盒子维数。

根据《建筑物、水体、铁路及主要井巷煤柱留设与压煤开采规范》，采用经验公式(7-3)计算煤层底板破坏带深度：

$$h = 0.0085H + 0.1665a + 0.1079L - 4.3579 \tag{7-3}$$

式中，H 为开采深度，h 为煤层底板破坏带深度，a 为倾角，L 为工作面倾斜长度。

本次研究专题图的制作，采用普通克里金插值法，其步骤如下：首先，定义二阶平稳随机函数为：

$$Z^*(x) = \sum_{i=1}^{n} \lambda_i Z(x_i) \tag{7-4}$$

式中，λ_i 是权重系数，它表示每个空间采样点上的观测值 $Z(x_i)$ 对估计值 $Z^*(x)$ 的贡献。协方差函数可以定义为：

$$\sigma^2 = c(x, x) - 2\sum_{i=1}^{n} \lambda_i c(x_i, x) + \sum_{i=1}^{n}\sum_{j=1}^{n} \lambda_i \lambda_j c(x_i, x_j) \tag{7-5}$$

变异函数模型是理论上常用的一种模型。球形变异函数模型定义为：

$$\gamma(h) = \begin{cases} 0, & h = 0 \\ C_0 + C\left(\dfrac{3}{2} \cdot \dfrac{h}{a} - \dfrac{1}{2} \cdot \dfrac{h^3}{a^3}\right), & 0 < h \leqslant a \\ C_0 + C, & h > a \end{cases} \tag{7-6}$$

式中，C_0 是熔核常数，a 是可变范围，$C_0 + C$ 是部分临界值。根据协方差函数和变异函数之间的关系：$c(h) = c(0) - \gamma(h)$，普通克里金方程可以定义为：

$$\begin{cases} \boldsymbol{K\lambda} = \boldsymbol{D} \\ \boldsymbol{K} = \begin{pmatrix} c_{11} & c_{12} & \cdots & c_{1n} & 1 \\ c_{21} & c_{22} & \cdots & c_{2n} & 1 \\ \vdots & \vdots & & \vdots & \vdots \\ c_{n1} & c_{n2} & \cdots & c_{nn} & 1 \\ 1 & 1 & \cdots & 1 & 0 \end{pmatrix}, \ \boldsymbol{\lambda} = \begin{pmatrix} \lambda_1 \\ \lambda_2 \\ \vdots \\ \lambda_n \\ -\mu \end{pmatrix}, \ \boldsymbol{D} = \begin{pmatrix} c(x_1, \ x) \\ c(x_2, \ x) \\ \vdots \\ c(x_n, \ x) \\ 1 \end{pmatrix} \end{cases} \tag{7-7}$$

根据拉格朗日原理计算权重系数 λ_i，然后在 GIS 中计算每个空间点的估计值 $Z^*(x)$。

基于以上方法，获得 L_{10}、L_{11} 和 L_{12} 含水层的含水量分布如图 7-17(e)、图 7-17(d) 和图 7-17(c) 所示，而三个含水层的注浆量如图 7-17(i)、图 7-17(h) 和图 7-17(g) 所示。L_{10}、L_{11} 含水层含水量大，岩溶裂隙发育，补给 L_{12} 含水层。地质构造的准则在图 7-17(a) 中进行了量化和标准化。对煤层底板破坏深度准则进行了量化和归一化，结果如图7-17(j) 所示。

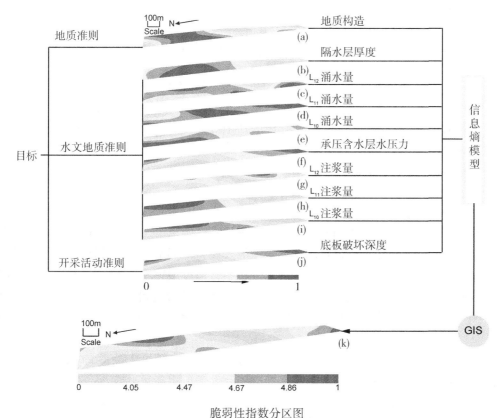

脆弱性指数分区图

图 7-17 岩溶含水层突水危险性图

7.3.3　基于熵的煤层底板突水空间多准则决策

在基于熵的空间多准则决策模型中，加权线性组合（WLC）模型是 GIS 环境下应用最广泛的组合地图决策规则之一。各个准则的权重向量为 $w = (w_1, w_2, \cdots, w_m)^T$，$w_j \geq 0$，$j = 1, 2, \cdots, m$。

$$VI = \sum_{j=1}^{m} w_j \cdot f_j(x, y) \tag{7-8}$$

为了区分与松散含水层下煤层开采危险性评价指标，本次研究基于加权线性组合方法定义煤层底板突水脆弱性指数 VI；w_j 是第 j 项准则的权重；f_j 是第 j 项准则的函数；(x, y) 是各个准则的坐标。

基于熵的空间多准则决策模型中对权重的计算，获得煤层底板突水危险性评价准则的权重向量为：$(0.20, 0.19, 0.26, 0.10, 0.25)$。然后得到所有准则的总加权线性组合值，并自动生成脆弱性指数的脆弱性分区图，如图 7-17(k) 所示。根据表 7-11 确定了煤层开采引起的岩溶含水层突水脆弱性等级。

表 7-11　　　　　　　　　　　岩溶含水层开采脆弱性指数等级

脆弱性指数等级	非常低	低	中等	高	非常高
脆弱性指数	$0 \leq VI \leq 0.2$	$0.2 < VI < 0.4$	$0.4 \leq VI \leq 0.6$	$0.6 < VI < 0.8$	$0.8 \leq VI \leq 1$
所占比例	2%	82.4%	15%	0.5%	0.1%

2103 工作面区域内 99.6% 区域的脆弱性指数被划分为低至中等脆弱性。在脆弱性指数分区图中（图 7-17(k)），脆弱性指数非常高的区域有薄的隔水层和较高的水压，灰岩含水层具有显著的富水性。因此，该区域在煤层开采过程中当底板隔水层发生破坏后易发生灰岩含水层突水。为了防止此区域岩溶含水层上开采过程中煤层底板突水，需要更多的注浆钻孔和更大的注浆量。

7.3.4　不确定性分析

在现实生活中，测量误差通常是可用信息不确定性的结果。因此，在处理空间多准则决策问题的过程中，应考虑到信息的缺乏。一般来说，外部不确定性的性质与决策环境有关。敏感性分析将不确定性纳入多准则决策分析中，通过敏感性分析，可以找到影响模型的敏感准则，并确定这些准则对决策结果的影响。敏感性分析可以量化不确定性的标准，确定不确定性的影响以及建模预测时变化的影响。敏感性分析包括全局或局部敏感性分析。

在基于 GIS 的多准则决策中，局部敏感性分析可以用来评价决策系统中各因素的局部变化。首先可以为每个单独的元素选择不同的输入，然后重新运行模型；然后，记录相应的结果变化，这是最常见的过程，能够影响模型结果的准则被认为是最重要的。在这项研究中，使用局部敏感性分析来探讨所选准则是如何影响岩溶承压含水层上开采煤层底板突水的脆弱性及其敏感性的。

选择的准则是影响开采引起的岩溶含水层突水脆弱性指数的敏感参数，如图 7-18 所示。选取岩溶含水层的涌水量和岩溶含水层所需的注浆量来代表岩溶含水层的参数。地质构造对脆弱性指数奉献的权重小于 0.085。也就是说，当地质构造复杂程度非常高时，地质构造是一个敏感参数。随着隔水层厚度的增加，脆弱性指数降低。含水层富水性和含水层水压是灰岩含水层的重要特征，因而其是敏感性参数。

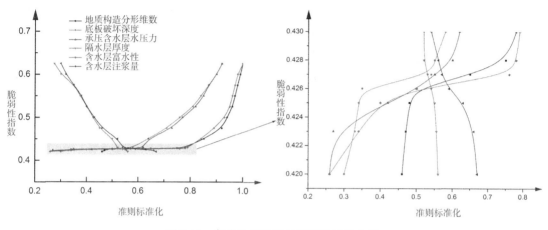

图 7-18　各个决策准则的局部敏感性分析

2103 工作面底板裂隙发育，裂隙连通性能较好，太原群上段灰岩含水层富水性不强，底板可注性较好，工作面底板注浆改造整体效果较好，对断层区域进行了有效注浆加固。工作面底板注浆改造加固工程已顺利完成，其底板隔水层厚度超过了 78.19m，因此，在底板岩石完整段是可以安全回采的，在构造破坏地段回采有一定的威胁，需要构建预防性排水系统，以确保工作面能够安全回采。

7.3.5　讨论

开采引起的岩溶含水层的突水受到许多因素的影响。为了防止岩溶含水层的突水，必须进行煤层开采中岩溶含水层突水的脆弱性评估。为此，基于熵的空间多准则决策模型提出了一个脆弱性指标 VI。随后，通过开发了的基于熵的空间多准则决策应用程序，简化了评估过程，促进了相关数据的管理。

以新桥煤矿岩溶含水层上煤层开采底板突水脆弱性评价为例，对该模型与系统进行了验证，结果表明，新建立的基于熵的空间多准则决策系统能够提供客观、准确的评价。基于熵的空间多准则决策评价系统可用于评价地质、水文地质条件和采矿活动变化过程中的岩溶含水层突水脆弱性。在评价体系中，对岩溶含水层突水脆弱性进行了量化。因此，基于熵的空间多准则决策模型及程序简化了评估程序，基于熵的空间多准则决策模型在煤层底板岩溶承压含水层突水脆弱性决策中应用是可行的。

7.4　本章小结

  本章首先对基于熵的空间多准则决策系统，在 GIS 二次开发的基础上形成具有快速计算输出结果的集成系统，系统主要应用于近水体采煤的多准则空间决策，软件正常安装后，客户使用时需要用户名和密码，客户登录后输入大量数据或自动识别数据，然后自动读取数据，自动计算可视化输出图像。同时，系统最大限度地实现了易安装，易维护，易操作，运行稳定，安全可靠。本章选择了两种类型的近水体采煤案例进行了研究：薄基岩下近松散含水层采煤充填开采和承压水体上煤层开采，并对两个案例研究结果进行了不确定性分析。结果表明，基于熵的空间多准则决策模型及程序有效简化了评估程序，基于熵的空间多准则决策模型无论是在薄基岩下近松散含水层采煤充填开采危险性决策还是在煤层底板岩溶承压含水层突水脆弱性决策中应用都是可行的。

第8章 空间多准则决策模型的对比应用研究

8.1 基于模糊数学的空间多准则决策研究

矿山工程有三个主要组成部分：描述岩体结构、应用工程地质和理解工程地质中的数据转换过程。注浆加固可以改善岩体的力学性能和结构的完整性，保持岩体整体结构，封闭岩体裂隙。注浆时，可防止岩体风化。近年来，我国煤矿多达 250 亿吨的煤炭储量受到洪涝灾害的威胁，超过 50% 的煤炭储量主要分布在华北石炭纪—二叠纪时期的煤田。寒武纪或奥陶纪灰岩含水层通常发现在煤矿的石炭纪—二叠纪地层底部。随着开采深度的增加，煤矿工作面面临着底板突水的威胁。在高压岩溶含水层附近对煤层进行开采时，一般采用两种方法，即促进排水以降低水压，或者采用注浆加固改变含水层的性质。但是，随着深度的增加，煤层排水方法不仅成本在增加，地下水也会受到影响。应用水泥浆阻止煤层底板突水和重建含水层是防止和控制在承压含水层上开采时从岩溶含水层涌水到煤层的有效方法。降低含水层渗透性和重建含水层的技术已逐渐成熟。减少突水事件的最直接方法是使用注浆，注浆将封闭岩体裂隙、断层和岩溶的水流通道，以降低渗透性或形成隔水层。本章案例将基于模糊数学的空间多准则决策模型对注浆前后高承压含水层上煤层开采底板突水危险性进行评价，以对比基于熵的空间多准则决策模型和基于模糊数学的空间多准则决策模型在工程应用中的优越性。

Zadeh 于 1965 年首先提出了模糊集的概念[291]，模糊集是具有不同隶属度元素的集合。这一概念随后得到迅速发展和广泛应用。矿井底板突水作为评价对象，具有非线性动态特性。它受到许多复杂因素的影响，这些因素具有不确定性、随机性和模糊性。由于突水的模糊性(不确定性)，用经典数学模型无法确定突水。利用基于模糊集的模糊综合评判方法，可构造评价对象各因素的隶属度。基于 GIS 和模糊集理论，可构建一种定量的方法用于评价突水危险性。

基于模糊数学的空间多准则决策模型步骤如下：

1)建立决策准则集合

决策准则集合包含了所有影响评价对象的准则或因素，例如水文地质、工程地质条件和开采条件等。决策准则集合定义为：$U = \{u_1, u_2, \cdots, u_i\}$，其中 $u_i(i = 1, 2, \cdots, n)$ 是影响决策对象的第 i 项准则。

2)建立评价集合

评价集合包括所有可能出现的对评价对象的评价决策结果。评价集合可以定义为：

$V = \{v_1,\ v_2,\ \cdots,\ v_j\}$，其中 $v_j(j = 1,\ 2,\ \cdots,\ n)$ 是可能出现的评价结果。

3）计算权向量

在模糊综合决策中，每个准则对决策结果有不同程度的贡献，需要对其贡献程度进行定量化计算，然后获得权重集合：$A = (a_1,\ a_2,\ a_3,\ \cdots,\ a_i)$，其中 $a_i > > 0$，表示第 i 项准则的权重，并且 $\sum a_i = 1$，$a_i(i = 1,\ 2,\ \cdots,\ n)$。权向量的计算采用基于熵的多准则决策模型中权重的计算方法，基于信息熵来对权向量进行计算。

4）基于 GIS 建立单因素评价模糊关系矩阵

模糊逻辑本质的原理是将输入空间中的每个点映射到区间 $[0,\ 1]$ 的一个隶属度值，作为估值延伸的真实度可以更合理地定义。因此，对于区域性评价，基于 GIS 可以确定单因素的隶属度，得到单因素评价集：

$$R_i = (r_{i1},\ r_{i2},\ \cdots,\ r_{ij})(i = 1,\ 2,\ \cdots,\ m)\ (j = 1,\ 2,\ \cdots,\ n) \tag{8-1}$$

式中，i 是指标集合中的元素数，r_{ij} 是评价对象对 v_j 评价集中元素的隶属度，j 是评价集中的元素数。

Mandelbrot 创造了"分形"一词，并确定了构成分形理论基础的四个组成部分，分形理论认为宇宙由不断适应环境的复杂系统组成，包括：关系、模式、涌现和迭代。这些不同的特征是用分形分析来衡量的，也就是说，分形特征被量化。图案尺度的变化通过一个称为分形维数的比率来表示。用分形维数定量地解释断裂作用分布的复杂性和构造演化的成熟度。断层空间分布的分形维数是断层维数与复合模式的综合因子。断层的分形结构特征与流体运移和构造活动有着重要的关系。本案例研究采用与前文类似的盒子维计算方法，对研究区断层构造的分形维数进行计算。

建立隶属函数的方法有很多，如模糊统计法和德尔菲法。隶属度函数的形式有：正态、三角模糊数、半梯形、梯形等。本研究首先基于 GIS，利用绘图、网格生成和插值工具对专题地图进行量化，确定隶属度，为各个因子提供数据属性表，从而得到各因子的空间变异特征。然后，对各个准则专题图的分类和决策结果专题图的分类采用前文提出的基于熵的空间多准则决策模型中的自然间断法进行分类，从而获得各个分区临界值。最后，通过对各个准则专题图的分类，利用下式计算获得各个准则的隶属度：

$$r_{ij}(x) = \frac{S_{ij}}{S} \tag{8-2}$$

式中，$r_{ij}(x)$ 是 v_j 的隶属度，S_{ij} 是第 j 项准则专题图中的第 j 项分类区域。将各因素评价集的隶属度按行排列，单因素评价矩阵可表示为：

$$R = \begin{bmatrix} r_{11} & r_{12} & \cdots & r_{1n} \\ r_{21} & r_{22} & \cdots & r_{2n} \\ \vdots & \vdots & & \vdots \\ r_{m1} & r_{m2} & \cdots & r_{mn} \end{bmatrix} \tag{8-3}$$

式中，n 是评价集中的元素数，m 是指标集中的元素数。

5) 多准则模糊综合评价

多个因素的最终评价集可以定义为：$B = (b_1, b_2, \cdots, b_j)(j = 1, 2, \cdots n)$，$B = A * R$，其中"$*$"表示模糊算子，$b_j$ 是考虑多因素影响时，被评价对象对评价集中第 j 个可能评价结果的隶属度。根据最大隶属度原则确定被评价对象的风险等级，即被评价对象的隶属度对评价集中可能评价结果的综合程度，可以表示为：

首先定义 $A_i \in F(U)$ $(i = 1, 2, \cdots, n)$，$u_0 \in U$，如果存在 i_0，那么

$$A_{i_0}(u_0) = \max\{A_1(u_0), A_2(u_0), \cdots, A_n(u_0)\} \tag{8-4}$$

式中，u_0 可以相对属于 A_{i_0}，这就是最大隶属原则。

8.1.1　研究区概况

陈四楼煤矿位于河南省永城市以北 10 千米处的陈四楼村。陈四楼煤矿地处黄淮平原的东部，地势平坦，区内第四系松散层分布广泛，位于中纬度半湿润半干旱地区，属季风型气候。开采水平一般在海平面以下 300m 至 900m 之间。下二叠统山西组含煤地层含煤性好，二$_2$煤层是陈四楼煤矿的主要可采煤层，产于山西组下二叠统，二$_2$煤层的平均厚度为 2.45m。

研究区内的地层从老到新包括中奥陶统（O_2）、中上石炭统（C_2、C_3）、二叠系（P）、新近系（E）和第四系（Q）沉积，含煤层地层综合柱状图如图 8-1 所示。陈四楼煤矿受多期构造运动、褶皱和断裂作用的影响。研究区地质构造主要为北西北（NNW）走向的单斜构造，略倾向西南（SWW）。东西向（EW）和南北（SN）向矿井的地质构造有明显的差异。在南北向（SN）矿井的地质构造中，褶皱是主要的构造类型，断层是次要的构造类型。在东西向矿井中，断层是主要的构造类型。采用长壁后退式放顶煤法开采南北翼单水平煤层。

如图 8-2 所示，位于 5 采区的 2517 工作面二$_2$煤层稳定，可进行开采。在工作面掘进和勘探过程中，共揭露了 50 条断层构造。在这些被报告的断层中，有 4 个逆向断层，其他都是正断层。断距在 4~7m 之间的断层有 6 条，断距在 1~4m 之间的断层有 27 条，断距小于 1m 的断层有 17 条。

可采二$_2$煤层下面的太原组上部灰岩含水层含有三个岩溶含水层：L_{11}、L_{10} 和 L_8。L_{11}、L_{10}、L_8 灰岩含水层顶部与二$_2$煤层底部之间的岩层平均距离分别为 43.6m、58.6m 和 75.8m。L_{11} 灰岩含水层可以通过岩层间的裂隙被 L_{10} 和 L_8 灰岩含水层补充。二$_2$煤层底板下太原组上部灰岩含水层水压大于 5.8MPa。此区域的水文地质条件复杂，因此必须对含水层进行注浆加固，增加煤层底板隔水层厚度，必须重构隔水屏障，防止由于煤层的开采，煤层底板隔水层破坏而导致煤层底板水害的发生。

因此在研究区 2517 工作面中，如图 8-3 所示，共进行了 248 个注浆钻孔。注浆钻孔完成后测定了 L_{11}、L_{10} 和 L_8 灰岩含水层注浆过程中的总涌水量和注浆量。各含水层涌水量和注浆量的比例见表 8-1。L_{10} 和 L_8 灰岩含水层是威胁矿井安全开采的主要含水层。L_{10}、L_8 灰岩含水层含水量大，岩溶裂隙发育，L_{10} 灰岩含水层和 L_8 灰岩含水层可补给 L_{11} 灰岩含水层。

地层单元		图　例 2m 比例尺	岩性	平均厚度(m)	备注
系	组				
二叠系	山西组	II₂	煤层	2.5	
			砂质泥岩		隔水层
			中细砂岩	49.87	
			泥岩		
			中砂岩		
			砂质泥岩		
	太原组	L₁₁	石灰岩	1.85	
			中砂岩	5.92	含水层
		L₁₀	石灰岩	2.20	
			砂质泥岩	6.57	隔水层
		L₉	石灰岩	5.10	含水层
			砂质泥岩	6.35	隔水层
		L₈	石灰岩	13.11	含水层

图 8-1　研究区含煤层地层综合柱状图

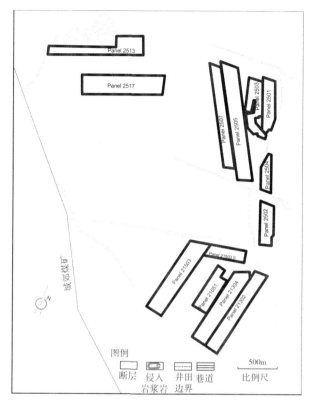

图 8-2 工作面布置图

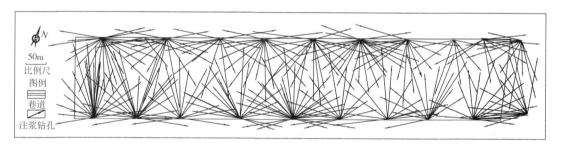

图 8-3 2517 工作面注浆钻孔分布图

表 8-1   含水层涌水量与注浆量

含水层	总的涌水量（m³/h）	占总涌水量的比例（%）	平均钻孔涌水量（m³/h）	总注浆量（t）	占总注浆量的比例（%）	钻孔的总注浆量(t)
L_{11}	777	7.14	33.8	1432	7.35	79.6
L_{10}	4966	45.66	37.3	9229	47.38	124.7
L_8	5124	47.2	26.9	8816	45.26	114.5
总计	10877	100	31.3	19476.4	100	115.2

8.1.2 基于模糊数学的空间决策准则构建及预处理方法

可采二$_2$煤层下伏的岩溶含水层是陈四楼煤矿太原组上部灰岩含水层。在进行注浆加固后，矿区具有类似地质条件，相近的 21201、21301 和 21302 工作面已安全开采。地质构造的这些特征可以用分形分析和相似维数来量化。

底板岩溶含水层被注浆加固后，地质构造指标受断层(或断裂带)的影响和 L$_{11}$灰岩含水层、L$_{10}$灰岩含水层和 L$_8$灰岩含水层注浆量(即注浆主要用于填充裂隙)的模糊综合评价影响。隔水层指标受 L$_{11}$灰岩含水层与二$_2$煤层之间隔水层厚度、L$_{11}$灰岩含水层与 L$_{10}$灰岩含水层厚度、L$_8$灰岩含水层与二$_2$煤层隔水层厚度的影响。由于采用注浆加固处理后，L$_{11}$灰岩含水层和 L$_{10}$灰岩含水层变为隔水层，在模糊综合评价中，L$_8$灰岩含水层的水压、L$_8$灰岩含水层的涌水量和注浆量、L$_{11}$灰岩含水层和 L$_{10}$灰岩含水层的涌水量和注浆量影响下伏含水层的指标。通过对已经开采工作面的现场探测，对开采深度和煤层底板的破坏进行了调查，这些工作面也均采用注浆加固处理。

在模糊综合评价空间多准则决策中，基于以上分析提出了影响二$_2$煤层开采煤层底板突水危险性的四个主要控制指标，其中注浆后共包含 10 个子因素(不注浆时包括 7 个子因素)，具体包括：

(1)下伏含水层：L$_{11}$灰岩含水层、L$_{10}$灰岩含水层和 L$_8$灰岩含水层的涌水量和 L$_8$灰岩含水层的水压(不进行注浆加固时为 L$_{11}$灰岩含水层水压)；

(2)隔水层：进行注浆加固时 L$_8$灰岩含水层水压(不进行注浆加固时为 L$_{11}$灰岩含水层水压)与二$_2$煤层之间隔水层厚度，L$_{11}$灰岩含水层、L$_{10}$灰岩含水层和 L$_8$灰岩含水层注浆量；

(3)地质构造：断层(或断裂带)的相似维数；

(4)开采条件：煤层底板破坏深度。

根据以上分析，可以确定研究区在经过注浆加固后煤层底板突水危险性空间多准则决策的模糊综合评价准则(指标)为：$U = (U_1, U_2, U_3, U_4, U_5, U_6, U_7, U_8, U_9, U_{10})$(式中指标为断层或断裂带相似维数、煤层底板破坏深度、L$_8$灰岩含水层水压、煤层与 L$_{11}$灰岩含水层隔水层厚度、L$_{11}$灰岩含水层、L$_{10}$灰岩含水层和 L$_8$灰岩含水层的涌水量，以及 L$_{11}$灰岩含水层、L$_{10}$灰岩含水层和 L$_8$灰岩含水层的注浆量)。

研究区在未经过注浆加固的煤层底板突水危险性空间多准则决策的模糊综合评价准则(指标)为：$U' = (U'_1, U'_2, U'_3, U'_4, U'_5, U'_6, U'_7)$(式中指标分别为断层或断裂带相似维数、煤层底板破坏深度、L$_8$灰岩含水层水压、煤层与 L$_8$灰岩含水层隔水层厚度、L$_{11}$灰岩含水层、L$_{10}$灰岩含水层和 L$_8$灰岩含水层的涌水量)。

将研究区域划分为 60 个正方形网格，每个网格的边长为 100m，如图 8-4 所示，则相似比率分别为：$r= 1，1/2，1/4$ 和 $1/8$。相似维数根据第 6 章公式计算，计算结果见表 8-2。

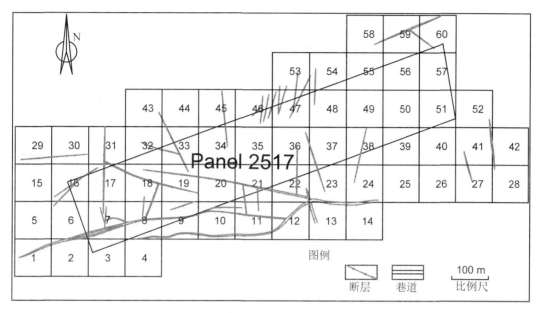

图 8-4 研究区 2517 工作面构造纲要图

表 8-2   2517 工作面的相似维数

序号	相似维数	序号	相似维数	序号	相似维数	序号	相似维数
1	1.107309	16	1.3023	31	1.05664	46	1.38998
2	0.935785	17	1.3023	32	0.77398	47	1.46411
3	0	18	1.33333	33	1.15314	48	0.52832
4	0	19	1.38998	34	0.33333	49	0
5	0	20	1	35	0	50	0
6	1	21	1.3023	36	0.93578	51	0
7	1.56681	22	1.33333	37	0.77398	52	0
8	1.3023	23	1.26912	38	1	53	1.056642
9	1.48648	24	1	39	0	54	0.77398
10	1.48648	25	0	40	0	55	0
11	1.486477	26	0	41	0.935785	56	0
12	1.23348	27	0.773976	42	0.666667	57	0
13	0.935785	28	0	43	0.528321	58	0.528321
14	0.861654	29	0.935785	44	0.333333	59	1.107309
15	0	30	1	45	1	60	1.10731

在本研究中，利用水文地质、工程地质和开采条件相似的已经进行过注浆加固处理的开采工作面的现场测试结果，对煤层底板破坏深度进行预测。如图 8-5 所述，根据相似工作面实测数据获得的开采深度与煤层底板破坏深度之间的定量关系：

$$h = 6.65\ln H - 28.72 \tag{8-5}$$

式中，H 为开采深度，h 为煤层底板破坏深度。

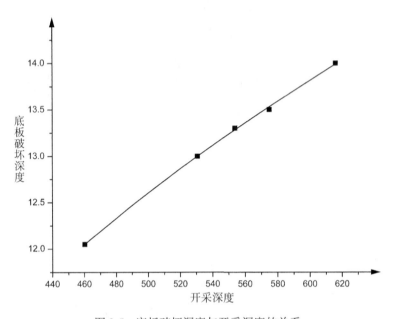

图 8-5　底板破坏深度与开采深度的关系

在未经过注浆加固后开采时，煤层底板破坏深度的预测采用《建筑物、水体、铁路及主要井巷煤柱留设与压煤开采规范》中的经验公式对 2517 工作面的底板破坏深度进行计算：

$$h = 0.0085H + 0.1665a + 0.1079L - 4.3579 \tag{8-6}$$

式中，H 为开采深度，h 为煤层底板破坏深度，a 为煤层倾角，L 为工作面倾向长度。对注浆/不注浆时煤层底板破坏深度进行了预测量化，并列举在表 8-3 中。

表 8-3　　　　　　　　　　注浆/不注浆时煤层底板破坏深度

编号	底板破坏深度（m）		编号	底板破坏深度（m）	
	注浆	不注浆		注浆	不注浆
0	15.56	20.89	4	15.39	20.72
1	15.58	20.91	5	15.27	20.59
2	15.52	20.84	6	15.2	20.52
3	15.44	20.76	7	15.35	20.67

续表

编号	底板破坏深度（m）		编号	底板破坏深度（m）	
	注浆	不注浆		注浆	不注浆
8	15.33	20.66	23	15.38	20.71
9	15.27	20.59	24	15.5	20.83
10	15.27	20.59	25	15.16	20.49
11	15.27	20.60	26	15.14	20.46
12	15.28	20.60	27	15.12	20.44
13	15.26	20.58	28	15.17	20.49
14	15.32	20.64	29	15.24	20.56
15	15.28	20.60	30	15.32	20.64
16	15.27	20.59	31	15.48	20.80
17	15.25	20.57	32	15.44	20.76
18	15.23	20.55	33	15.09	20.42
19	15.21	20.53	34	15.2	20.52
20	15.21	20.54	35	15.27	20.60
21	15.25	20.57	36	15.44	20.76
22	15.22	20.55	37	15.43	20.75

8.1.3 基于模糊数学的空间多准则决策研究

基于研究区的水文地质、工程地质和开采条件分析，煤层底板突水危险性空间多准则决策的模糊综合评价集可定义为：$V=\{$非常高，高，中等，低，非常低$\}$。根据 2517 工作面进行注浆加固的 248 个注浆钻孔获得的数据，对获得的专题图根据第 6 章中数据的类型进行归一化处理，注浆/未注浆时各个评价准则因素的专题图如图 8-6 和图 8-7 所示。其中，地质构造评价准则的相似维数专题图如图 8-6(a) 和图 8-7(a) 所示。

建立研究区煤层底板突水危险性评价集和单因素评价矩阵，对图 8-6 和图 8-7 中注浆/未注浆时各个评价准则因素的专题图采用自然间断法进行分类，分成 5 个区域：$\{S_1, S_2, S_3, S_4, S_5\}$。根据评价集，以无量纲专题地图为指标集，利用式(8-2)确定隶属度。因此，煤层底板突水单因素评价矩阵是通过安排注浆/未注浆时各因素评价集的隶属度来确定的，分别如下：

$$R = \begin{bmatrix} 0.2362 & 0.2877 & 0.1807 & 0.0890 & 0.2063 \\ 0.1081 & 0.1324 & 0.1424 & 0.4662 & 0.1508 \\ 0.0720 & 0.1427 & 0.4104 & 0.3067 & 0.0681 \\ 0.1824 & 0.1522 & 0.1570 & 0.2093 & 0.2991 \\ 0.0510 & 0.1733 & 0.2582 & 0.3505 & 0.1671 \\ 0.0310 & 0.1475 & 0.2453 & 0.2765 & 0.3997 \\ 0.0276 & 0.2688 & 0.2962 & 0.2812 & 0.1263 \\ 0.4273 & 0.1051 & 0.1765 & 0.1635 & 0.1277 \\ 0.1580 & 0.2119 & 0.2444 & 0.2632 & 0.1225 \\ 0.1139 & 0.1069 & 0.1402 & 0.3996 & 0.2394 \end{bmatrix} \tag{8-7}$$

$$R_1 = \begin{bmatrix} 0.2362 & 0.2877 & 0.1807 & 0.0890 & 0.2063 \\ 0.2491 & 0.2688 & 0.2062 & 0.1990 & 0.0769 \\ 0.2932 & 0.1940 & 0.0873 & 0.1463 & 0.1792 \\ 0.2348 & 0.2352 & 0.2664 & 0.1129 & 0.1507 \\ 0.0510 & 0.1733 & 0.2582 & 0.3505 & 0.1671 \\ 0.0310 & 0.1475 & 0.2453 & 0.2765 & 0.3997 \\ 0.0276 & 0.2688 & 0.2962 & 0.2812 & 0.1263 \end{bmatrix} \tag{8-8}$$

为了计算影响 2517 工作面煤层底板突水危险性每个因子的熵和权重，分别从工作面的西南、中部和东北位置收集了 38 组现场观测和代表性计算数据，如图 8-6 和图 8-7 所示。灰岩含水层的隔水层厚度和注浆量是其效益指标。断层或断裂带、煤层底板破坏深度、水压和灰岩含水层涌水量是成本指标。首先，从图 8-6 和图 8-7 获得注浆/不注浆的标准化指标值，并构造 $R' = (r'_{ij})_{n \cdot m}$ 来表示指标的归一化值集，然后计算各指标熵，最后计算各指标的权重，当研究区进行注浆时，各指标的权重见表 8-4，影响煤层底板突水危

表 8-4　　　　　　　　　　　　　注浆加固后煤层底板突水影响因素权重

因素		权重
断层(或断裂带)相似维数，U_1		0.1405
煤层底板破坏深度，U_2		0.0528
L_8灰岩含水层水压，U_3		0.0942
L_8灰岩含水层与二$_2$煤层间隔水层厚度，U_4		0.0704
灰岩含水层涌水量	L_{11}，U_5	0.0365
	L_{10}，U_6	0.0358
	L_8，U_7	0.0753
灰岩含水层注浆量	L_{11}，U_8	0.2766
	L_{10}，U_9	0.1179
	L_8，U_{10}	0.1000

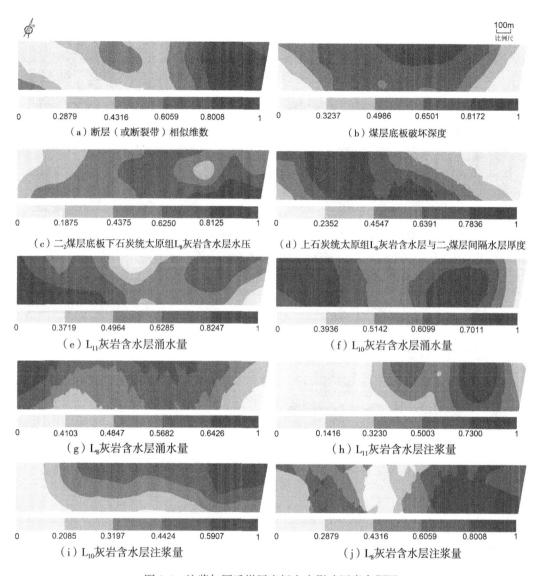

图 8-6 注浆加固后煤层底板突水影响因素专题图

险性决策各因素的权重集 A 为：

$A=(0.1405，0.0528，0.0942，0.0704，0.0365，0.0358，0.0753，0.2766，0.1179，$
$0.1000)$

当研究区不进行注浆时，各指标的权重见表 8-5，影响煤层底板突水危险性决策各因素的权重集 A_1 为：

$A_1=(0.2294，0.1307，0.1956，0.2033，0.0596，0.0584，0.1230)$

当研究区不进行注浆时，煤层底板突水危险性模糊综合决策结果为：

$B_1=A_1 \cdot R_1=\{0.2001，0.2148，0.2117，0.1819，0.1719\}$

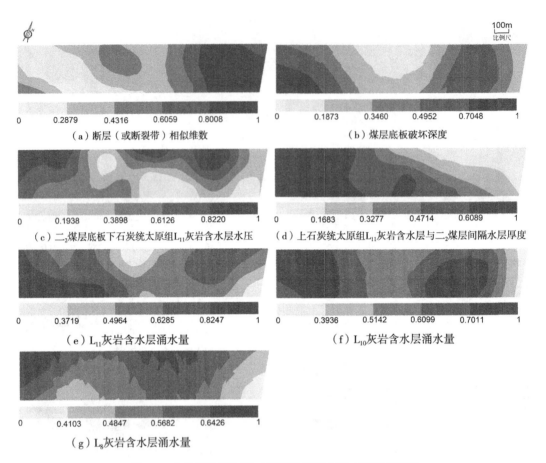

（a）断层（或断裂带）相似维数　　　　　　（b）煤层底板破坏深度

（c）二$_2$煤层底板下石炭统太原组L$_{11}$灰岩含水层水压　　（d）上石炭统太原组L$_{11}$灰岩含水层与二$_2$煤层间隔水层厚度

（e）L$_{11}$灰岩含水层涌水量　　　　　　（f）L$_{10}$灰岩含水层涌水量

（g）L$_8$灰岩含水层涌水量

图 8-7　未进行注浆加固时煤层底板突水影响因素专题图

表 8-5　　　　　　　　　　未注浆加固时煤层底板突水影响因素权重

因素		权重
断层（或断裂带）相似维数，U_1'		0.2294
煤层底板破坏深度，U_2'		0.1307
L$_{11}$灰岩含水层水压，U_3'		0.1956
L$_{11}$灰岩含水层与二$_2$煤层间隔水层厚度，U_4'		0.2033
灰岩含水层涌水量	L$_{11}$，U_5'	0.0596
	L$_{10}$，U_6'	0.0584
	L$_8$，U_7'	0.1230

　　当二$_2$煤层开采时，未使用注浆作为含水层加固处理重构隔水层，2517 工作面有很高的突水风险。

当研究区进行注浆时，煤层底板突水危险性模糊综合决策结果为：

$$B = A \cdot R = \{ 0.2118, \ 0.1534, \ 0.2184, \ 0.2484, \ 0.1680 \}$$

根据评价结果和最大隶属度原则，认为陈四楼煤矿二$_2$煤层 2517 工作面在进行注浆加固处理后突水危险性较低。这意味着，在开采过程中，采用注浆作为降低含水层渗透性的处理措施后，2517 工作面不会出现严重的突水问题。

8.1.4　基于模糊数学的空间多准则决策结果验证

根据《煤矿防治水细则》，承压水体上开采时，判定煤层底板危险性的一个经验系数为突水系数 T。

$$T = \frac{P}{M} \tag{8-9}$$

式中，T 为突水系数，P 为煤层底板下承压含水层的水压，M 为煤层底板与承压含水层间隔水层的厚度。在实际中，由于隔水层的厚度，特别是注浆后，隔水层的有效性无法准确确定。因此，突水系数不能用于预测注浆加固后 2517 工作面是否可能发生突水。为了验证评价结果的有效性，采用瞬变电磁法对 2517 工作面煤层底板注浆后降低渗透率的岩层电阻率进行了测试，如图 8-8 所示。本次瞬变电磁法勘探采用重叠回线装置，发射和接收线框采用多匝 2m×2m 矩形回线。采样时窗为：1~34，叠加次数为 64，时间采用标准时间序列。在 2517 工作面上顺槽内设计 106 个测点，每个测点向分别沿工作面底板下60°、工作面底板下 45°两个方向进行探测。2517 工作面下顺槽内设计 111 个测点，每个测点向分别沿工作面底板下−120°、工作面底板下−150°两个方向进行探测。

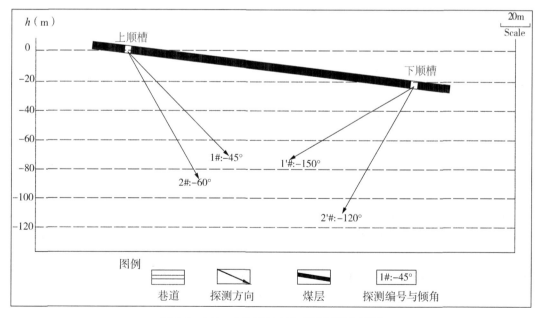

图 8-8　2517 工作面瞬变电磁法探测布置图

2517 工作面视电阻率等值线图如图 8-9 所示，在上、下顺槽一侧探测范围内，40m 深度范围内煤层底板的视电阻率等值线连续性较好，地层电性变化不大，没有明显的低阻出现。这说明 40m 深度范围内没有明显存含水地质构造异常或隐伏导含水通道。在 40m 深度以下，总体上探测范围内电性横向较均匀，局部存在相对低阻异常，说明该范围内整体上注浆效果较好，但局部富水性仍较强。

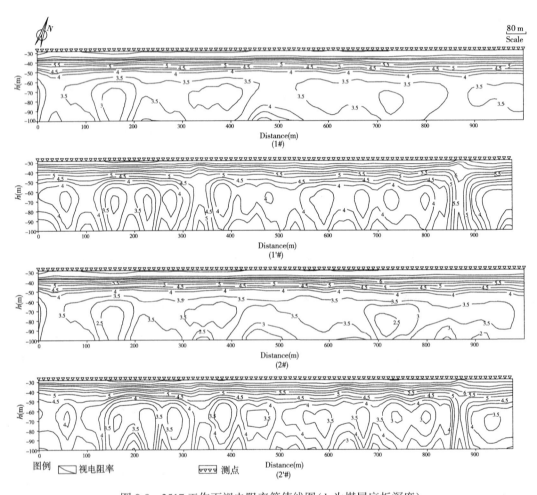

图 8-9　2517 工作面视电阻率等值线图(h 为煤层底板深度)

由于隶属函数有不同的形式，确定和选择隶属函数的过程是主观的。因此，地理信息系统可以用来确定无量纲专题地图的隶属度，而无量纲专题地图采用自然间断法进行分类，指标具有空间属性。使用地理信息系统来确定隶属度比使用传统的隶属函数更适用。因此，2014 年 11 月至 2016 年 4 月的实际生产数据证实，2517 工作面没有导致煤层底板突水的严重扰动。因此，应用瞬变电磁法进行突水危险性评价的结果表明，基于 GIS 的模糊综合空间多准则决策模型对矿井突水危险性的综合评价是可靠的。

8.1.5 讨论

本案例研究建立了一个基于 GIS 和模糊集理论的可靠的空间多准则突水风险评价模型，还建立了模糊综合评价模型，并以河南陈四楼煤矿 2517 工作面开采为例进行了验证。

在该模型中，一级主控指标包括下伏含水层、隔水层、地质构造和开采条件，其中下伏含水层包括 L_{11} 灰岩含水层、L_{10} 灰岩含水层和 L_8 灰岩含水层的涌水量和 L_8 灰岩含水层的水压(不进行注浆加固时为 L_{11} 灰岩含水层水压)；隔水层包括进行注浆加固时 L_8 灰岩含水层水压(不进行注浆加固时为 L_{11} 灰岩含水层水压)与二$_2$煤层之间隔水层厚度，L_{11} 灰岩含水层、L_{10} 灰岩含水层和 L_8 灰岩含水层注浆量；地质构造包括断层(或断裂带)的相似维数；开采条件包括煤层底板破坏深度。

利用 ArcGIS 提供的自然间断法，构建指标无量纲专题图。通过对无量纲专题地图不同分类区域的计算，确定了单因子隶属度。对注浆前后的突水风险水平进行比较，结果表明，该方法的应用足以改善煤矿井下开采决策过程，有助于预测或评价突水。此方法与基于熵的空间多准则决策模型相比，能够对研究区的整体决策结果进行评价，有利于工程师掌握研究区整体的宏观决策结果，但是无法对研究区不同位置的风险水平进行评价，因此可以采用两种方法相结合合来对研究区进行评价，这样才有助于制定更加合适的防治水措施。

8.2 基于方差最大化的空间多准则决策研究

长期以来，安全问题一直是煤矿开采的首要问题，煤矿开采事故可能会导致人员伤亡、经济损失，甚至停产。煤炭开采风险评估是降低煤炭开采风险的有效途径。特别是在华北地区，随着开采深度的增加，承压含水层上方的煤炭开采面临突水威胁。近年来，一些方法被有效地应用于煤矿安全评价，随着计算机科学技术的发展，大量的来自各个领域的数据产生。对于决策者来说，有效地利用这些数据进行决策是至关重要的。目前，人们提出了多种决策技术。多属性决策是决策中最有趣、最复杂的问题之一。解决多属性决策问题的两个要点是综合属性值和衡量目标的相对重要性。聚合算子是决策者进行决策时的关键。有序加权聚合(OWA)是最常用的运算符，用于聚合精确数值的参数。然而，决策者对决策信息的认识可能是模糊的，不能用精确的数值来估计决策信息。后来，出现了一些新的 OWA 算子族，如语言有序加权几何平均(LOWGA)算子。在 LOWGA 的启发下，Wei Chunfu 等[292]提出了一个诱导 LOWGA 算子，并研究了该算子的一些性质，进而提出了一种基于决策者的煤矿安全评价决策方法。安全是煤矿生产中永恒的话题，也是煤矿生产过程中的基础，因此建立科学合理的评价体系，将决策信息与语言价值相结合，具有十分重要的意义。该方法既考虑了影响煤矿安全因素的权重，又考虑了各因素在聚集过程中的有序位置，因此，该方法简单易行，不易丢失信息。理论分析和对比结果表明，该方法能较好地反映煤矿安全评价的实际情况[292]。

煤矿生产的显著特点是受地质条件、地质构造和煤层构造的影响而在地面作业。同时，在开采过程中容易发生煤尘、瓦斯、水、顶板塌陷等灾害，严重威胁着矿工的生命安全，对安全生产造成不利影响。因此，需要进一步提高生产技术和管理水平，通过提前预测事故发生，及时采取相应措施，降低煤矿生产中各种灾害发生的风险。在煤矿安全综合评价中，层次结构中的指标往往表示为不确定随机变量。为此，Chen Jiqiang 等[293]提出了一种基于不确定随机变量的评估方法。首先，用不确定随机变量描述指标值，用不确定随机事件的概率来描述指标的隶属度。然后，为了体现指标不同组成部分的不同作用，引入了判别权重的定义，在此基础上，提出了一种基于判别权重的加权平均模型的推广算法，从而实现了从基础指标的标度到目标标度的转换。最后，给出了一个煤矿安全性的数值评价实例，说明了设计方法，并对算法细节有了更深入的了解。

承压含水层上采煤的风险评价依赖于大量的相关数据。多准则决策方法可作为评价承压含水层上方煤炭开采安全性的有效工具。近年来，多准则决策得到了越来越广泛的应用。多准则决策的理论和方法已经得到了发展，因此它们可以应用于不同的研究领域。然而，当一个空间维度被添加到决策问题中时，多准则决策就变得非常有限。因此，空间多准则决策的研究工作具有重要的现实意义。S-多准则决策作为决策科学未来的研究方向，有望成为一个热门的研究课题。S-多准则决策是指与空间相关的情况，在这种情况下，决策需要有许多相互冲突的目标。

地理信息系统(GIS)收集、获取、集成、处理、分析和显示各种地理信息，并对空间数据进行分析，已被广泛应用于决策支持系统。地理信息系统(GIS)提供了强大的空间数据库和空间分析能力，能够提供地理环境随时间的动态变化信息，检验它们之间的关系，并为决策者提供实用的结果。在 20 世纪 80 年代，基于 GIS 的多准则决策分析与 GIS 相结合，增加了 S-多准则决策的应用。S-多准则决策是一个结合并改变地理数据和评估标准的过程，以获得备选决策的总体评估。这两个组成部分在应用中相互促进。首先，多准则决策提供了丰富的相关技术积累、准则结构的决策程序和决策分析，帮助决策者在多个备选方案下选择最合适的决策。其次，在评价标准和权重时，GIS 技术可以帮助决策者形成多种选择方案，最终选择最合适的方案。GIS 技术与多准则决策分析是互补的，是良好的数据管理手段。它们被用作不同系统平台之间的空间分析和数据可视化工具。

基于 GIS 的多准则分析侧重于最终导致决策的空间数据的使用和转换。基于多个标准的决策过程提供了确定输入和输出映射之间关系的规则。这个决策过程使用地理数据、决策者的偏好、被操纵的数据以及根据决策规则的偏好来展开。因此，计算标准权重非常重要。

根据信息论，在多准则决策中，如果一个评价对象的各个等级的指标没有差异，则该标准与该评价对象不同等级的排序无关。从评价对象不同层次的排序来看，评价对象不同层次之间偏差较大的标准。为了方便计算，首先定义风险指数(Risk Index，RI)。

$$\mathrm{RI} = \sum_{i=1}^{n} w_{ik} \cdot Z(y_{ik}) \tag{8-10}$$

式中，w_{ik} 是第 i 个准则的权重；Z 是第 i 个准则的总值。根据风险指数，风险决策结果的专题地图可以划分为不同的区域。

8.2.1 研究区概况

斜沟井田位于山西省吕梁市兴县境内河东煤田北部远景普查区的中南部，位于吕梁隆起北部之西翼与鄂尔多斯盆地东部边缘的交接部位，井田地表大部分被第四系松散沉积物所覆盖，地势总体南部高，北部低。本区属温带大陆性季风气候，年平均太阳总辐射量为 559080J/cm^2，8$^\#$ 和 13$^\#$ 煤层分别为赋存于二叠系山西组和石炭系太原组的生产煤层。不幸的是，煤层位于奥陶系石灰岩地层中的岩溶含水层之上。8$^\#$ 和 13$^\#$ 煤层平均厚度分别为 4.87m 和 13.88m。研究区地层从新到老为第四系（Q），下三叠统（T$_1$），新近系（N$_2$），上、下二叠统（P$_2$，P$_1$），中石炭统（C$_2$），中奥陶统（O$_2$）。

8$^\#$ 煤层安全开采主要受到太原组裂隙含水层和奥陶系岩溶裂隙含水层威胁。13$^\#$ 煤层主要受到奥陶系岩溶裂隙含水层突水的威胁。太原组裂隙含水层薄，由泥质隔水层组成，水力联系弱，富水性弱。太原组裂隙含水层和奥陶系岩溶裂隙含水层进入 8$^\#$ 煤层涌水量非常低。但开采 13$^\#$ 煤层必须考虑奥陶系岩溶裂隙含水层。

隔水层厚度薄，抗渗透性差。煤层开采会使底板隔水层产生局部应力集中，在煤层底板形成破坏带，使隔水层的抗水性降低，从而形成了潜在的突水通道。根据《建筑物、水体、铁路及主要井巷煤柱留设与压煤开采规范》，以及经验公式对煤层下隔水层破坏深度进行了预测：

$$h = 0.0085H + 0.1665a + 0.1079L - 4.3579 \tag{8-11}$$

式中，H 为工作面开采深度，a 为面板倾角，h 为煤层底板破坏深度，L 为工作面斜长。

根据钻孔资料，奥陶系岩溶裂隙含水层的富水性在水平方向上不均匀。在勘探过程中暴露了 9 条断层。在这些报告的断层中，断层断距都小于 10m，如图 8-10 所示。

8.2.2 基于方差最大化的空间多准则决策研究

在参考前文研究的基础上，本研究提出了在奥陶系岩溶裂隙含水层上 13$^\#$ 煤层开采危险性的 5 个决策准则：煤层底板破坏深度、隔水层厚度、13$^\#$ 煤层底板水压力、奥陶系含水层富水性及断层构造。以隔水层厚度为效益类型准则，随着隔水层厚度的增加，岩溶裂隙含水层上方开采风险等级降低。然而，煤层底板破坏深度、13$^\#$ 煤层底板水压力、奥陶系含水层富水性、断层是成本型准则。岩溶裂隙含水层上方开采风险等级随成本类型准则值的增加而增大。

根据钻孔和开采资料，利用 ArcGIS 绘制各准则的 GIS 图层，如图 8-11 所示。利用 ArcGIS 中的克里金方法，建立了煤层底板破坏深度、隔水层厚度、13$^\#$ 煤层底板水压力、奥陶系含水层富水性等准则的专题图，如图 8-11（a）、图 8-11（b）、图 8-11（c）和图 8-11（d）所示。利用 ArcGIS 中的空间缓冲区分析方法建立了断层影响范围的决策准则图，

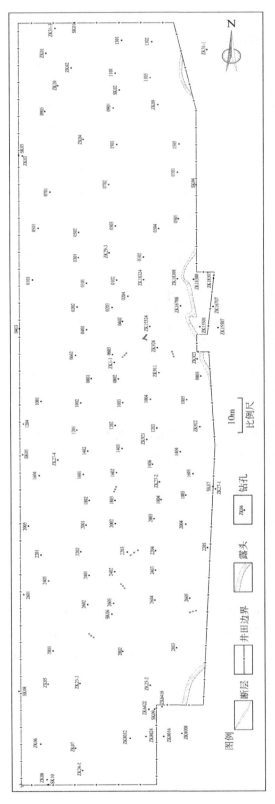

图8-10　研究区的勘探钻孔与断层构造

如图 8-11(e)所示，在煤田西部，岩溶裂隙含水层上方开采的风险等级高于东部，如图
8-11(a)所示。北部和西南部隔水层厚度较厚，其中岩溶裂隙含水层上方开采风险等级较
低，如图 8-11(b)所示。图 8-11(e)显示了岩溶裂隙含水层上方开采风险等级随距断层断
距影响范围的减小而增大。

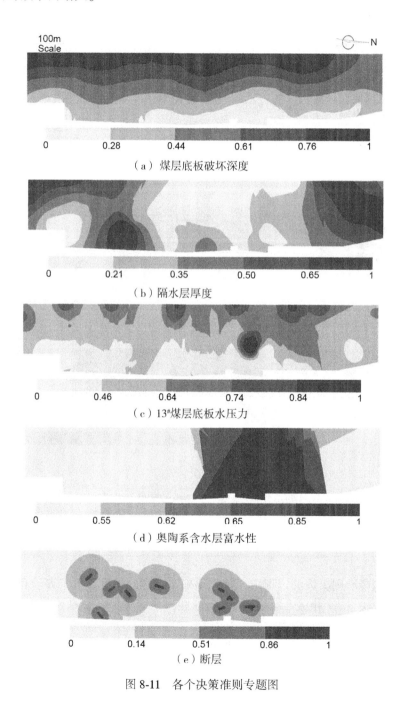

图 8-11　各个决策准则专题图

在方差最大化的基础上，计算各个决策准则的权重，并将其列在表 8-6 中。在 GIS 环境下，采用基于方差最大化的多准则决策方法对 13#煤层开采风险进行评价。然后求出 RI 值，自动生成奥陶系岩溶裂隙含水层 113#煤层以上开采风险等级专题分区图，如图 8-12 (a)所示。根据自然间断法，将 13#煤层开采突水风险定义为{极低，低，中，高和非常高}，分别对应{I，II，III，IV 和 V}。研究区内大部分煤层开采处于中低风险区，高风险区位于研究区的中部和东南部。

表 8-6　　　　　　　　　　　　　各个准则权重

准则	煤层底板破坏深度	隔水层厚度	煤层底板含水层压力	奥陶系岩溶裂隙含水层富水性	断层构造
权重	0.16	0.25	0.27	0.19	0.13

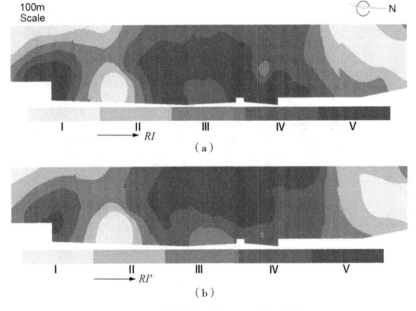

图 8-12　含水层上开采决策结果专题图

8.2.3　讨论

在进行空间多准则决策的过程中，首先要确定准则的权重。由于评价目标的复杂性和不确定性，以及决策者(相关专家)判断的模糊性，使得决策者很难获得明确的偏好信息。确定评价准则权重的方法有很多。其中包括排序因素权重法，这是一种简单的按决策者偏好排序的方法，但缺乏理论依据。还有评级因素的权重，这意味着决策者使用一个量表来估计权重，例如，从最不重要到最重要。另一种方法是进行成对比较，是使用量表根据成对的标准对决策者的偏好进行评分。最后，在空间均匀性假设下使用熵权方法。熵权是一种客观赋权方法，它利用准则值中包含的信息来确定权重，基于熵的空间多准则决策模型正是基于此客观方法理论。这四种方法被认为是全局方法，在多目标决策中得到了广泛的应用。然而，由于空间数据的复杂性，特别是地下煤矿和决策者的偏好（不同专家研究方向的差异性），一般很难提供明确的偏好信息，只能获得一系列可能的偏好，甚至可能完全未知权重信息。因此，在承压含水层以上采煤风险评价的多准则决策中，可能会有许多不同的结果。

在本案例研究中，只有局部地区受到断层的影响，含水层富水性的准则在研究区分布不均。富水性和断层准则的权重需满足约束条件：$0.1 \leqslant w_4 \leqslant 0.15$，$0.01 \leqslant w_5 \leqslant 0.1$。可使用线性规划模型（第 6 章中公式(6-35)补充模型）计算权重向量：

$$\begin{cases} \max \mathrm{TD}(w) = \sum_{j=1}^{m} \sum_{i=1}^{n} \sum_{k=1}^{n} \left(y_{ij} - \overline{y_{kj}}\right)^2 w_j \\ 0.07 \leqslant w_1 \leqslant 0.1 \\ 0.1 \leqslant w_5 \leqslant 0.2 \\ \mathrm{s.\,t.}\ 0 \leqslant w_j,\ \sum_{j=1}^{m} w_j = 1 \end{cases} \tag{8-12}$$

在补充模型的基础上，得到的准则权重为 $w = (0.19,\ 0.29,\ 0.34,\ 0.12,\ 0.06)$，然后自动生成的风险区划专题图如图 8-11(b)所示，地质构造的影响在图 8-11(b)中清晰可见，大部分煤田处于极低、极低和中等风险区，高风险区位于煤田的中西部和东南部。与传统的分析突水的系数法进行比较，传统的评价方法是突水系数法仅考虑了隔水层厚度和 $13^{\#}$ 煤层底板水压力两个指标，如图 8-13 所示。

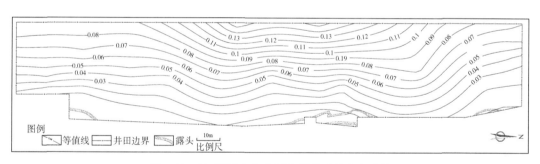

图 8-13　13#煤层在含水层上开采时的突水系数

根据突水系数法分析，研究区中部和西部的突水系数大于 0.1MPa/m，危险性较大，但 0204 钻孔的单位涌水量为 7.833L/(s·m)，说明附近区域含水层富水性较强。这个地区的风险很高。在高风险区和特高风险区，开采 $13^{\#}$ 煤层时，应采用大面积注浆法重建地下隔水层。

图 8-14 显示了作为影响承压含水层上方开采风险的敏感性参数的所有准则。由于所有准则标准化专题图都转换为效益型，风险指数值越大，风险越小。断层是风险指数的不敏感准则。煤层底板破坏深度、隔水层厚度、$13^{\#}$ 煤层下伏含水层水压力、奥陶系含水层

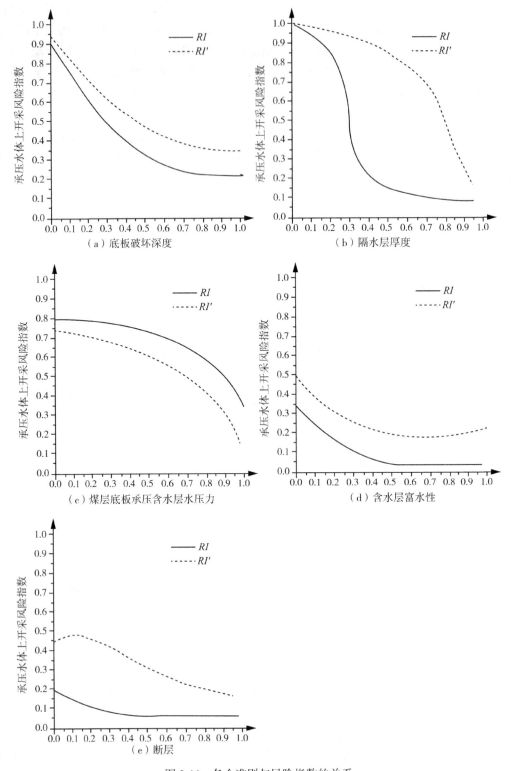

图 8-14　各个准则与风险指数的关系

富水性是煤层底板破坏的重要特征。由于定量地考虑了多准则的影响，新方法是有效和有利的。该方法同样适用于煤矿安全管理的其他方面，如矿井通风安全管理、煤矿防尘管理、瓦斯防治等。当所有权重信息未知时，可采用方差最大化模型。当准则权重根据决策者(专家)的偏好限定在一定范围内时，可采用补充法。在采矿过程中可以收集采矿风险评估的决策准则，并根据决策结果及时采取管理措施，从而减少煤矿安全生产事故，提高煤矿安全管理水平。

本案例提出了一种在 GIS 环境下基于方差最大化的决策方法。利用方差最大化模型计算准则权重，该模型既能考虑完全未知的权重信息，又适合于根据决策者(专家)的偏好将准则的权重限制在一定的范围内，使原权重信息能够充分利用。以一个煤矿的数据为例，对基于 GIS 的多准则决策进行了很好的验证。空间特征的复杂性和不确定性以及决策者判断的模糊性都会导致空间决策问题，使得决策者很难获得明确的偏好信息。该方法与基于熵的空间多准则方法相比，主要是考虑了决策者(专家)的意见。

8.3　本章小结

本章提出了两个不同的空间多准则决策方法：基于模糊数学的空间多准则决策和基于方差最大化的空间多准则决策。并通过实际工程案例对两种方法进行了应用研究。其中基于模糊数学的空间多准则决策方法主要通过对无量纲专题地图不同分类区域的计算，确定单因子隶属度。对注浆前后的突水风险水平进行了比较，结果表明，该方法的应用足以改善煤矿井下开采决策过程，有助于预测或评价突水。此方法与基于熵的空间多准则决策模型相比，能够对研究区的整体决策结果进行评价，有利于工程师掌握研究区整体的宏观决策结果，但是无法对研究区中不同位置的风险水平进行评价。

而基于方差最大化的空间多准则决策方法的主要优点是既能考虑完全未知的权重信息，又适合于根据决策者(专家)的偏好将准则的权重限制在一定的范围内，使原权重信息能够充分利用。并通过实际的工程案例对煤层底板突水即承压水体上采煤的风险进行了决策研究，案例研究对此方法进行了很好的验证。空间特征的复杂性和不确定性以及决策者判断的模糊性都会导致空间决策问题，使得决策者很难获得明确的偏好信息。该方法与基于熵的空间多准则方法相比，主要是考虑了决策者(专家)的意见。

第 9 章　结论与展望

9.1　结论

近水体采煤，特别是松散含水层下采煤，会导致覆岩的初始应力平衡受到破坏，导致裂隙岩体的破坏、断裂和垮落，以及裂隙的发育与闭合等。松散含水层下采煤作为一个开放系统，根据热力学第二定律，随着采动与时间的延续，必然造成系统的熵的变化，进而导致系统在时间和空间上的差异变化，形成系统的时空演化，而系统的时空演化对采动覆岩破坏及其突水溃砂灾害的决策有重要的意义。采煤系统的时空演化可以通过采动覆岩系统的应力与裂隙的时空演化来研究，本书以此为出发点，以近松散含水层下厚煤层开采突水溃砂危险性决策为研究对象，采用相似材料模型试验、时空可视化分析以及空间多准则决策等方法对其进行研究，获得如下结论：

(1)通过建立河南泉店煤矿采动覆岩破坏研究的工程地质模型，对研究区的松散层工程地质特征进行了分析，并对其工程地质类型进行了划分。开采煤层覆岩的含水层为弱含水层，且在开采的过程中水体也会被逐渐地排出，松散层含水层中，上部含水层的富水性为中等，而对开采有影响的是松散层中下部含水层，由于受到不同的工程地质类型隔水层的隔断作用，且各含水层为弱富水性，再根据《煤矿防治水细则》和《建筑物、水体、铁路及主要井巷煤柱留设与压煤开采规范》，可将研究区的水体采动等级定为Ⅱ级。

(2)通过建立采动覆岩应力时空立方体可视化模型，基于信息熵理论以及时空数据模型，提出了采动覆岩应力的应力熵，对采动覆岩应力时空演化特征进行了研究。以泉店煤矿11050工作面为地质原型，建立了工作面的工程地质模型，通过相似材料模型试验，对裂隙覆岩采动过程中应力进行监测研究，从系统科学角度出发，基于信息理论以及时空数据模型，提出了采动覆岩应力的应力熵，对采动过程中覆岩应力的历时特征及应力熵进行了分析，工作面前方的覆岩中的垂直应力呈现出周期性变化，而在每次应力突变时，都伴随着应力熵的突变。基于 GIS 时空可视化模型，对采动过程中覆岩应力的时间序列与空间序列进行了分析，并建立了采动覆岩应力时空立方体可视化分析模型，实现了采动覆岩的应力场时空演化的可视化分析。对采动覆岩应力时空模型的趋势分析，得到采动覆岩应力时空立方体模型 Z 得分为-1.86，表明随着时间的推移，采动覆岩应力整体上具有显著性减小的趋势，导水裂隙带内覆岩应力时空立方体模型 Z 得分为-2.63，表明随着时间的推移，导水裂隙带内采动覆岩应力整体上显著性减小效果更加明显。

(3)通过建立采动覆岩裂隙的时空立方体可视化分析模型，基于 GIS、信息熵以及分形几何理论对采动覆岩裂隙的时空演化特征进行了时空可视化分析研究。首先，基于信息熵理论建立了定量描述裂隙发育方向或混乱程度特征的裂隙熵，并对采动过程中各个阶段的裂隙熵进行了计算。然后，对采动过程中覆岩裂隙的分形维数进行了计算，最后基于GIS对裂隙的时空演化特征进行了时空可视化分析，并对其进行热点分析。采动覆岩裂隙时空立方体模型 Z 得分为 3.94，表明随着时间的推移，采动覆岩分形维数和裂隙熵整体上具有递增趋势，采动覆岩裂隙系统是个熵增加的过程。新增热点主要集中在工作面推进方向的上方与前方，主要反映了新裂隙的产生，采动覆岩裂隙分形维数在切眼和工作面推进之间主要分布振荡的热点且具有冷点历史，而裂隙熵在工作面推进后方、采空区及其上方主要分布连续热点。对采动过程中的裂隙的时空差异进行了计算分析，利用裂隙场熵与分形维数结合的方法对裂隙场中的裂隙的发育状态进行判别。

（4）获得了近距离煤层上行开采与下行开采过程中重复采动覆岩裂隙的分形维数与裂隙熵的演化特征。上行开采重复采动导致的覆岩裂隙分形维数在工作面推进方向的分布特征为"马鞍形"，而下行开采重复采动导致的覆岩裂隙分形维数在工作面推进方向的分布特征为"梯形"，重复采动覆岩裂隙熵均具有周期性变化的特点。上行开采过程中，裂隙熵在工作面推进方向上随着煤层开采呈周期性变化，并未发生波动，这与分形维数的变化规律不一致，说明在上行开采重复采动的过程中，裂隙熵依然是表征裂隙方向的主要参数，裂隙的分形维数和裂隙熵同样可以用来描述上行开采重复采动过程中裂隙的时空状态变化特征。下行开采过程中，裂隙熵随着工作面的推进呈周期性变化，随着工作面的推进而逐渐增加，说明下行开采重复采动覆岩裂隙的时空演化是熵增的过程，系统趋向于复杂，裂隙的方向趋向于混乱，导水裂隙带内覆岩破碎。

（5）基于空间多准则决策理论，确定了采动覆岩突水溃砂危险性的决策影响因素：松散含水层、地质构造、隔水层、采动覆岩、开采活动。根据《煤矿地质工作规定》，基于加权线性组合方法（WLC）与层次分析法（AHP）建立了地质构造复杂指数（FCI），对地质构造准则进行了量化分析。基于多元非线性回归与信息熵理论，对厚煤层综放开采覆岩破坏高度进行了预测，构建了厚煤层综放开采导水裂隙带高度的预测计算模型。

（6）建立了采动覆岩突水溃砂危险性空间多准则决策模型，对采动覆岩突水溃砂危险性进行了决策分析。首先，建立了采动覆岩突水溃砂危险性指数（Risk Index，RI），基于信息熵理论，对各个准则的熵进行了计算，获得了各个准则的权重系数，然后利用 GIS 对采动覆岩突水溃砂危险性进行了决策分析，采用自然间断点法（Jenks）对决策结果进行分区，并对各个分区进行分析。最后，通过局部敏感性分析方法，对模型的不确定性进行了分析，对模型的各个准则以及影响各个准则的子准则进行了分析。从而开发出采动覆岩突水溃砂危险性决策系统，实现了采动覆岩突水溃砂危险性的快速决策，并对模型进行了推广应用和对比分析。基于熵的空间多准则决策模型无论是在薄基岩下近松散含水层采煤充填开采危险性决策还是在煤层底板岩溶承压含水层突水脆弱性决策中应用都是可行的。与基于模糊数学的空间多准则决策模型相比，基于熵的空间多准则决策模型能够有效区分不同位置的风险水平。与基于方差最大化的空间多准则决策方法相比，主要是采用客观的评价方法，而不能考虑决策者（专家）的意见，可能会导致获得的评价结果偏向于保守。

9.2 创新之处

本研究的创新点主要体现在以下四个方面：

（1）提出了采动覆岩应力的应力熵，获得了采动过程中覆岩应力的历时特征及应力熵。工作面前方的覆岩中的垂直应力呈现周期性变化，而每次的应力突变都伴随着应力熵的突变。通过建立采动覆岩应力时空立方体可视化模型，对采动覆岩应力时空模型进行了Man-Kendall趋势分析，采动覆岩应力时空立方体模型的 Z 得分为 -1.86，表明随着时间的推移，采动覆岩应力整体上具有显著性减小，导水裂隙带内采动覆岩应力整体上显著性减小效果更加明显。

（2）建立了以采动覆岩裂隙的分形维数和裂隙熵定量描述采动覆岩裂隙时空演化特征的方法。采动覆岩裂隙的分形维数和裂隙熵随工作面的推进均可划分为三个阶段，基于GIS对采动覆岩裂隙的分形维数和裂隙熵进行了时空可视化分析以及热点分析，新增热点主要集中在工作面推进方向的上方与前方，主要反映了新裂隙的产生，采动覆岩裂隙分形维数在切眼和工作面推进之间主要分布振荡的热点且具有冷点历史，而裂隙熵在工作面推进后方、采空区及其上方主要分布连续热点。此外，对其时空差异特征进行了研究，提出了利用裂隙熵与分形维数结合的方法对裂隙时空状态进行判定的判断准则。最终获得了近距离煤层上行开采与下行开采过程中重复采动覆岩裂隙的分形维数与裂隙熵的演化特征，上行开采重复采动导致的覆岩裂隙场分形维数在工作面推进方向的分布呈"马鞍形"，而下行开采重复采动分形维数在工作面推进方向的分布为"梯形"，而裂隙熵均呈周期性变化的特点。

（3）构建了基于空间多准则决策理论的采动覆岩突水溃砂危险性的决策准则。建立了基于加权线性组合方法（WLC）、层次分析法（AHP）与熵的地质构造复杂指数（FCI），并对地质构造准则进行了量化分析。建立了基于多元非线性回归与信息熵的厚煤层综放开采导水裂隙带高度预测模型。

（4）建立了基于熵与GIS的采动覆岩突水溃砂危险性空间多准则决策模型，得出采动覆岩突水溃砂危险性指数（RI）。通过局部敏感性分析方法，获得了模型的不确定性特征，以及各个准则和影响各个准则的子准则敏感性特征。开发了采动覆岩突水危险性决策系统，实现采动覆岩突水溃砂危险性的快速决策，并将模型推广应用于充填开采和承压水体上采煤。

9.3 展望

采动裂隙覆岩系统是一个开放的复杂系统，其导致的突水无论在时间上还是空间上都具有动态的非线性特征，在本研究的基础上，以后的工作可以在以下方面进行深入研究。

（1）基于采动裂隙演化的应力时空立方模型，在将来的研究工作中，要对工作面开采过程中的矿山压力进行分析，根据观测数据建立矿山压力演化的时空立方模型，对矿山压力的时空演化特征进行时空可视化分析及热点分析，揭示其孕灾机理，并对由其导致的矿山灾害进行预测。

（2）当煤层间的夹矸厚度达到一定值时，需要作为近距离煤层，采用上行或下行开采的方式进行开采，可以建立厚煤层采动覆岩的时空立方可视化分析模型，对近距离煤层上下行开采进行时空可视化分析和热点分析，揭示近距离煤层重复采动覆岩裂隙的时空演化特征。

（3）采动覆岩突水溃砂是一个动态的复杂的非线性系统，而对其的决策需要一套具有监测各个准则参数的系统与决策系统共同使用，以实现其的动态实时的决策。在以后的研究中，在本研究的基础上可以建立一套完善时空可视化预测系统，包括时空预测模型、空间多准则决策模型以及突水溃砂决策支持系统等。

参 考 文 献

[1]蓝航，陈东科，毛德兵.我国煤矿深部开采现状及灾害防治分析[J].煤炭科学技术，2016，44(1)：39-46.

[2]谢和平，周宏伟，薛东杰，等.煤炭深部开采与极限开采深度的研究与思考[J].煤炭学报，2012，37(4)：535-542.

[3]郑欢.中国煤炭产量峰值与煤炭资源可持续利用问题研究[D].成都：西南财经大学，2014.

[4]陈赟.2010年后我国能源结构转型研究[J].山东工商学院学报，2017，31(2)：16-23.

[5]肖宏伟.2017年我国能源形势分析及2018年预测[J].科技促进发展，2017(11)：902-908.

[6]刘虹.我国能源转型中的煤炭战略定位必须鲜明[J].煤炭经济研究，2017，37(9)：1-1.

[7]钱鸣高.中国能源与煤炭工业[J].煤，2000，9(1)：1-5.

[8]连璞，刘建敏，等.中国能源中的煤炭工业[J].中国能源，2003，9(5)：15-17.

[9]武强，崔芳鹏，赵苏启，等.矿井水害类型划分及主要特征分析[J].煤炭学报，2013，38(4)：561-565.

[10]刘浩，文广超，谢洪波，等.大数据背景下矿井水害案例库系统建设[J].工矿自动化，2017，43(1)：69-73.

[11]武强，刘宏磊，赵海卿，等.解决矿山环境问题的"九节鞭"[J].煤炭学报，2019，44(01)：17-29.

[12]胡耀青，杨栋等.矿区突水监控理论及模型[J].煤炭学报，2000(S1)：130-133.

[13]隋旺华，董青红，蔡光桃，等.采掘溃砂机理与预防[M].北京：地质出版社.2008.

[14]郑慧慧.泉店煤矿薄基岩下联合开采工作面顶板活动规律研究[D].徐州：中国矿业大学，2014.

[15]国家煤矿安全监察局.煤矿防治水细则[S].北京：煤炭工业出版社，2018.

[16]国家安全监管总局，国家煤矿安监局，国家能源局，等.建筑物、水体、铁路及主要井巷煤柱留设与压煤开采规范[S].北京：煤炭工业出版社，2017.

[17]杨滨滨.泉店煤矿近松散层开采上限多因素三维评价研究[D].徐州：中国矿业大学，2013.

[18]徐乃忠，高超，谢玉祥，等.新近系煤层开采沉陷与覆岩移动规律研究[J].煤炭技术，2019，(9)：1-4.

[19] 杨达明，郭文兵，于秋鸽，等. 浅埋近水平煤层采场覆岩压力拱结构特性及演化机制分析[J]. 采矿与安全工程学报，2019，(2)：323-330.

[20] 杨达明，郭文兵，谭毅，等. 高强度开采覆岩岩性及其裂隙特征[J]. 煤炭学报，2019，44(03)：126-135.

[21] 郭文兵，娄高中. 覆岩破坏充分采动程度定义及判别方法[J]. 煤炭学报，2019，044(003)：755-766.

[22] 李飞，程久龙，陈绍杰，等. 基于时移高密度电法的覆岩精细探测方法研究[J]. 矿业科学学报，2019，000(001)：1-7.

[23] 程刚，施斌，张平松，等. 采动覆岩变形分布式光纤物理模型试验研究[J]. 工程地质学报，2017，(4)：926-934.

[24] 陈亮，吴兵，许小凯，et al. 泥、砂岩交互地层综放开采覆岩破坏高度的确定[J]. 采矿与安全工程学报，2017，34(003)：431-436，443.

[25] 谭云亮. 矿山压力与岩层控制[M]. 北京：煤炭工业出版社，2011.

[26] 陈炎光，钱鸣高. 中国煤矿采场围岩控制[M]. 徐州：中国矿业大学出版社，1994.

[27] 钱鸣高，缪协兴. 采场上覆岩层结构的形态与受力分析[J]. 岩石力学与工程学报，1995，14(2)：97-106.

[28] 钱鸣高，缪协兴，何富连. 采场"砌体梁"结构的关键块分析[J]. 煤炭学报，1994(6)：557-563.

[29] 钱鸣高，石平五. 矿山压力与岩层控制[M]. 徐州：中国矿业大学出版社，2010.

[30] 钱鸣高. 岩层控制的关键层理论[M]. 徐州：中国矿业大学出版社，2003.

[31] 宋振骐. 实用矿山压力控制[M]. 徐州：中国矿业大学出版社，1988.

[32] 宋振骐，蒋金泉. 煤矿岩层控制的研究重点与方向[J]. 岩石力学与工程学报，1996，15(2)：128-134.

[33] Li H C, Wang Q P, Quan Y P. Study on stress distribution and reasonable size of coal pillar in a coal face[C]//Proceedings of 11th International Conference on Ground Control in Mining. 1992：30-37.

[34] 王文学. 采动裂隙岩体应力恢复及其渗透性演化[D]. 徐州：中国矿业大学，2014.

[35] Makarov P V, Eremin M O. Rock mass as a nonlinear dynamic system. mathematical modeling of stress-strain state evolution in the rock mass around a mine opening[J]. Physical Mesomechanics, 2018, 21(4)：283-296.

[36] Rezaei M, Hossaini M F, Majdi A. Determination of longwall mining-induced stress using the strain energy method[J]. Rock Mechanics and Rock Engineering, 2015, 48(6)：2421-2433.

[37] Guo W, Zhao G, Lou G, et al. A new method of predicting the height of the fractured water-conducting zone due to high-intensity longwall coal mining in China[J]. Rock Mechanics and Rock Engineering, 2019, 52(8)：2789-2802.

[38] Xu D, Peng S, Xiang S, et al. A novel caving model of overburden strata movement induced by coal mining[J]. Energies, 2017, 10(4)：476.

[39] Sainsbury B A. A sub-level caving algorithm for large-scale, small-strain, numerical simulations[J]. Rock Mechanics & Rock Engineering, 2018: 1-7.

[40] Zhang H, Tu M, Cheng H, Tang Y. Breaking mechanism and control technology of sandstone straight roof in thin bedrock stope[J]. International Journal of Mining Science and Technology, 2020, 30(2): 259-263.

[41] Yu B, Zhao J, Xiao H. Case study on overburden fracturing during longwall top coal caving using microseismic monitoring[J]. Rock Mechanics & Rock Engineering, 2017, 50(2): 507-511.

[42] Xia B, Jia J, Yu B, et al. Coupling effects of coal pillars of thick coal seams in large-space stopes and hard stratum on mine pressure[J]. International Journal of Mining Science and Technology, 2017.

[43] Liu C, Li H, Mitri H. Effect of strata conditions on shield pressure and surface subsidence at a longwall top coal caving working face[J]. Rock Mechanics and Rock Engineering, 2019. 52(5): 1523-1537.

[44] Wang F, Xu J, Xie J. Effects of arch structure in unconsolidated layers on fracture and failure of overlying strata[J]. International Journal of Rock Mechanics and Mining Sciences, 2019, 114: 141-152.

[45] Li P, Wang X, Cao W, et al. Influence of spatial relationships between key strata on the height of mining-induced fracture zone: a case study of thick coal seam mining [J]. Energies, 2018, 11(1): 102.

[46] Li Z, Tao Z, Meng Z, He M. Longwall mining method with roof-cutting unloading and numerical investigation of ground pressure and roof stability [J]. Arabian Journal of Geosciences, 2018, 11: 697.

[47] Li Z, Dou L, Cai W, Wang G, Ding Y, Kong Y. Mechanical analysis of static stress within fault-pillars based on a voussoir beam structure[J]. Rock Mechanics & Rock Engineering, 2016, 49(3): 1097-1105.

[48] Zhou Z, Chen L, Zhao Y, Zhao T, Cai X, Du X. Experimental and numerical investigation on the bearing and failure mechanism of multiple pillars under overburden [J]. Rock Mechanics & Rock Engineering, 2017, 50: 995-1010.

[49] Liu C, Li H, Mitri H, Jiang D, Li H, Feng J. Voussoir beam model for lower strong roof strata movement in longwall mininge Case study [J]. Journal of Rock Mechanics and Geotechnical Engineering, 2017, 9: 1171-1176.

[50] Bai J, Feng G, Wang S, Qi T, Yang J, et al. Vertical stress and stability of interburden over an abandoned pillar working before upward mining: a case study[J]. Royal Society Open Science, 2018, 5: 180346.

[51] Kang H, Lv H, Gao F, et al. Understanding mechanisms of destressing mining-induced stresses using hydraulic fracturing[J]. International Journal of Coal Geology, 2018, 196: 19-28.

［52］Liang Y , Li B , Zou Q . Movement type of the first subordinate key stratum and its influence on strata behavior in the fully mechanized face with large mining height［J］. Arabian Journal of Geosciences, 2019, 12（2）：31.

［53］Gao F , Stead D , Kang H . Numerical simulation of squeezing failure in a coal mine roadway due to mining-induced stresses［J］. Rock Mechanics & Rock Engineering, 2015, 48（4）：1635-1645.

［54］Konicek P, Waclawik P. Stress changes and seismicity monitoring of hard coal longwall mining in high rockburst risk areas［J］. Tunnelling and Underground Space Technology, 2018, 81：237-251.

［55］Zhang K, Zhang G, Hou R, et al. Stress evolution in roadway rock bolts during mining in a fully mechanized longwall face, and an evaluation of rock bolt support design［J］. Rock Mechanics & Rock Engineering, 2015, 48（1）：333-344.

［56］Deng X, Zhang J, Kang T, et al. Strata behavior in extra-thick coal seam mining with upward slicing backfilling technology［J］. International Journal of Mining Science and Technology, 2016, 26：587-592.

［57］Li C, Xie J, He Z, Deng G, et al. Case study of the mining-induced stress and fracture network evolution in longwall top coal caving［J］. Geomechanics and Engineering, 2020, 22（2）：133-142.

［58］Li C, Xie H, Gao M, et al. Case study on the mining-induced stress evolution of an extra-thick coal seam under hard roof condition［J］. Energy Science and Engineering, 2020.

［59］Zhang Y. Distribution law of floor stress during mining of the upper protective coal seam［J］. ence Progress, 2020, 103（3）：003685042093098.

［60］Wang H, Shi R, Deng D, Jiang Y, et al. Characteristics of stress evolution on fault surface and coal burst mechanism during the extraction longwall face in Yima mining area, China［J］. Journal of Structural Geology, 2020, 136：104071.

［61］Guo H, Ji M, Zhao W. Analysis of the distribution characteristics and laws of in situ stress in China's coal mines［J］. Arabian Journal of Geo-sciences, 2020, 13（12）.

［62］Zhao W, Zhong K, Chen W. A fiber bragg grating borehole deformation sensor for stress measurement in coal mine rock［J］. Sensors, 2020, 20（11）：3267.

［63］Xiong X, Dai J, Chen X. Analysis of stress asymmetric distribution law of surrounding rock of roadway in inclined coal seam：a case study of shitanjing No. 2 coal seam［J］. Advances in Civil Engineering, 2020, （2）：1-14.

［64］李树刚, 石平五, 钱鸣高. 覆岩采动裂隙椭抛带动态分布特征研究[J]. 采矿与安全工程学报, 1999, （3）：44-46.

［65］王志国. 深部开采上覆岩层中采动裂隙网络演化规律研究[D]. 北京：中国矿业大学, 2011.

［66］Bai M, Elsworth D. Some aspects of mining under aquifers in China［J］. Mining Science & Technology, 1990, 10（1）：81-91.

［67］Palchik V. Influence of physical characteristics of weak rock mass on height of caved zone over abandoned subsurface coal mines［J］. Environmental Geology, 2002, 42（1）: 92-101.

［68］Karmis M, Triplett T, Haycocks C, et al. Mining subsidence and its prediction in the appalachian coalfield［J］. U. S. Symposium on Rock Mechanics, 1983.

［69］Hasenfus G J, Johnson K L, Su D W H. A hydrogeomechanical study of overburden aquifer response to longwall mining［C］//Proceedings of 7th international conference on ground control in mining, Morgantown, WV. 1988.

［70］Ghosh A, Daemen J J K. Fractal characteristics of rock discontinuities［J］. Engineering Geology, 1993, 34(1-2): 1-9.

［71］刘天泉. 矿山岩体采动影响与控制工程学及其应用［J］. 煤炭学报, 1995, 20（1）: 1-5.

［72］钱鸣高, 许家林. 覆岩采动裂隙分布的"O"形圈特征研究［J］. 煤炭学报, 1998, 23（5）: 466-469.

［73］黄庆享. 浅埋煤层覆岩隔水性与保水开采分类［J］. 岩石力学与工程学报, 2010, 29（a02）: 3622-3627.

［74］黄炳香, 刘长友, 许家林. 采场小断层对导水裂隙高度的影响［J］. 煤炭学报, 2009（10）: 1316-1321.

［75］马立强, 张东升, 董正筑. 隔水层裂隙演变机理与过程研究［J］. 采矿与安全工程学报, 2011, 28(3): 340-344.

［76］宋选民. 潞安矿区构造裂隙分布特征的实测分析［J］. 采矿与安全工程学报, 2002, 19(3): 101-103.

［77］Wang Hongzhi, Zhang Dongsheng, Wang Xufeng, et al. Visual exploration of the spatiotemporal evolution law of overburden failure and mining-induced fractures: a case study of the wangjialing coal mine in China［J］. Minerals, 2017, 7(3): 35.

［78］Li Sheng, Fan Chaojun, Luo Mingkun, et al. Structure and deformation measurements of shallow overburden during top coal caving longwall mining［J］. International Journal of Mining ence and Technology, 2017, 27(006): 1081-1085.

［79］Ye Q, Wang G, Jia Z, et al. Similarity simulation of mining-crack-evolution characteristics of overburden strata in deep coal mining with large dip［J］. Journal of Petroleum Science and Engineering, 2018, 165: 477-487.

［80］Xie Heping. Fractals in rock mechanics［M］// Fractals in rock mechanics /. A. A. Balkema, 1993.

［81］Liu X Y. Experimental study of dynamic development and fractal law of mining rock fracture［J］. Applied Mechanics and Materials, 2011, 71-78: 3428-3432.

［82］Liu X, Tan Y, Ning J G, et al. Fracture evolution and accumulation and dissipation law of energy during ascending mining［J］. Geotechnical and Geological Engineering, 2016, 34（2）: 647-655.

［83］Lu Y, Wang L. Numerical simulation of mining-induced fracture evolution and water flow in coal seam floor above a confined aquifer［J］. Computers and Geotechnics, 2015：157-171.

［84］Chi M, Zhang D, Honglin L, et al. Simulation analysis of water resource damage feature and development degree of mining-induced fracture at ecologically fragile mining area［J］. Environmental Earth Sciences, 2019, 78(3)：88.

［85］Li Y, Huang R. Relationship between joint roughness coefficient and fractal dimension of rock fracture surfaces［J］. International Journal of Rock Mechanics and Mining Sciences, 2015, 75：15-22.

［86］谢和平, 陈至达. 岩石类材料裂纹分叉非规则性几何的分形效应［J］. 力学学报, 1989, 21(5)：613-618.

［87］于广明, 谢和平. 结构化岩体采动裂隙分布规律与分形性实验研究［J］. 实验力学, 1998, 13(2)：145-154.

［88］谢和平, 于广明, 杨伦, 等. 采动岩体分形裂隙网络研究［J］. 岩石力学与工程学报, 1999, 18(02)：147-151.

［89］谢和平. 放顶煤开采巷道裂隙的分形研究［J］. 煤炭学报, 1998(3)：252-257.

［90］李宏艳, 王维华, 齐庆新, 等. 基于分形理论的采动裂隙时空演化规律研究［J］. 煤炭学报, 2014, 39(6)：1023-1030.

［91］程志恒, 齐庆新, 李宏艳, 等. 近距离煤层群叠加开采采动应力-裂隙动态演化特征实验研究［J］. 煤炭学报, 2016, 41(2)：367-375.

［92］齐庆新, 彭永伟, 汪有刚, 等. 基于煤体采动裂隙场分区的瓦斯流动数值分析［J］. 煤矿开采, 2010, 15(5)：8-10.

［93］游迪. surPac 环境下苏家坪矿区矿体三维模型与品位优化研究［D］. 武汉：武汉理工大学, 2009.

［94］陈旭光, 张强勇, 刘德军, 等. 高地应力深部巷道开挖锚固特性的三维地质力学模型试验研究［J］. 土木工程学报, 2011, 44(9)：107-113.

［95］李章林, 吴冲龙, 张夏林, 等. 煤炭三维地质建模信息系统的研制及关键技术［J］. 煤炭学报, 2011, 36(7)：1117-1122.

［96］章冲, 吴观茂, 黄明. 煤矿三维地质建模及应用研究［J］. 采矿与安全工程学报, 2010, 27(2)：259-263.

［97］Taloy L M, Chen E P. Microcrack-induced damage accumulation in britte rock under dynamic loading［J］. Computer Methods in Applied Mechanics and Engineering, 1986, (3)：301-320.

［98］秦坤. GIS 空间分析理论与方法［M］. 武汉：武汉大学出版社, 2010.

［99］杨滨滨, 郭伟鹏. 近松散含水层下煤层开采安全性分区［J］. 煤炭科学技术, 2012, 40(7)：96-98.

［100］Peng Suping, Zhang Jincai. Engineering Geology for Underground Rocks［M］. Springer Berlin Heidelberg, 2007.

［101］江家谱. 金川三维矿山模型的研究与建立［D］. 昆明：昆明理工大学, 2005.

[102] Omer Mughieda, Maher T Omar. Stress Analysis for Rock Mass Failure with Offset Joints[J]. Geotechnical and Geological Engineering, 2008, (26): 543-552.

[103] 武百超. 基于类三棱柱的三维地质体建模与可视化系统研究[D]. 阜新: 辽宁工程技术大学, 2006.

[104] 王树元. 矿井突水事件的模糊数学预测法[J]. 山东矿业学院学报, 1989, 8(3): 48-51.

[105] 许延春. 试用灰色理论宏观预测矿井水灾害[J]. 煤矿开采, 1996(1): 46-48.

[106] 陈秦生, 蔡云龙. 用模式识别方法预测煤矿突水[J]. 煤炭学报, 1990, 12(4): 63-68.

[107] 武强. 华北型煤田矿井防治水决策系统[M]. 北京: 煤炭工业出版社, 1995.

[108] 张大顺, 郑世书, 孙亚军. 地理信息系统及其在煤矿水害预测中的应用[M]. 徐州: 中国矿业大学出版社, 1994.

[109] 张敏江, 王延福. 华北聚煤区煤矿工作面回采过程中突水预报专家系统[J]. 水文地质工程地质, 1992, 2(2): 29-33.

[110] 王延福, 靳德武, 曾艳京. 矿井煤层底板突水预测新方法研究[J]. 水文地质工程地质, 1999, 4(4): 33-37.

[111] 马巨鹏. 矿井水害预警专家系统研究[D]. 西安: 西安科技大学, 2012.

[112] 杨滨滨, 隋旺华. 近松散含水层下采煤安全性熵值模糊综合评判[J]. 煤田地质与勘探, 2012, 40(4): 43-46.

[113] 魏军, 题正义. 灰色聚类评估在煤矿突水预测中的应用[J]. 辽宁工程技术大学学报, 2006(s2): 44-46.

[114] 雷西玲, 张景, 谢天保. 基于遗传神经网络的煤矿突水预测[J]. 计算机工程, 2003, 29(11): 132-133.

[115] 曹庆奎, 赵斐. 基于模糊-支持向量机的煤层底板突水危险性评价[J]. 煤炭学报, 2011, 36(4): 633-637.

[116] 闫志刚, 杜培军, 张海荣. 矿井突水信息处理的 SVM-RS 模型[J]. 中国矿业大学学报, 2008, 37(3): 295-299.

[117] Zhao Z, Li P, Xu X. Forecasting model of coal mine water inrush based on extreme learning machine[J]. Applied Mathematics & Information Sciences, 2013, 7(3): 1243-1250.

[118] 武强, 黄晓玲, 董东林, 等. 评价煤层顶板涌(突)水条件的"三图-双预测法"[J]. 煤炭学报, 2000, 25(1): 60-65.

[119] 武强. 基于 GIS 的地质灾害和水资源研究理论与方法[M]. 北京: 地质出版社, 2001.

[120] Wu Q, Zhou W. Prediction of groundwater inrush into coal mines from aquifers underlying the coal seams in China: vulnerability index method and its construction[J]. Environmental Geology, 2008, 56(2): 245-254.

[121] Wu Q, Liu Y, Luo L, et al. Quantitative evaluation and prediction of water inrush

vulnerability from aquifers overlying coal seams in Donghuantuo Coal Mine, China [J]. Environmental Earth Sciences, 2015, 74(2): 1429-1437.

[122] Wu Q, Liu Y, Zhou W, et al. Evaluation of Water Inrush Vulnerability from Aquifers Overlying Coal Seams in the Menkeqing Coal Mine, China [J]. Mine Water and the Environment, 2015, 34(3): 258-269.

[123] 刘雪艳. 半监督学习和数值模拟的煤层底板突水预警系统研究 [D]. 太原: 太原理工大学, 2016.

[124] 孙亚军, 杨国勇, 郑琳. 基于 GIS 的矿井突水水源判别系统研究 [J]. 煤田地质与勘探, 2007, 35(2): 38-41.

[125] 靳德武, 刘英锋, 冯宏, 等. 煤层底板突水监测预警系统的开发及应用 [J]. 煤炭科学技术, 2011, 39(11): 14-17.

[126] 黄国军. 基于 GIS 的矿井水害预测系统研究 [J]. 中国煤炭地质, 2009, 21(10): 39-41.

[127] 郭仁忠. 空间分析 [M]. 北京: 高等教育出版社, 2001.

[128] 刘耀林. 从空间分析到空间决策的思考 [J]. 武汉大学学报: 信息科学版, 2007, 32(11): 1050-1055.

[129] Velasquez M, Hester P T. An analysis of multi-criteria decision making methods [J]. 2013, 10: 56-66.

[130] Xu Z. Two Methods of Maximizing Deviations of Multi-attribute Decision Making [J]. Journal of Industrial Engineering & Engineering Management, 2001, 15(2). 11-14.

[131] 方芳, 梁旭, 李灿, 等. 空间多准则决策研究概述 [J]. 测绘科学, 2014, 39(7): 9-12.

[132] Cowen D J. GIS versus CAD versus DBMS: what are the differences? [J]. Photogrammetric Engineering & Remote Sensing, 1988, 54(11): 1551-1555.

[133] Densham P J. Spatial decision support systems [J]. Geographical information systems: Principles and applications, 1991, 1: 403-412.

[134] Piotr Jankowski. Integrating geographical information systems and multiple criteria decision-making methods [J]. International Journal of Geographical Information Science, 1995, 9(3): 251-273.

[135] 于辉. 近距离煤层开采覆岩结构运动及矿压显现规律研究 [D]. 北京: 中国矿业大学, 2015.

[136] 钱学森. 论系统工程 [M]. 上海: 上海交通大学出版社. 2007.

[137] 钱学森. 一个科学新领域——开放的复杂巨系统及其方法论 [J]. 城市发展研究, 2005, 12(5): 1-8.

[138] Wang Laigui, Xi Yanhui, Liu Xiangfeng, Zhao Na, Song Ziling. Evolution process of rock mass engineering system using systems science [J]. Journal of Rock Mechanics and Geotechnical Engineering, 2015, 7(6): 724-726.

[139] Wang Chunlai. Experimental investigation on nonlinear dynamic evolution patterns of

cracks in rock failure process [M]//Evolution, Monitoring and Predicting Models of Rockburst. Springer, Singapore, 2018: 59-76.

[140] Qin S Q, Jiao J J, Li Z G. Nonlinear evolutionary mechanisms of instability of plane-shear slope: catastrophe, bifurcation, chaos and physical prediction [J]. Rock Mechanics and Rock Engineering, 2006, 39(1): 59-76.

[141] 邓广哲, 朱维申. 岩体非线性卸荷与熵变的基本特点[J]. 西安矿业学院学报, 1997, 17(4): 332-335.

[142] 赵瑜. 深埋隧道围岩系统稳定性及非线性动力学特性研究[D]. 重庆: 重庆大学, 2007.

[143] 郑颖人, 刘兴华. 近代非线性科学与岩石力学问题[J]. 岩土工程学报, 1996, 18(1): 98-100.

[144] 谢和平, 周宏伟, 陈忠辉. 矿山非线性岩石力学的研究与展望[J]. 世纪之交的煤炭科学技术学术年会论文集, 1997. 180-186.

[145] 周翠英, 张乐民. 岩石变形破坏的熵突变过程与破坏判据[J]. 岩土力学, 2007, 28(12): 2506-2510.

[146] 刘镇, 周翠英, 房明. 隧道非线性演化模型一致性及其判据统一性分析[J]. 岩土力学, 2012, 33(5): 1473-1478.

[147] Shannon C E, Weaver W. The Mathematical Theory of Communication (Urbana, IL)[J]. Philosophical Review, 1949, 60(3). 1-54.

[148] Shannon C E. A mathematical theory of communication[J]. The Bell System Technical Journal, 1948, 27(3): 379-423.

[149] Rényi A. On measures of entropy and information[R]. Hungarian Academy of Sciences Budapest Hungary, 1961.

[150] 薛锦春, 李夕兵, 刘志祥. 基于混沌理论的矿山边坡岩体变形规律与安全预警系统[J]. 中南大学学报: 自然科学版, 2013, 44(6): 2476-2481.

[151] Grassberger P, Procaccia I. Estimation of the Kolmogorov entropy from a chaotic signal [J]. Physical review A, 1983, 28(4): 2591.

[152] Grassberger P. An optimized box-assisted algorithm for fractal dimensions[J]. Physics letters A, 1990, 148(1-2): 63-68.

[153] 程刚, 施斌, 张平松, 等. 采动覆岩变形分布式光纤物理模型试验研究[J]. 工程地质学报, 2017(4): 926-934.

[154] Kyriakidis P C, Journel A G. Geostatistical space-time models: a review [J]. Mathematical geology, 1999, 31(6): 651-684.

[155] Blangiardo M, Cameletti M, Baio G, et al. Spatial and spatio-temporal models with R-INLA[J]. Spatial and spatio-temporal epidemiology, 2013, 4: 33-49.

[156] 王劲峰, 葛咏, 李连发, 等. 地理学时空数据分析方法[J]. 地理学报, 2014, 69(9): 1326-1345.

[157] 洪安东. 基于时空立方体的交通拥堵点时空模式挖掘与分析[D]. 成都: 西南交通

大学，2017.

[158]Esri. ArcGIS 10. 4 for desktop web help：Create Space Time Cube[EB/OL]. http：// pro. arcgis. com/zh-cn/pro-app/tool-reference/space-time-pattern-mining/create-space-time-cube. htm.

[159]Kendall M G. The advanced theory of statistics[J]. The advanced theory of statistics., 1946（2nd Ed）.

[160]Yue S, Pilon P, Cavadias G. Power of the Mann-Kendall and Spearman's rho tests for detecting monotonic trends in hydrological series[J]. Journal of hydrology, 2002, 259（1-4）：254-271.

[161]Getis A, Ord J K. The analysis of spatial association by use of distance statistics[J]. Geographical Analysis, 2010, 24（3）：189-206.

[162]李鸿昌，矿山工业. 矿山压力的相似模拟试验[M]. 徐州：中国矿业大学出版社，1988.

[163]顾大钊. 相似材料和相似模型[M]. 徐州：中国矿业大学出版社，1995.

[164]吴钰应，王世远，关玉顺，等. 相似材料配比研究[J]. 辽宁工程技术大学学报，1981，1（3）：32-49.

[165]Mandelbrot B B. Fractals：form, chance and dimension[J]. Fractals：form, chance and dimension., by Mandelbrot, B B. San Francisco（CA, USA）：WH Freeman & Co., 16+ 365 p., 1979.

[166]Mandelbrot B B. The fractal geometry of nature[M]. Freeman, San Francisco, 1982.

[167]Mandelbrot B B. The fractal geometry of nature（173）[M]. Macmillan. 1983.

[168]Mandelbrot B B. The fractal geometry of nature/Revised and enlarged edition[J]. New York, WH Freeman and Co., 1983, 495：1-1.

[169]Mandelbrot B B. Self-affine fractal sets, I：The basic fractal dimensions[J]. Fractals in Physics, 1986, 1：3-15.

[170]Mandelbrot B B. Self-affine fractal sets, II：Length and surface dimensions[J]. Fractals in Physics, 1986, 1：17-20 .

[171]Berry M V, Lewis Z V. On the Weierstrass-Mandelbrot fractal function[J]. Proc. R. Soc. Lond. A, 1980, 370（1743）：459-484.

[172]Okubo P G, Aki K. Fractal geometry in the San Andreas fault system[J]. Journal of Geophysical Research：Solid Earth, 1987, 92（B1）：345-355.

[173]Scholz C H, Aviles C A. Fractal dimension of the 1906 San Andreas fault and 1915 Pleasant Valley faults[J]. Earthquakes Notes, 1985, 55（1）：20.

[174]谢和平，薛秀谦. 分形应用中的数学基础与方法[M]. 北京：科学出版社，1997.

[175]文志英，井竹君. 分形几何和分维数简介[J]. 数学的实践与认识，1995（4）：20-34.

[176]Feder J. Fractals[M]. Springer Science & Business Media, 2013.

[177]Palchik V. Formation of fractured zones in overburden due to longwall mining[J].

Environmental Geology, 2003, 44(1): 28-38.

[178]孙博玲. 分形维数(Fractal dimension)及其测量方法[J]. 东北林业大学学报, 2004, 32(3): 116-119.

[179]Grassberger P, Procaccia I. Estimation of the Kolmogorov entropy from a chaotic signal [J]. Physical Review A, 1983, 28(4): 2591.

[180]Grassberger P. An optimized box-assisted algorithm for fractal dimensions[J]. Physics letters A, 1990, 148(1-2): 63-68.

[181]Hentschel H G E, Procaccia I. The infinite number of generalized dimensions of fractals and strange attractors[J]. Physica D: Nonlinear Phenomena, 1983, 8(3): 435-444.

[182]武生智, 魏春玲, 马崇武, 等. 沙粒粗糙度和粒径分布的分形特性[J]. 兰州大学学报: 自然科学版, 1999(1): 53-56.

[183]谢和平. 分形应用中的数学基础与方法[M]. 北京: 科学出版社, 1997.

[184]Falconer K J. The Hausdorff dimension of self-affine fractals [J]. Mathematical Proceedings of the Cambridge Philosophical Society, 1988, 103(2): 339-350.

[185]Van Noordwijk M, Purnomosidhi P. Root architecture in relation to tree-soil-crop interactions and shoot pruning in agroforestry [M]//Agroforestry: Science, Policy and Practice. Springer, Dordrecht, 1995: 161-173.

[186]Tyler S W, Wheatcraft S W. Application of fractal mathematics to soil water retention estimation[J]. Soil Science Society of America Journal, 1989, 53(4): 987-996.

[187]Tyler S W, Wheatcraft S W. Fractal processes in soil water retention [J]. Water Resources Research, 1990, 26(5): 1047-1054.

[188]冯夏庭, 王泳嘉. 岩石节理力学参数的非线性估计[J]. 岩土工程学报, 1999, 21 (3): 268-272.

[189]Tse R, Cruden D M. Estimating joint roughness coefficients[C]//International journal of rock mechanics and mining sciences & geomechanics abstracts. Pergamon, 1979, 16 (5): 303-307.

[190]温世游, 胡柳青. 节理岩体损伤的分形研究[J]. 有色金属科学与工程, 2000, 14 (3): 14-16.

[191]王宝军, 施斌, 唐朝生. 基于 GIS 实现黏性土颗粒形态的三维分形研究[J]. 岩土工程学报, 2007, 29(2): 309-312.

[192]Yavuz H. An estimation method for cover pressure re-establishment distance and pressure distribution in the goaf of longwall coal mines[J]. International Journal of Rock Mechanics and Mining Sciences, 2004, 41(2): 193-205.

[193]Kratzsch H. Mining subsidence engineering[M]. New York: Springer Science & Business Media, 2012.

[194]Reddish D J, Whittaker B N. Subsidence: occurrence, prediction and control [M]. Elsevier, 2012.

[195]Alibrandi U, Mosalam K M. Kernel density maximum entropy method with generalized

moments for evaluating probability distributions, including tails, from a small sample of data[J]. International Journal for Numerical Methods in Engineering, 2018, 113(13): 1904-1928.

[196] Foody G M. Approaches for the production and evaluation of fuzzy land cover classifications from remotely-sensed data[J]. International Journal of Remote Sensing, 1996, 17(7): 1317-1340.

[197] 施斌. 黏性土击实过程中微观结构的定量评价[J]. 岩土工程学报, 1996, 18(4): 57-62.

[198] Andrews H C, Pratt W K, Caspari K. Computer techniques in image processing[M]. New York: Academic Press, 1970.

[199] 叶贵如, 周青松, 林晓威. 基于数字图像处理的表面裂缝宽度测量[J]. 公路交通科技, 2010, 27(2): 75-78.

[200] Tan Y, Liu X, Ning J G, et al. In Situ investigations on failure evolution of overlying strata induced by mining multiple coal seams[J]. Geotechnical Testing Journal, 2017, 40(2): 20160090.

[201] Ghabraie B, Ren G, Barbato J, et al. A predictive methodology for multi-seam mining induced subsidence[J]. International Journal of Rock Mechanics and Mining Sciences, 2017, 93: 280-294.

[202] Zhang D Y, Sui W H, Liu J W. Overburden failure associated with mining coal seams in close proximity in ascending and descending sequences under a large water body[J]. Mine Water & the Environment, 2017(8): 1-14.

[203] Sui W H, Hang Y, Ma L X, et al. Interactions of overburden failure zones due to multiple-seam mining using longwall caving[J]. Bulletin of Engineering Geology & the Environment, 2015, 74(3): 1019-1035.

[204] Wang C, Zhang N, Han Y, et al. Experiment research on overburden mining-induced fracture evolution and its fractal characteristics in ascending mining[J]. Arabian Journal of Geosciences, 2015, 8(1): 13-21.

[205] Wei X, Bai H, Rong H, et al. Research on mining fracture of overburden in close distance multi-seam[J]. Procedia Earth and Planetary Science, 2011, 6: 20-27.

[206] Guo H, Yuan L, Shen B, et al. Mining-induced strata stress changes, fractures and gas flow dynamics in multi-seam longwall mining[J]. International Journal of Rock Mechanics and Mining Sciences, 2012, 54(54): 129-139.

[207] Velasquez M, Hester P T. An analysis of multi-criteria decision making methods[J]. 2013, 10: 56-66.

[208] Roy B. Multicriteria Methodology for Decision Aiding [M]. New York: Springer US, 1996.

[209] Xu Z. S. Uncertain Multi-Attribute Decision Making[M]. New York: Springer Berlin Heidelberg, 2015.

[210] Mardani A, Zavadskas E K, Khalifah Z, et al. A review of multi-criteria decision-making applications to solve energy management problems: Two decades from 1995 to 2015[J]. Renewable & Sustainable Energy Reviews, 2017, 71: 216-256.

[211] Pohekar S D, Ramachandran M. Application of multi-criteria decision making to sustainable energy planning-A review[J]. Renewable & Sustainable Energy Reviews, 2004, 8(4): 365-381.

[212] Zopounidis C, Doumpos M. Multicriteria classification and sorting methods: A literature review[J]. European Journal of Operational Research, 2007, 138(2): 229-246.

[213] Huang I B, Keisler J, Linkov I. Multi-criteria decision analysis in environmental sciences: Ten years of applications and trends[J]. Science of the Total Environment, 2011, 409(19): 3578.

[214] Van Herwijnen M. Spatial decision support for environmental management[D]. Tinbergen Instituut, 1999.

[215] Van Herwijnen M, Rietveld P. Spatial multicriteria decision making and analysis: a geographic information sciences approach[M]. Ashgate Pub Ltd, 1999.

[216] Malczewski J. Multiple criteria decision analysis and geographic information systems[J]. Trends in Multiple Criteria Decision Analysis, 2010, 142: 369-395.

[217] Malczewski J. GIS and multicriteria decision analysis[M]. John Wiley & Sons, 1999.

[218] Malczewski J. GIS - based multicriteria decision analysis: a survey of the literature[J]. International Journal of Geographical Information Science, 2006, 20(7): 703-726.

[219] Malczewski J, Rinner C. Multicriteria decision analysis in geographic information science [M]. New York: Springer, 2015.

[220] Murray A T. GIS and Multicriteria Decision Analysis (review)[J]. Geographical Analysis, 2002, 34(1): 91-92.

[221] Hwang C L, Yoon K. Methods for Multiple Attribute Decision Making[M]// Multiple Attribute Decision Making. Springer Berlin Heidelberg, 1981: 58-191.

[222] Tzeng G H, Huang J J. Multiple attributes decision making-methods and applications[M]. New York: Springer, 2011.

[223] Chen S J, Huang C L, Huang F P. Fuzzy multiple attribute decision making method and application[M]. Springer, Berlin, 1992.

[224] Yoon K P, Hwang C L. Multiple attribute decision making[J]. European Journal of Operational Research, 1995, 4(4): 287-288.

[225] Keeney R L. Value-focused thinking: A path to creative decisionmaking[M]. Harvard University Press, 2009.

[226] Chakhar S, Mousseau V. Spatial multicriteria decision making[J]. International Journal of Geographical Information Science, 2008, 22(11): 175-191.

[227] Janssen R, Herwijnen M V. Map transformation and aggregation methods for spatial decision support [M]// Multicriteria Analysis for Land-Use Management. Springer

Netherlands，1998.

[228] 徐泽水. 不确定多属性决策方法及应用[M]. 北京：清华大学出版社，2004.

[229] 刘树林，邱菀华. 多属性决策基础理论研究[J]. 系统工程理论与实践，1998，18 (1)：38-43.

[230] 陈王廷. 决策分析[M]. 北京：科学出版社，1987.

[231] Saaty T L. The analytic hierarchy process：Planning, priority setting, resource Allocation. McGraw-Hill, NY, USA[M]// The Analytic Hierarchy Process：Planning, Priority Setting, Resource Allocation. 1980.

[232] Zheng N, Takara K, Yamashiki Y, et al. Assessing vulnerability to regional flood hazard through spatial multi-criteria analysis in the Huaihe River Basin, China[J]. Journal of Hydraulic Engineering, 2009, 53：127-132.

[233] Berger P A. Generating agricultural landscapes for alternative futures analysis：A multiple attribute decision-making model[J]. Transactions in Gis, 2010, 10(1)：103-120.

[234] Drobne S, Lisec A. Multi-attribute decision analysis in GIS：weighted linear Combination and ordered weighted averaging[J]. Informatica, 2009, 33(4)：459-474.

[235] Eastman J R. Multi-criteria evaluation and GIS[J]. Geographical Information Systems, 1999, 1：493-502.

[236] Heywood I, Oliver J, Tomlison S. Building an exploratory multi-criteria modeling environment for spatial decision support [J]. International Journal of Geographical Information Science, 1995, 7(4)：315-329.

[237] Jiang, H., Eastman, J. R. Application of fuzzy measures in multi-criteria evaluation in GIS[J]. International Journal of Geographical Information Systems, 2000, 14(2)：173-184.

[238] Yager R R. On ordered weighted averaging aggregation operators in multicriteria decisionmaking[J]. Readings in Fuzzy Sets for Intelligent Systems, 1993, 18(1)：80-87.

[239] Yager R R. Quantifier guided aggregation using OWA operators[J]. International Journal of Intelligent Systems, 1996, 11(1)：49-73.

[240] Wu Z, Chen Y. The maximizing deviation method for group multiple attribute decision making under linguistic environment [J]. Fuzzy Sets & Systems, 2007, 158(14)：1608-1617.

[241] Şahin R, Liu P. Maximizing deviation method for neutrosophic multiple attribute decision making with incomplete weight information[J]. Neural Computing & Applications, 2016, 27(7)：1-13.

[242] Wang Y M. Using the method of maximizing deviation to make decision for multiindices [J]. Journal of Systems Engineering and Electronics, 1997, 8(3)：21-26.

[243] Saltelli A. What is sensitivity analysis? [J]. Sensitivity Analysis, 2005(1)：3-13.

[244] Smith W K. Multiobjective decision analysis with engineering and business applications[J].

Engineering Geology, 1983, 19(4): 289-291.

[245] Crosetto M, Tarantola S. Uncertainty and sensitivity analysis tools for GIS-based model implementation[J]. International Journal of Geographical Information Science, 2001, 15 (5): 415-437.

[246] Stewart T. Dealing with uncertainties in MCDA (Multi-criteria decision analysis)[M]. New York: Springer, 2005.

[247] Crosetto, M., Tarantola, S. Uncertainty and sensitivity analysis: tools for GIS-based model implementation[J]. International Journal of Geographical Information Systems, 2001, 15(5): 415-437.

[248] 隋旺华, 梁艳坤, 张改玲, 等. 采掘中突水溃砂机理研究现状及展望[J]. 煤炭科学技术, 2011, 39(11): 5-9.

[249] Sui W H, Liang Y K, Zhang X J, et al. An experimental investigation on the speed of sand flow through a fixed porous bed[J]. Scientific Reports, 2017, 7(1): 54.

[250] 梁艳坤, 隋旺华, 朱涛, 等. 哈拉沟煤矿垮落带破碎岩体溃砂的离散元数值模拟研究[J]. 煤炭学报, 2017, 42(2): 470-476.

[251] Sui W H, Xu Z M. Risk Assessment for Coal Mining Under Sea Area[M]// New Frontiers in Engineering Geology and the Environment. Springer Berlin Heidelberg, 2013: 199-202.

[252] 隋旺华, 蔡光桃, 董青红. 近松散层采煤覆岩采动裂缝水砂突涌临界水力坡度试验[J]. 岩石力学与工程学报, 2007, 26(10): 2084-2091.

[253] 国家安全监管总局. 煤矿地质工作规定[S]. 北京: 煤炭工业出版社, 2014.

[254] Guarnieri P. Regional strain derived from fractal analysis applied to strike-slip fault systems in NW Sicily[J]. Chaos Solitons & Fractals, 2002, 14(1): 71-76.

[255] Kato N, Lei X. Interaction of parallel strike-slip faults and a characteristic distance in the spatial distribution of active faults[J]. Geophysical Journal International, 2001, 144 (1): 157-164.

[256] 李飞, 杨滨滨, 张金陵, 等. 矿井断层构造复杂程度的 GIS 与熵值耦合评价研究[J]. 中国煤炭地质, 2014(8): 60-63.

[257] Yu B, Zhao J, Xiao H. Case study on overburden fracturing during longwall top coal caving using microseismic monitoring[J]. Rock Mechanics and Rock Engineering, 2017, 50(2): 507-511.

[258] Zhang S, Tang S, Zhang D, et al. Determination of the height of the water-conducting fractured zone in difficult geological structures: a case study in Zhao Gu No. 1 coal seam[J]. Sustainability, 2017, 9(7): 1077-1096.

[259] Miao X, Cui X, Wang J, et al. The height of fractured water-conducting zone in undermined rock strata[J]. Engineering Geology, 2011, 120(1-4): 32-39.

[260] Guo W, Zhao G, Lou G, et al. A new method of predicting the height of the fractured water-conducting zone due to high-intensity longwall coal mining in China[J]. Rock

Mechanics and Rock Engineering, 2018: 1-14.

[261] Du F, Gao R. Development patterns of fractured water-conducting zones in longwall mining of thick coal seams-a case study on safe mining under the Zhuozhang river[J]. Energies, 2017, 10(11): 1856-1872.

[262]胡小娟,李文平,曹丁涛,等.综采导水裂隙带多因素影响指标研究与高度预计[J].煤炭学报,2012,37(4): 613-620.

[263]胡宝峰.富水覆岩特厚煤层综放开采导水裂隙带高度研究[D].西安:西安科技大学,2013.

[264]Merad M M, Verdel T, Roy B, et al. Use of multi-criteria decision-aids for risk zoning and management of large area subjected to mining-induced hazards[J]. Tunnelling and Underground Space Technology, 2004, 19(2): 125-138.

[265]Sari M, Selcuk A S, Karpuz C, et al. Stochastic modeling of accident risks associated with an underground coal mine in Turkey[J]. Safety science, 2009, 47(1): 78-87.

[266] Coulson M R C. In the matter of class intervals for choropleth maps: with particular reference to the work of George F Jenks[J]. Cartographica: The International Journal for Geographic Information and Geovisualization, 1987, 24(2): 16-39.

[267] Evans I S. The selection of class intervals[J]. Transactions of the Institute of British Geographers, 1977: 98-124.

[268]Simpson D M, Human R J. Large-scale vulnerability assessments for natural hazards[J]. Natural Hazards, 2008, 47(2): 143-155.

[269]Jenks G F. Generalization in statistical mapping[J]. Annals of the Association of American Geographers, 1963, 53(1): 15-26.

[270] Basofi A, Fariza A, Ahsan A S, et al. A comparison between natural and Head/tail breaks in LSI (Landslide Susceptibility Index) classification for landslide susceptibility mapping: A case study in Ponorogo, East Java, Indonesia[C]//Science in Information Technology (ICSITech), 2015 International Conference on. IEEE, 2015: 337-342.

[271]Traun C, Loidl M. Autocorrelation-Based Regioclassification-a self-calibrating classification approach for choropleth maps explicitly considering spatial autocorrelation[J]. International Journal of Geographical Information Science, 2012, 26(5): 923-939.

[272] Wu Q, Ye S, Yu J. The prediction of size-limited structures in a coal mine using Artificial Neural Networks[J]. International Journal of Rock Mechanics and Mining Sciences. 2008, 45(6): 999-1006.

[273] Wu Q, Fan S, Zhou W, et al. Application of the Analytic Hierarchy Process to Assessment of Water Inrush: A Case Study for the No. 17 Coal Seam in the Sanhejian Coal Mine, China[J]. Mine Water and the Environment. 2013, 32(3): 229-238.

[274]Wu Q, Fan Z, Zhang Z, et al. Evaluation and zoning of groundwater hazards in Pingshuo No. 1 underground coal mine, Shanxi Province, China[J]. Hydrogeology Journal. 2014, 22(7): 1693-1705.

[275] Wu Q, Liu Y, Liu D, et al. Prediction of floor water inrush：the application of GIS-based AHP vulnerable index method to donghuantuo coal mine, China［J］. Rock Mechanics and Rock Engineering. 2011, 44(5)：591-600.

[276] Wu Q, Wang M. Characterization of water bursting and discharge into underground mines with multilayered groundwater flow systems in the North China coal basin［J］. Hydrogeology Journal. 2006, 14(6)：882-893.

[277] Wu Q, Xu H, Pang W. GIS and ANN coupling model：an innovative approach to evaluate vulnerability of karst water inrush in coalmines of north China［J］. Environmental Geology. 2008, 54(5)：937-943.

[278] Wu Q, Zhou W. Prediction of inflow from overlying aquifers into coalmines：a case study in Jinggezhuang coalmine, Kailuan, China［J］. Environmental Geology. 2008, 55(4)：775-780.

[279] Wu Q, Zhou W, Guan E. Emergency responses to water disasters in coalmines, China［J］. Environmental Geology. 2009, 58(1)：95-100.

[280] Yang B B, Sui W H, Duan L H. Risk assessment of water inrush in an underground coal mine based on GIS and Fuzzy Set Theory［J］. Mine Water and the Environment. 2017, 36(4)：617-627.

[281] Powers L, Snell M. Microsoft Visual Studio 2008 Unleashed［M］. London：Pearson Education, 2008.

[282] 张悦. 基于统计和位移矢量角模型的滑坡灾害预测 GIS 可视化系统研究［D］. 青岛：青岛理工大学, 2011.

[283] 伍伟斌. 华亭矿区开采动力灾害危险性综合分析系统研发与应用［D］. 北京：北京科技大学, 2015.

[284] Yang B B, Yuan J H, Duan LH. Development of a system to assess vulnerability of flooding from water in karst aquifers induced by mining［J］. Environmental Earth Sciences, 2018, 77(3)：91-104.

[285] 隋旺华, 杨滨滨, 刘佳维. 煤矿近松散含水层开采上限评价及开采危险性评价方法［P］. 中国：ZL201310303425. 5, 2015-10-21.

[286] Li L. Generalized Solution for Mining Backfill Design［J］. International Journal of Geomechanics, 2014, 14(3)：04014006.

[287] Yao Y, Cui Z, Wu R, et al. Development and challenges on mining backfill technology［J］. Journal of Materials Science Research, 2012, 1(4)：73-78.

[288] Chang Q, Chen J, Zhou H, et al. Implementation of paste backfill mining technology in Chinese coal mines［J］. The Scientific World Journal, 2014：821025-821025.

[289] Liu J, Sui W, Zhao Q, et al. Environmentally sustainable mining：a case study of intermittent cut-and-fill mining under sand aquifers［J］. Environmental Earth Sciences, 2017, 76(16)：1-20.

[290]Li G, Zhou W. Impact of karst water on coal mining in North China[J]. Environmental Earth Sciences, 2006, 49(3): 449-457.

[291]Zadeh LA. Fuzzy sets[J]. Information and Control, 1965, 8(3): 338-353.

[292]Wei C , Pei Z , Li H . An induced OWA operator in coal mine safety evaluation[J]. Journal of Computer & System ences, 2012, 78(4): 997-1005.

[293]Chen Jiqiang, Ma Litao, Wang Chao, et al. Comprehensive evaluation model for coal mine safety based on uncertain random variables[J]. Safety ence, 2014, 68: 146-152.

附　录

1. 基于熵的空间多准则决策系统主要功能模块实现程序
1）登录窗口
Public Class 登录窗体

    Private Sub Button1_Click（ByVal sender As System.Object，ByVal e As System.EventArgs）Handles Button1.Click

        If TextBox1. Text = "Admin" And TextBox2.Text = "＊＊＊＊＊＊＊" Then

        Dim frm1 As form1 = New form1

        form1.ShowDialog（）

        Me.Hide（）

        Else

          MsgBox（"您输入的用户名或密码有误!"，MsgBoxStyle.Question，"登录错误"）

        End If

        Me.Close（）

    End Sub

    Private Sub Button2_Click（ByVal sender As System.Object，ByVal e As System.EventArgs）Handles Button2.Click

        Me.Close（）

    End Sub

    Private Sub 登录窗体_Load（ByVal sender As System.Object，ByVal e As System.EventArgs）Handles MyBase.Load

    End Sub

End Class

2）创建空间数据库
Public Class 创建空间数据库

    Public filepath As String

    Public filename As String

    Public newworkspace As IWorkspace

    Private Sub 创建空间数据库_Load（ByVal sender As System.Object，ByVal e As System.EventArgs）Handles MyBase.Load

    End Sub

```
Public Sub New()
        InitializeComponent()
End Sub
Private Sub Button3_Click(ByVal sender As System.Object, ByVal e As System.Even-
tArgs) Handles Button3.Click
        Me.Close()
        Me.Dispose()
End Sub
Private Sub Button1_Click(ByVal sender As System.Object, ByVal e As System.Even-
tArgs) Handles Button1.Click
        Dim folderbrowserdialog As FolderBrowserDialog = New FolderBrowserDialog
        If folderbrowserdialog.ShowDialog = Windows.Forms.DialogResult.OK Then
            TextBox1.Text = folderbrowserdialog.SelectedPath
        End If
End Sub
Private Sub Button2_Click(ByVal sender As System.Object, ByVal e As System.Even-
tArgs) Handles Button2.Click
        filepath = TextBox1.Text.Trim
        filename = TextBox2.Text.Trim
        If filepath = "" Then
            Return
        End If
        Dim workspaceFactory As IWorkspaceFactory = New AccessWorkspaceFactory
        Dim workspaceName As IWorkspaceName = workspaceFactory.Create(filepath,
filename, Nothing, 0)
        Dim iname As IName = CType(workspaceName, IName)
        newworkspace = CType(iname.Open, IWorkspace)
        MsgBox("创建成功!")
End Sub
End Class
3)坐标计算
Public Class X 坐标计算
Private Sub Button2_Click(ByVal sender As System.Object, ByVal e As System.Even-
tArgs) Handles Button2.Click
        Me.Close()
End Sub
Private Function GetLayers() As IEnumLayer
        Dim uid As UID = New UIDClass()
```

```vbnet
        uid.Value = "{40A9E885-5533-11d0-98BE-00805F7CED21}"
        Dim layers As IEnumLayer = form1.AxMapControl1.Map.Layers(uid, True)
        Return layers
    End Function
    Private Function GetFeatureLayer(ByVal layerName As String) As IFeatureLayer
        'get the layers from the maps
        Dim layers As IEnumLayer = GetLayers()
        layers.Reset()
        Dim layer As ILayer = layers.Next()
        Do While Not layer Is Nothing
            If layer.Name = layerName Then
                Return TryCast(layer, IFeatureLayer)
            End If
            layer = layers.Next()
        Loop
        Return Nothing
    End Function
    Private Sub X坐标计算_Load(ByVal sender As System.Object, ByVal e As System.
EventArgs) Handles MyBase.Load
        If form1.AxMapControl1.Map.LayerCount <> 0 Then
            'load all the feature layers in the map to the layers combo
            Dim layers As IEnumLayer = GetLayers()
            layers.Reset()
            Dim layer As ILayer = layers.Next()
            Do While Not layer Is Nothing
                ComboBox1.Items.Add(layer.Name)
                layer = layers.Next()
            Loop
            'select the first layer
            If ComboBox1.Items.Count > 0 Then
                ComboBox1.SelectedIndex = 0
            End If
        End If
    End Sub
    Private Sub ComboBox1_SelectedIndexChanged(ByVal sender As System.Object, By-
Val e As System.EventArgs) Handles ComboBox1.SelectedIndexChanged
        ComboBox2.Items.Clear()
        Dim selectedlayername As String = ComboBox1.Text
```

```
            Dim pFeaturelayer As IFeatureLayer
        Try
            Dim i As Integer
            For i = 0 To form1.AxMapControl1.LayerCount - 1 Step i + 1
                If form1.AxMapControl1.get_Layer(i).Name = selectedlayername Then
                    If TypeOf (form1.AxMapControl1.get_Layer(i)) Is IFeatureLayer
Then
                        pFeaturelayer = CType(form1.AxMapControl1.get_Layer(i),
IFeatureLayer)
                        Dim j As Integer
                        For j = 0 To pFeaturelayer.FeatureClass.Fields.FieldCount -
1 Step j + 1
                            ComboBox2.Items.Add (pFeaturelayer.FeatureClass.
Fields.Field(j).Name)
                        Next
                    Else
                        MessageBox.Show("您选择的图层不能够进行属性查询!
请重新选择")
                    End If
                End If
            Next
        Catch ex As Exception
            MessageBox.Show(ex.Message)
            Return
        End Try
    End Sub
    Private Sub Button1_Click(ByVal sender As System.Object, ByVal e As System.Even-
tArgs) Handles Button1.Click
        Try
            Dim point As IPoint
            point = New PointClass
            Dim ifeaturelayer As IFeatureLayer = GetFeatureLayer(ComboBox1.Selecte-
dItem.ToString)
            Dim inputFeatureClass As IFeatureClass = ifeaturelayer.FeatureClass
            Dim indexA As Integer
            Dim ifields As IFields = inputFeatureClass.Fields
            indexA = ifields.FindField(ComboBox2.SelectedItem.ToString)
            Dim ifeaturecursor As IFeatureCursor = inputFeatureClass.Search(Nothing,
```

247

False)

```
                    Dim ifeature As IFeature = ifeaturecursor.NextFeature
                    'Dim area As IArea
                    While Not ifeature Is Nothing
                        If ifeature.Shape.GeometryType = esriGeometryType.esriGeometryPoint
Then
                            point = ifeature.ShapeCopy
                            ifeature.Value(indexA) = point.X
                            ifeature.Store()
                        End If
                        ifeature = ifeaturecursor.NextFeature
                    End While
                    MessageBox.Show("X 坐标计算已完成,请查看结果!", "坐标计算结
果")
            Catch ex As Exception
                MessageBox.Show("请确保您选择的图层为点状图层或者所选字段为符
合要求的字段", "异常诊断", MessageBoxButtons.OK, MessageBoxIcon.Error)
            End Try
        End Sub
    End Class
    Public Class Y 坐标计算
        Private Sub Y 坐标计算_Load(ByVal sender As System.Object, ByVal e As System.
EventArgs) Handles MyBase.Load
            If form1.AxMapControl1.Map.LayerCount <> 0 Then
                'load all the feature layers in the map to the layers combo
                Dim layers As IEnumLayer = GetLayers()
                layers.Reset()
                Dim layer As ILayer = layers.Next()
                Do While Not layer Is Nothing
                    ComboBox1.Items.Add(layer.Name)
                    layer = layers.Next()
                Loop
                'select the first layer
                If ComboBox1.Items.Count > 0 Then
                    ComboBox1.SelectedIndex = 0
                End If
            End If
        End Sub
```

```
        Private Sub Button2_Click(ByVal sender As System.Object, ByVal e As System.Even-
tArgs) Handles Button2.Click
            Me.Close()
        End Sub
        Private Sub Button1_Click(ByVal sender As System.Object, ByVal e As System.Even-
tArgs) Handles Button1.Click
            Try
                Dim point As IPoint
                point = New PointClass
                Dim ifeaturelayer As IFeatureLayer = GetFeatureLayer(ComboBox1.Selecte-
dItem.ToString)
                Dim inputFeatureClass As IFeatureClass = ifeaturelayer.FeatureClass
                Dim indexA As Integer
                Dim ifields As IFields = inputFeatureClass.Fields
                indexA = ifields.FindField(ComboBox2.SelectedItem.ToString)
                Dim ifeaturecursor As IFeatureCursor = inputFeatureClass.Search(Nothing,
False)
                Dim ifeature As IFeature = ifeaturecursor.NextFeature
                'Dim area As IArea
                While Not ifeature Is Nothing
                    If ifeature.Shape.GeometryType = esriGeometryType.esriGeometryPoint
Then
                        point = ifeature.ShapeCopy
                        ifeature.Value(indexA) = point.Y
                        ifeature.Store()
                    End If
                    ifeature = ifeaturecursor.NextFeature
                End While
                MessageBox.Show("Y 坐标计算已完成,请查看结果!", "坐标计算结
果")
            Catch ex As Exception
                MessageBox.Show("请确保您选择的图层为点状图层或者所选字段为符
合要求的字段", "异常诊断", MessageBoxButtons.OK, MessageBoxIcon.Error)
            End Try
        End Sub
        Private Function GetLayers() As IEnumLayer
        Dim uid As UID = New UIDClass()
        uid.Value = "{40A9E885-5533-11d0-98BE-00805F7CED21}"
```

```vb
        Dim layers As IEnumLayer = form1.AxMapControl1.Map.Layers(uid, True)
        Return layers
    End Function
    Private Function GetFeatureLayer(ByVal layerName As String) As IFeatureLayer
        'get the layers from the maps
        Dim layers As IEnumLayer = GetLayers()
        layers.Reset()
        Dim layer As ILayer = layers.Next()
        Do While Not layer Is Nothing
            If layer.Name = layerName Then
                Return TryCast(layer, IFeatureLayer)
            End If
            layer = layers.Next()
        Loop
        Return Nothing
    End Function
    Private Sub ComboBox1_SelectedIndexChanged(ByVal sender As System.Object, ByVal e As System.EventArgs) Handles ComboBox1.SelectedIndexChanged
        ComboBox2.Items.Clear()
        Dim selectedlayername As String = ComboBox1.Text
        Dim pFeaturelayer As IFeatureLayer
        Try
            Dim i As Integer
            For i = 0 To form1.AxMapControl1.LayerCount - 1 Step i + 1
                If form1.AxMapControl1.get_Layer(i).Name = selectedlayername Then
                    If TypeOf (form1.AxMapControl1.get_Layer(i)) Is IFeatureLayer Then
                        pFeaturelayer = CType(form1.AxMapControl1.get_Layer(i), IFeatureLayer)
                        Dim j As Integer
                        For j = 0 To pFeaturelayer.FeatureClass.Fields.FieldCount - 1 Step j + 1
                            ComboBox2.Items.Add(pFeaturelayer.FeatureClass.Fields.Field(j).Name)
                        Next
                    Else
                        MessageBox.Show("您选择的图层不能够进行属性查询! 请重新选择")
```

```
                    End If
                End If
            Next
        Catch ex As Exception
            MessageBox.Show(ex.Message)
            Return
        End Try
    End Sub
End Class
```

4)空间坐标转换

```
Public Class 空间坐标转换
    Public FeatureName As String
    Private FilePath As String
    Private Sub Button4_Click(ByVal sender As System.Object, ByVal e As System.Even-
tArgs) Handles Button4.Click
        Me.Close()
    End Sub
    Private Function GetLayers() As IEnumLayer
        Dim uid As UID = New UIDClass()
        uid.Value = "{40A9E885-5533-11d0-98BE-00805F7CED21}"
        Dim layers As IEnumLayer = form1.AxMapControl1.Map.Layers(Nothing, True)
        Return layers
    End Function
    Private Function GetFeatureLayer(ByVal layerName As String) As ILayer
        'get the layers from the maps
        Dim layers As IEnumLayer = GetLayers()
        layers.Reset()
        Dim layer As ILayer = layers.Next()
        Do While Not layer Is Nothing
            If layer.Name = layerName Then
                Return TryCast(layer, ILayer)
            End If
            layer = layers.Next()
        Loop
        Return Nothing
    End Function
    Private Sub 空间坐标转换_Load(ByVal sender As System.Object, ByVal e As System.
EventArgs) Handles MyBase.Load
```

```
If form1.AxMapControl1.Map.LayerCount <> 0 Then
    'load all the feature layers in the map to the layers combo
    Dim layers As IEnumLayer = GetLayers( )
    layers.Reset( )
    Dim layer As ILayer = layers.Next( )
    Do While Not layer Is Nothing
        ComboBox1.Items.Add(layer.Name)
        layer = layers.Next( )
    Loop
    'select the first layer
    If ComboBox1.Items.Count > 0 Then
        ComboBox1.SelectedIndex = 0
    End If
End If
End Sub
Private Sub btnopen_Click(ByVal sender As System.Object, ByVal e As System.Even-
tArgs) Handles btnopen.Click
    TextBox2.Clear( )
    'Dim pSpatRef As ISpatialReference
    'Dim prjname As String
    'Dim IMAP As ILayer
    If OpenFileDialog1.ShowDialog( ) = DialogResult.OK Then
        OpenFileDialog1.Title = "选择空间坐标系统"
        OpenFileDialog1.Filter = "prj files ( * .prj) | * .prj|All files ( * . * ) | * . * "
        SaveFileDialog1.RestoreDirectory = True
        'IMAP.SpatialReference = (OpenFileDialog1.FileName)
        'Dim index As Integer = Me.OpenFileDialog1.FileName.LastIndexOf(" \")
        Dim fileName As String = Me.OpenFileDialog1.FileName
        'prjname = fileName.Substring(0, fileName.Length - 4)
        TextBox2.Text = fileName
    End If
End Sub
Private Sub Button1_Click(ByVal sender As System.Object, ByVal e As System.Even-
tArgs) Handles Button1.Click
    SaveFileDialog1.Filter = "shape files ( * .shp) | * .shp|All files ( * . * ) | * . * "
    SaveFileDialog1.RestoreDirectory = True
    If SaveFileDialog1.ShowDialog( ) = DialogResult.OK Then
        Dim filePath1 As String, fileName1 As String
```

```
            Dim index1 As Integer = Me.SaveFileDialog1.FileName.LastIndexOf( "\" )
            filePath1 = Me.SaveFileDialog1.FileName.Substring( 0, index1 )
            fileName1 = Me.SaveFileDialog1.FileName.Substring( index1+1 )
            FeatureName = fileName1.Substring( 0, fileName1.Length − 4 )
            TextBox3.Text = filePath1 + "\" + fileName1
            FilePath = filePath1
        End If
    End Sub
    Private Sub ComboBox1_SelectedIndexChanged( ByVal sender As System.Object, By-
Val e As System.EventArgs) Handles ComboBox1.SelectedIndexChanged
            TextBox1.Clear( )
            Dim pGeoDataset As IGeoDataset = GetFeatureLayer( CStr( ComboBox1.Selecte-
dItem ) )
            Dim pSpatRef As ISpatialReference = pGeoDataset.SpatialReference
            Dim str As String = pSpatRef.Name
            TextBox1.Text = str
    End Sub
    Private Sub Button3_Click( ByVal sender As System.Object, ByVal e As System.Even-
tArgs) Handles Button3.Click
            Dim gp As ESRI.ArcGIS.Geoprocessor.Geoprocessor = New ESRI.ArcGIS.Geopro-
cessor.Geoprocessor
            Dim pFeatureLayer As IFeatureLayer = GetFeatureLayer( CStr( ComboBox1.Select-
edItem ) )
            'pFeatureLayer = CType ( GetFeatureLayer( ComboBox1.SelectedItem.ToString ),
IFeatureLayer )
            Dim featuretopoint As ESRI.ArcGIS.DataManagementTools.Project = New ESRI.
ArcGIS.DataManagementTools.Project
            featuretopoint.in_dataset = pFeatureLayer
            featuretopoint.out_coor_system = TextBox2.Text
            featuretopoint.out_dataset = TextBox3.Text
            gp.Execute( featuretopoint, Nothing )
            Dim str As String = ""
            Dim i As Integer
            For i = 0 To gp.MessageCount − 1
                str += gp.GetMessage( i )
            Next
            MessageBox.Show( str, "空间坐标转换结果" )
    End Sub
```

End Class

5）矢量图层转栅格图层

Public Class 矢量图层转栅格图层

    Public Sub New( )

        ' 此调用是 Windows 窗体设计器所必需的。

        InitializeComponent( )

        ' 在 InitializeComponent( ) 调用之后添加任何初始化。

    End Sub

    Public pRasterDataset As IRasterDataset

    Public flag As Boolean = True

    Private pFeatureLayer As IFeatureLayer

    Private pFeatureClass As IFeatureClass

    Private pTable As ITable

    Private layerIndex As Integer

    Private double_cellSize As Double = 50

    Private RasterFilePath As String

    Public RasterName As String

    Private Sub 矢量图层转栅格图层_Load(ByVal sender As System.Object, ByVal e As System.EventArgs) Handles MyBase.Load

    End Sub

    Private Sub btnCancel_Click(ByVal sender As System.Object, ByVal e As System.EventArgs) Handles btnCancel.Click

        Me.Close( )

    End Sub

    Private Sub cbInputFeature_Click(ByVal sender As Object, ByVal e As System.EventArgs) Handles cbInputFeature.Click

        cbInputFeature.Items.Clear( )

        'fill layer combobox

        Dim i As Integer, layerCount As Integer

        layerCount = form1.AxMapControl1.LayerCount

        For i = 0 To layerCount − 1 Step i + 1

            cbInputFeature.Items.Add(form1.AxMapControl1.get_Layer(i).Name)

        Next

    End Sub

    Private Sub cbInputFeature_SelectedIndexChanged(ByVal sender As System.Object, ByVal e As System.EventArgs) Handles cbInputFeature.SelectedIndexChanged

    End Sub

    Private Sub cbInputFeature_SelectionChangeCommitted(ByVal sender As Object, By-

Val e As System.EventArgs) Handles cbInputFeature.SelectionChangeCommitted
   layerIndex = cbInputFeature.SelectedIndex
   If layerIndex = −1 Then
    MessageBox.Show("Please select featurelayer!", "prompt")
    Return
   End If
   cbInputFeature.Enabled = True
   pFeatureLayer = CType(form1.AxMapControl1.get_Layer(layerIndex), IFeature-Layer)
   pFeatureClass = pFeatureLayer.FeatureClass
   pTable = pFeatureClass
   Dim fieldCount As Integer, i As Integer
   fieldCount = pTable.Fields.FieldCount
   cbField.Items.Clear()
   For i = 0 To fieldCount − 1 Step i + 1
    cbField.Items.Add(pTable.Fields.Field(i).Name)
   Next
  End Sub
  Private Sub txtOputcellsize_TextChanged(ByVal sender As System.Object, ByVal e As System.EventArgs) Handles txtOputcellsize.TextChanged
   double_cellSize = Convert.ToDouble(txtOputcellsize.Text)
  End Sub
  Public Function CreateGridFromFeatureClass(ByVal featureClass As IFeatureClass, ByVal string_RasterWorkspace As String, ByVal cellSize As Double) As IRasterDataset
   Dim pFClsDp As IFeatureClassDescriptor = New FeatureClassDescriptorClass()
   pFClsDp.Create(featureClass, Nothing, cbField.Text)
   Dim geoDataset As IGeoDataset = CType(pFClsDp, IGeoDataset)
   Dim spatialReference As ISpatialReference = geoDataset.SpatialReference
   ' Create a RasterMaker operator
   Dim conversionOp As IConversionOp = New RasterConversionOpClass()
   Dim workspaceFactory As IWorkspaceFactory = New RasterWorkspaceFactoryClass()
   ' set output workspace
   Dim workspace As IWorkspace = workspaceFactory.OpenFromFile(string_RasterWorkspace, 0)
   ' Create analysis environment
   Dim rasterAnalysisEnvironment As IRasterAnalysisEnvironment = CType(conversionOp, IRasterAnalysisEnvironment)

```
rasterAnalysisEnvironment.OutWorkspace = workspace
Dim envelope As IEnvelope = New EnvelopeClass()
envelope = geoDataset.Extent
Dim object_cellSize As Object = CType(cellSize, System.Object)

rasterAnalysisEnvironment.SetCellSize(ESRI.ArcGIS.GeoAnalyst.esriRasterEnvSet-
tingEnum.esriRasterEnvValue, object_cellSize)
    ' Set output extent
    Dim object_Envelope As Object = CType(envelope, System.Object)
    Dim object_Missing As Object = Type.Missing

rasterAnalysisEnvironment.SetExtent(ESRI.ArcGIS.GeoAnalyst.esriRasterEnvSet-
tingEnum.esriRasterEnvValue, object_Envelope, object_Missing)
    ' Set output spatial reference
    rasterAnalysisEnvironment.OutSpatialReference = spatialReference
    ' Perform spatial operation
    Dim rasterDataset As IRasterDataset = New RasterDatasetClass()
    'Create the new raster name that meets the coverage naming convention
    If RasterName.Length > 20 Then
        RasterName = RasterName.Substring(0, 20)
    End If
    RasterName = RasterName.Replace(" ", "_")
    rasterDataset = conversionOp.ToRasterDataset(geoDataset, "IMAGINE Image",
workspace, RasterName)
        Return rasterDataset
    End Function
    Private Sub btnsave_Click(ByVal sender As System.Object, ByVal e As System.Even-
tArgs) Handles btnsave.Click
        SaveFileDialog1.Filter = "IMAGINE Image( * .img) | * .img|All files ( * . * ) |
* . * "
        SaveFileDialog1.RestoreDirectory = True
        If SaveFileDialog1.ShowDialog() = DialogResult.OK Then
            Dim pFilePath As String, pFileName As String
            Dim index As Integer = Me.SaveFileDialog1.FileName.LastIndexOf("\")
            pFilePath = Me.SaveFileDialog1.FileName.Substring(0, index)
            pFileName = Me.SaveFileDialog1.FileName.Substring(index + 1)
            RasterName = pFileName.Substring(0, pFileName.Length - 4)
            RasterFilePath = pFilePath
```

```
            txtOputRaster.Text = pFilePath + "\" + pFileName
        End If
    End Sub
    Private Sub btnOK_Click(ByVal sender As System.Object, ByVal e As System.Even-
tArgs) Handles btnOK.Click
        Try
            Dim aa As Double = CType(Val(txtOputcellsize.Text), Double)
            pRasterDataset = CreateGridFromFeatureClass(pFeatureClass, RasterFile-
Path, aa)
            If Not pRasterDataset Is Nothing Then
                MessageBox.Show("恭喜! 已成功将矢量图层转换为栅格图层!",
"转换结果", MessageBoxButtons.OK)
            End If
            Me.Close()
        Catch ex As Exception
            MessageBox.Show("请确保已经选择图层和转换所需要的条件", "异常
诊断", MessageBoxButtons.OK, MessageBoxIcon.Warning, Nothing)
        End Try
    End Sub
End Class
```

6) 空间差值

```
Public Class 插值
    Private RasterFilePath As String
    Public RasterName As String
    Private Sub 插值_Load(ByVal sender As System.Object, ByVal e As System.Even-
tArgs) Handles MyBase.Load
        If form1.AxMapControl1.Map.LayerCount <> 0 Then
            'load all the feature layers in the map to the layers combo
            Dim layers As IEnumLayer = GetLayers()
            layers.Reset()
            Dim layer As ILayer = layers.Next()
            Do While Not layer Is Nothing
                ComboBox1.Items.Add(layer.Name)
                ComboBox3.Items.Add(layer.Name)
                layer = layers.Next()
            Loop
            'select the first layer
            If ComboBox1.Items.Count > 0 Then
```

```
                            ComboBox1.SelectedIndex = 0
                    End If
                    If ComboBox3.Items.Count > 0 Then
                        ComboBox3.SelectedIndex = 0
                    End If
                End If
            End Sub
        Private Function GetLayers( ) As IEnumLayer
            Dim uid As UID = New UIDClass( )
            uid.Value = "｛40A9E885-5533-11d0-98BE-00805F7CED21｝"
            Dim layers As IEnumLayer = form1.AxMapControl1.Map.Layers( uid, True)
            Return layers
        End Function
        Private Function GetFeatureLayer( ByVal layerName As String) As IFeatureLayer
            'get the layers from the maps
            Dim layers As IEnumLayer = GetLayers( )
            layers.Reset( )
            Dim layer As ILayer = layers.Next( )
            Do While Not layer Is Nothing
                If layer.Name = layerName Then
                    Return TryCast( layer, IFeatureLayer)
                End If
                layer = layers.Next( )
            Loop
            Return Nothing
        End Function
        Private Sub Button1_Click( ByVal sender As System.Object, ByVal e As System.Even-
tArgs) Handles Button1.Click
            Dim featurelyer As IFeatureLayer = GetFeatureLayer( CStr( ComboBox1.Selecte-
dItem))
            Dim oFeatureClass As IFeatureClass = featurelyer.FeatureClass
            Dim pFCDescriptor As IFeatureClassDescriptor = New FeatureClassDescriptorClass
( )
            Dim fieldname As String = CStr( ComboBox2.SelectedItem)
            RasterName = fieldname
            pFCDescriptor.Create( oFeatureClass, Nothing, fieldname)
            Dim pInterpolationOp As IInterpolationOp = New RasterInterpolationOpClass( )
            Dim pEnv As IRasterAnalysisEnvironment = CType( pInterpolationOp, IRasterA-
```

nalysisEnvironment)

```
                'Dim envelop As IEnvelope = New Envelope
                Dim mask As IGeoDataset = CType(GetFeatureLayer(CStr(Combo Box3.Selecte-
dItem)), IGeoDataset)
                Dim featureclass As IFeatureClass = GetFeatureLayer(CStr(Combo Box3.Selecte-
dItem)).FeatureClass
                pEnv.Mask = featureclass
                'envelop = mask.Extent
                'Dim ob As Object = envelop
                pEnv.SetExtent(esriRasterEnvSettingEnum.esriRasterEnvMinOf)
                Dim Cellsize As Object = 80 'Cell size for output raster;
                pEnv.SetCellSize(esriRasterEnvSettingEnum.esriRasterEnvValue, Cellsize)
                ' 设置输出范围
                'Dim pExtent As IEnvelope
                'pExtent = New EnvelopeClass()
                'Dim xmin As Double = 103.6
                'Dim xmax As Double = 105.36
                'Dim ymin As Double = 27.84
                'Dim ymax As Double = 29.27
                'pExtent.PutCoords(xmin, ymin, xmax, ymax)
                'Dim extentProvider As Object = pExtent
                'pEnv.SetExtent(esriRasterEnvSettingEnum.esriRasterEnvValue, extentProvider,
snapRasterData)
                Dim dSearchD As Double = 0
                Dim pSearchCount As Object = 12
                Dim missing As Object = Type.Missing
                Dim pRadius As IRasterRadius = New RasterRadius()
                'pRadius.SetFixed(dSearchD, pSearchCount)
                pRadius.SetVariable(12)
                Dim poutGeoDataset As IGeoDataset = pInterpolationOp.IDW(CType(pFCDe-
scriptor, IGeoDataset), 2, pRadius, missing)
                Dim pOutRaster As IRaster = CType(poutGeoDataset, IRaster)
                Dim pOutRasLayer As IRasterLayer = New RasterLayer()
                pOutRasLayer.CreateFromRaster(pOutRaster)
                pOutRasLayer.Name = RasterName
                '分 5 类
                ColorRampRaster(pOutRasLayer, 5, 240, 255, 255, 240, 65, 85)
                form1.AxMapControl1.AddLayer(pOutRasLayer)
```

```
            Dim conversionOp As IConversionOp = New RasterConversionOpClass( )
            Dim workspaceFactory As IWorkspaceFactory = New RasterWorkspaceFactory
Class( )
            Dim workspace As IWorkspace = workspaceFactory. OpenFromFile ( RasterFile-
Path, 0)
            conversionOp.ToRasterDataset( poutGeoDataset, " IMAGINE Image", workspace,
RasterName)
        End Sub
        Private Sub ComboBox1_SelectedIndexChanged( ByVal sender As System. Object, By-
Val e As System.EventArgs) Handles ComboBox1.SelectedIndexChanged
            Dim selectedlayername As String = ComboBox1.Text
            ComboBox2.Items.Clear( )
            Dim pFeaturelayer As IFeatureLayer
            Try
                Dim i As Integer
                For i = 0 To form1.AxMapControl1.LayerCount - 1 Step i + 1
                    If form1.AxMapControl1.get_Layer(i).Name = selectedlayername Then
                        If TypeOf ( form1.AxMapControl1.get_Layer(i)) Is IFeatureLayer
Then
                            pFeaturelayer = CType(form1.AxMapControl1.get_Layer(i),
IFeatureLayer)
                            Dim j As Integer
                            For j = 0 To pFeaturelayer. FeatureClass. Fields. FieldCount -
1 Step j + 1
                                ComboBox2. Items. Add ( pFeaturelayer. FeatureClass.
Fields.Field(j).Name)
                            Next
                        Else
                            MessageBox.Show( "您选择的图层不能够进行插值! 请重
新选择图层!" )
                        End If
                    End If
                Next
            Catch ex As Exception
                MessageBox.Show( ex.Message)
                Return
            End Try
        End Sub
```

```
Private Sub Button2_Click( ByVal sender As System.Object, ByVal e As System.Even-
tArgs) Handles Button2.Click
        SaveFileDialog1.Filter = "IMAGINE Image( *.img) | *.img | All files ( *.* ) |
*.*"
        SaveFileDialog1.RestoreDirectory = True
        If SaveFileDialog1.ShowDialog( ) = DialogResult.OK Then
            Dim pFilePath As String, pFileName As String
            Dim index As Integer = Me.SaveFileDialog1.FileName.LastIndexOf( "\")
            pFilePath = Me.SaveFileDialog1.FileName.Substring(0, index)
            pFileName = Me.SaveFileDialog1.FileName.Substring(index + 1)
            RasterName = RasterName
            RasterFilePath = pFilePath
            TextBox1.Text = pFilePath + "\" + pFileName
        End If
    End Sub
    Private Function GetRGBColor( ByVal yourRed As Integer, ByVal yourGreen As Inte-
ger, ByVal yourBlue As Integer) As IRgbColor
        Dim pRGB As IRgbColor = New RgbColorClass( )
        pRGB.Red = yourRed
        pRGB.Green = yourGreen
        pRGB.Blue = yourBlue
        pRGB.UseWindowsDithering = True
        Return pRGB
    End Function
    Public Sub ColorRampRaster( ByVal m_RasterLyr As IRasterLayer, ByVal pn_Class-
Count As Integer, ByVal r1 As Integer, ByVal g1 As Integer, ByVal b1 As Integer, ByVal r2 As
Integer, ByVal g2 As Integer, ByVal b2 As Integer)
        If m_RasterLyr Is Nothing Then
            Return
        End If
        If Not m_RasterLyr.Visible Then
            m_RasterLyr.Visible = True
        End If
        Dim lp_Raster As IRaster = m_RasterLyr.Raster
        Dim pClassRen As IRasterClassifyColorRampRenderer = New RasterClassifyColor-
RampRendererClass( )
        Dim pRasRen As IRasterRenderer = CType( pClassRen, IRasterRenderer)
        pRasRen.Raster = lp_Raster
```

261

```
        pClassRen.ClassCount = pn_ClassCount
        pRasRen.Update( )
        Dim pRamp As IAlgorithmicColorRamp = New AlgorithmicColorRampClass( )
        pRamp.Size = pn_ClassCount
        pRamp.FromColor = GetRGBColor( r1, g1, b1)        '120,40,100   (10, 100,
10);自己设置颜色
        pRamp.ToColor = GetRGBColor( r2, g2, b2)        '0,200,50      (60, 0,
60);
        Dim lb_Ok As Boolean = True
        pRamp.CreateRamp( lb_Ok)
        Dim pFSymbol As IFillSymbol = New SimpleFillSymbolClass( )
        Dim Index As Integer
        For Index = 0 To pClassRen.ClassCount - 1 Step Index + 1
            pFSymbol.Color = pRamp.Color( Index)
            pClassRen.Symbol( Index) = CType( pFSymbol, ISymbol)
            pClassRen.Label( Index) = pClassRen.Label( Index)
            'pClassRen.Label( Index) = "Class" + Index.ToString( )
        Next
        pRasRen.Update( )
        m_RasterLyr.Renderer = CType( pClassRen, IRasterRenderer)
        form1.AxMapControl1.ActiveView.Refresh( )
        form1.AxTOCControl1.Update( )
    End Sub
End Class
```

7)空间叠加

```
Public Class 栅格叠加
    Private rasterworkspace As IRasterWorkspace
    Private names As ArrayList
    Private RasterFilePath As String
    Public RasterName As String
    Private Sub Button1_Click( ByVal sender As System.Object, ByVal e As System.Even-
tArgs) Handles Button1.Click
        names = New ArrayList
        Dim inrasterworkspaceFactory As IWorkspaceFactory = New RasterWorkspaceFac-
tory
        Dim openfiledialog11 As OpenFileDialog = New OpenFileDialog
        openfiledialog11.Title = "选择叠加数据"
        openfiledialog11.Filter = "img( * .img) | * .img"
```

```
openfiledialog11.Multiselect = True
openfiledialog11.ShowDialog()
Dim filepath1() As String = openfiledialog11.FileNames
If filepath1.Length = 0 Then
    Exit Sub
End If
Dim length As Integer = filepath1.Length
Dim i As Integer = 0
Dim filepath0 As String = filepath1(0)
Dim lenth As Integer = filepath0.Length
Dim j As Integer = filepath0.LastIndexOf("\")
Dim inrasterworkspacepath As String = Microsoft.VisualBasic.Strings.Left(filepath0, j + 1)
rasterworkspace = inrasterworkspaceFactory.OpenFromFile(inrasterworkspacepath, 0)
For i = 0 To length - 1
    Dim fullpath As String = filepath1(i)
    Dim lth As Integer = fullpath.Length
    Dim z As Integer = fullpath.LastIndexOf("\")
    Dim nam As String = Microsoft.VisualBasic.Strings.Right(fullpath, lth-z-1)
    names.Add(nam)
    ListBox1.Items.Add(nam)
Next
End Sub
Private Sub Button3_Click(ByVal sender As System.Object, ByVal e As System.EventArgs) Handles Button3.Click
    SaveFileDialog1.Filter = "IMAGINE Image( * .img) | * .img|All files ( * . * ) | * . * "
    SaveFileDialog1.RestoreDirectory = True
    If SaveFileDialog1.ShowDialog() = DialogResult.OK Then
        Dim pFilePath As String, pFileName As String
        Dim index As Integer = Me.SaveFileDialog1.FileName.LastIndexOf("\")
        pFilePath = Me.SaveFileDialog1.FileName.Substring(0, index)
        pFileName = Me.SaveFileDialog1.FileName.Substring(index + 1)
        RasterName = pFileName.Substring(0, pFileName.Length - 4)
        RasterFilePath = pFilePath
        TextBox2.Text = pFilePath + "\" + pFileName
    End If
```

```
        End Sub
        Private Sub 栅格叠加_Load(ByVal sender As System.Object, ByVal e As System.
EventArgs) Handles MyBase.Load
        End Sub
        Private Sub Button2_Click(ByVal sender As System.Object, ByVal e As System.Even-
tArgs) Handles Button2.Click
            Dim mapalgebraop As IMapAlgebraOp = New RasterMapAlgebraOp
            Dim i As Integer = 0
            Dim express As String = ""
            For i = 0 To names.Count − 2
                Dim raserdataset As IRasterDataset = rasterworkspace.OpenRasterDataset
(names(i))
                mapalgebraop.BindRaster(CType(raserdataset, IGeoDataset), names(i))
                Dim nm As String = names(i)
                express = express & "[" + nm + "]" & " + "
            Next
            Dim lastrasterdataset As IRasterDataset = rasterworkspace.OpenRasterDataset
(names(names.Count − 1))
            mapalgebraop.BindRaster(CType(lastrasterdataset, IGeoDataset), names(names.
Count − 1))
            express = express & "[" + names(names.Count − 1) + "]"
            Dim newgeodataset As IGeoDataset = mapalgebraop.Execute(express)
            Dim conversionOp As IConversionOp = New RasterConversionOpClass()
            Dim workspaceFactory As IWorkspaceFactory = New RasterWorkspaceFactory
Class()
            ' set output workspace
            Dim workspace As IWorkspace = workspaceFactory.OpenFromFile(RasterFile-
Path, 0)
            Dim newrasterdataset As IRasterDataset = conversionOp.ToRasterDataset(newgeo-
dataset, "IMAGINE Image", workspace, RasterName)
            Dim newraster As IRaster = newrasterdataset.CreateDefaultRaster
            Dim irasterlyer1 As IRasterLayer = New RasterLayer
            irasterlyer1.CreateFromDataset(newrasterdataset)
            irasterlyer1.Name = RasterName
            form1.AxMapControl1.Map.AddLayer(irasterlyer1)
        End Sub
    8)缓冲区分析
    Public Class 生成缓冲区
```

```vb
Private filePath As String
Private fileName As String
Private Sub 生成缓冲区_Load(ByVal sender As System.Object, ByVal e As System.
EventArgs) Handles MyBase.Load
    If form1.AxMapControl1.Map.LayerCount <> 0 Then
        'load all the feature layers in the map to the layers combo
        Dim layers As IEnumLayer = GetLayers()
        layers.Reset()
        Dim layer As ILayer = layers.Next()
        Do While Not layer Is Nothing
            ComboBox1.Items.Add(layer.Name)
            layer = layers.Next()
        Loop
        'select the first layer
        If ComboBox1.Items.Count > 0 Then
            ComboBox1.SelectedIndex = 0
        End If
    End If
End Sub
Private Function GetLayers() As IEnumLayer
    Dim uid As UID = New UIDClass()
    uid.Value = "{40A9E885-5533-11d0-98BE-00805F7CED21}"
    Dim layers As IEnumLayer = form1.AxMapControl1.Map.Layers(uid, True)
    Return layers
End Function
Private Function GetFeatureLayer(ByVal layerName As String) As IFeatureLayer
    'get the layers from the maps
    Dim layers As IEnumLayer = GetLayers()
    layers.Reset()
    Dim layer As ILayer = layers.Next()
    Do While Not layer Is Nothing
        If layer.Name = layerName Then
            Return TryCast(layer, IFeatureLayer)
        End If
        layer = layers.Next()
    Loop
    Return Nothing
End Function
```

```
        Private Sub Button2_Click( ByVal sender As System.Object, ByVal e As System.Even-
tArgs) Handles Button2.Click
            Dim featurelyer As IFeatureLayer = GetFeatureLayer( CStr( ComboBox1.Selecte-
dItem))
            Dim pFCursor As IFeatureCursor
            pFCursor = featurelyer.Search( Nothing, False)
            Dim pBufWSName As IWorkspaceName
            Dim pBufDatasetName As IDatasetName
            Dim pBufFCName As IFeatureClassName
            ' Define the output's workspace and name.
            pBufFCName = New FeatureClassName
            pBufDatasetName = pBufFCName
            pBufWSName = New WorkspaceName
            pBufWSName.WorkspaceFactoryProgID = "esriCore.ShapeFileWorkspaceFactory.1"
            pBufWSName.PathName = filePath
            pBufDatasetName.WorkspaceName = pBufWSName
            pBufDatasetName.Name = fileName
            Dim pFeatureCursorBuffer2 As IFeatureCursorBuffer2
            pFeatureCursorBuffer2 = New FeatureCursorBuffer
            With pFeatureCursorBuffer2
                .FeatureCursor = pFCursor
                .Dissolve = True
                . RingDistance ( Convert. ToInt16 ( TextBox1. Text)) =  Convert. ToDouble
( TextBox2.Text)
                .Units( esriUnits.esriMeters) = esriUnits.esriMeters
                .BufferSpatialReference = form1.AxMapControl1.Map.SpatialReference
                .DataFrameSpatialReference = form1.AxMapControl1.Map.SpatialReference
                .SourceSpatialReference = form1.AxMapControl1.Map.SpatialReference
                .TargetSpatialReference = form1.AxMapControl1.Map.SpatialReference
            End With
            pFeatureCursorBuffer2.Buffer( pBufFCName)
            Dim pName As IName
            Dim pBufFC As IFeatureClass
            Dim pBufFL As IFeatureLayer
            pName = pBufFCName
            pBufFC = pName.Open
            pBufFL = New FeatureLayer
            pBufFL.FeatureClass = pBufFC
```

```
                pBufFL.Name = fileName
                form1.AxMapControl1.Map.AddLayer( pBufFL)
                form1.AxTOCControl1.Refresh( )
                form1.AxTOCControl1.Update( )
        End Sub
        Private Sub Button1_Click( ByVal sender As System.Object, ByVal e As System.Even-
tArgs) Handles Button1.Click
                Dim saveDG As SaveFileDialog = New SaveFileDialog( )
                saveDG.Title = "生成缓冲区图层"
                saveDG.Filter = "Shp 文件( ∗ .shp) | ∗ .shp"
                saveDG.ShowDialog( )
                Dim saveFilePath As String = saveDG.FileName
                Dim i As Integer = saveFilePath.LastIndexOf( " \ " )
                Dim length As Integer = saveFilePath.Length
                filePath = Microsoft.VisualBasic.Strings.Left( saveFilePath, i + 1)
                TextBox3.Text = filePath
                fileName = Microsoft.VisualBasic.Strings.Right( saveFilePath, length − i − 1)
        End Sub
    End Class
    9)导出地图
    Public Class 生成图片
        Private filePath As String
        Private fileName As String
        Private AV As IActiveView
        Private iScreenResolution1 As Integer
        Private exportRECT1 As ESRI.ArcGIS.Display.tagRECT
        Public Sub New( ByVal pAV As IActiveView)
            ' 此调用是 Windows 窗体设计器所必需的。
            InitializeComponent( )
            AV = pAV
            ' 在 InitializeComponent( ) 调用之后添加任何初始化。
        End Sub
        Private Sub 生成图片_Load ( ByVal sender As System. Object, ByVal e As System.
EventArgs) Handles MyBase.Load
        End Sub
        Private Sub Button1_Click( ByVal sender As System.Object, ByVal e As System.Even-
tArgs) Handles Button1.Click
                Dim saveDG As SaveFileDialog = New SaveFileDialog( )
```

267

```
                saveDG.Title = "保存"
                saveDG.Filter = "JPEG 文件( * .jpg) | * .jpg | BMP 文件( * .bmp) | * .bmp |
PNG 文件( * .png) | * .png | TIFF 文件( * .tif) | * .tif | GIF 文件( * .gif) | * .gif"
                saveDG.ShowDialog( )
                Dim saveFilePath As String = saveDG.FileName
                Dim i As Integer = saveFilePath.LastIndexOf( " \ " )
                Dim length As Integer = saveFilePath.Length
                filePath = Microsoft.VisualBasic.Strings.Left( saveFilePath, i + 1)
                TextBox1.Text = filePath
                FileName = Microsoft.VisualBasic.Strings.Right( saveFilePath, length − i − 1)
                TextBox2.Text = fileName
        End Sub
        Public Sub ExportFileDialog( ByVal activeView As ESRI.ArcGIS.Carto.IActiveView)
                Dim iScreenResolution As Integer = 96
                Dim iOutputResolution As Integer = NumericUpDown1.Value
                Dim exportRECT As ESRI.ArcGIS.Display.tagRECT
                If Not activeView Is Nothing OrElse ( fileName.EndsWith( " .jpg" ) ) Then
                        Dim export As ESRI.ArcGIS.Output.IExport = New ESRI.ArcGIS.Output.Ex-
portJPEGClass
                        export.ExportFileName = fileName
                        ' Microsoft Windows default DPI resolution
                        With exportRECT
                            .left = 0
                            .top = 0
                            .right = activeView.ExportFrame.right * ( iOutputResolution / iScreen-
Resolution)
                                . bottom = activeView. ExportFrame. bottom * ( iOutputResolution /
iScreenResolution)
                        End With

                        Dim envelope As ESRI.ArcGIS.Geometry.IEnvelope = New ESRI.ArcGIS.Ge-
ometry.EnvelopeClass
                            envelope.PutCoords( exportRECT.left, exportRECT.top, exportRECT.right,
exportRECT.bottom)
                        export.PixelBounds = envelope
                        export.Resolution = iOutputResolution
                        Dim hDC As System.Int32 = export.StartExporting
                        activeView.Output( hDC, CShort( export.Resolution), exportRECT, Nothing,
```

Nothing)

      ' Finish writing the export file and cleanup any intermediate files

      export.FinishExporting( )

      export.Cleanup( )

  End If

  If Not activeView Is Nothing OrElse (fileName.EndsWith(".bmp")) Then

      Dim export As ESRI.ArcGIS.Output.IExport = New ESRI.ArcGIS.Output.ExportBMP

      export.ExportFileName = fileName

      ' Microsoft Windows default DPI resolution

      With exportRECT

        .left = 0

        .top = 0

        .right = activeView.ExportFrame.right * (iOutputResolution / iScreenResolution)

        .bottom = activeView.ExportFrame.bottom * (iOutputResolution / iScreenResolution)

      End With

      Dim envelope As ESRI.ArcGIS.Geometry.IEnvelope = New ESRI.ArcGIS.Geometry.EnvelopeClass

      envelope.PutCoords(exportRECT.left, exportRECT.top, exportRECT.right, exportRECT.bottom)

      export.PixelBounds = envelope

      export.Resolution = iOutputResolution

      Dim hDC As System.Int32 = export.StartExporting

      activeView.Output(hDC, CShort(export.Resolution), exportRECT, Nothing, Nothing)

      ' Finish writing the export file and cleanup any intermediate files

      export.FinishExporting( )

      export.Cleanup( )

  End If

  If Not activeView Is Nothing OrElse (fileName.EndsWith(".png")) Then

      Dim export As ESRI.ArcGIS.Output.IExport = New ESRI.ArcGIS.Output.ExportPNG

      export.ExportFileName = fileName

      ' Microsoft Windows default DPI resolution

      With exportRECT

        .left = 0

```
                    .top = 0
                    .right = activeView.ExportFrame.right * (iOutputResolution / iScreen-
Resolution)
                        .bottom = activeView.ExportFrame.bottom * (iOutputResolution /
iScreenResolution)
                End With
                Dim envelope As ESRI.ArcGIS.Geometry.IEnvelope = New ESRI.ArcGIS.Ge-
ometry.EnvelopeClass
                    envelope.PutCoords(exportRECT.left, exportRECT.top, exportRECT.right,
exportRECT.bottom)
                export.PixelBounds = envelope
                export.Resolution = iOutputResolution
                Dim hDC As System.Int32 = export.StartExporting
                activeView.Output(hDC, CShort(export.Resolution), exportRECT, Nothing,
Nothing)
                ' Finish writing the export file and cleanup any intermediate files
                export.FinishExporting()
                export.Cleanup()
            End If
            If Not activeView Is Nothing OrElse (fileName.EndsWith(".tif")) Then
                Dim export As ESRI.ArcGIS.Output.IExport = New ESRI.ArcGIS.Output.Ex-
portTIFF
                export.ExportFileName = fileName
                ' Microsoft Windows default DPI resolution
                With exportRECT
                    .left = 0
                    .top = 0
                    .right = activeView.ExportFrame.right * (iOutputResolution / iScreen-
Resolution)
                        .bottom = activeView.ExportFrame.bottom * (iOutputResolution /
iScreenResolution)
                End With
                Dim envelope As ESRI.ArcGIS.Geometry.IEnvelope = New ESRI.ArcGIS.Ge-
ometry.EnvelopeClass
                    envelope.PutCoords(exportRECT.left, exportRECT.top, exportRECT.right,
exportRECT.bottom)
                export.PixelBounds = envelope
                export.Resolution = iOutputResolution
```

```
                Dim hDC As System.Int32 = export.StartExporting
                activeView.Output(hDC, CShort(export.Resolution), exportRECT, Nothing,
Nothing)

                ' Finish writing the export file and cleanup any intermediate files
                export.FinishExporting()
                export.Cleanup()
            End If
            If Not activeView Is Nothing OrElse (fileName.EndsWith(".gif")) Then
                Dim export As ESRI.ArcGIS.Output.IExport = New ESRI.ArcGIS.Output.Ex-
portGIF

                export.ExportFileName = fileName
                ' Microsoft Windows default DPI resolution
                With exportRECT
                    .left = 0
                    .top = 0
                    .right = activeView.ExportFrame.right * (iOutputResolution / iScreen-
Resolution)

                    .bottom = activeView.ExportFrame.bottom * (iOutputResolution /
iScreenResolution)
                End With
                Dim envelope As ESRI.ArcGIS.Geometry.IEnvelope = New ESRI.ArcGIS.Ge-
ometry.EnvelopeClass

                    envelope.PutCoords(exportRECT.left, exportRECT.top, exportRECT.right,
exportRECT.bottom)

                export.PixelBounds = envelope
                export.Resolution = iOutputResolution
                Dim hDC As System.Int32 = export.StartExporting
                activeView.Output(hDC, CShort(export.Resolution), exportRECT, Nothing,
Nothing)

                ' Finish writing the export file and cleanup any intermediate files
                export.FinishExporting()
                export.Cleanup()
            End If
        End Sub
        Private Sub Button2_Click(ByVal sender As System.Object, ByVal e As System.Even-
tArgs) Handles Button2.Click
                ExportFileDialog(AV)
```

```
        MessageBox.Show("图片导出完毕!", "导出结果")
    End Sub
    Private Sub Button3_Click(ByVal sender As System.Object, ByVal e As System.Even-
tArgs) Handles Button3.Click
        Me.Close()
    End Sub
    Private Sub NumericUpDown1_ValueChanged(ByVal sender As System.Object, ByVal
e As System.EventArgs) Handles NumericUpDown1.ValueChanged
        Dim iOutputResolution As Integer = NumericUpDown1.Value
        Dim iScreenResolution1 As Integer = 96
        TextBox3.Text = CType(AV.ExportFrame.right * (iOutputResolution / iScreen-
Resolution1), String)
            TextBox4.Text = CType(AV.ExportFrame.bottom * (iOutputResolution /
iScreenResolution1), String)
    End Sub
End Class
```

10) 栅格数据重分类

```
Public Class 重分类
    Public pRasterDataset As IRasterDataset
    Public flag As Boolean = True
    Private pFeatureLayer As IFeatureLayer
    Private pFeatureClass As IFeatureClass
    Private pTable As ITable
    Private layerIndex As Integer
    Private double_cellSize As Double = 50
    Private RasterFilePath As String
    Public RasterName As String
    Private Function GetFeatureLayer(ByVal layerName As String) As IRasterLayer
        'get the layers from the maps
        Dim layers As IEnumLayer = GetLayers()
        layers.Reset()
        Dim layer As ILayer = layers.Next()
        Do While Not layer Is Nothing
            If layer.Name = layerName Then
                Return TryCast(layer, IRasterLayer)
            End If
            layer = layers.Next()
```

```
        Loop
        Return Nothing
    End Function
    Private Function GetLayers( ) As IEnumLayer
        Dim uid As UID = New UIDClass( )
        uid.Value = "{40A9E885-5533-11d0-98BE-00805F7CED21}"
        Dim layers As IEnumLayer = form1.AxMapControl1.Map.Layers(Nothing, True)
        Return layers
    End Function
    Private Sub 重分类_Load(ByVal sender As System.Object, ByVal e As System.Even-
tArgs) Handles MyBase.Load
        If form1.AxMapControl1.Map.LayerCount = 0 Then
            Exit Sub
        End If
        'load all the feature layers in the map to the layers combo
        Dim layers As IEnumLayer = GetLayers( )
        layers.Reset( )
        Dim layer As ILayer = layers.Next( )
        Do While Not layer Is Nothing
            ComboBox1.Items.Add(layer.Name)
            layer = layers.Next( )
        Loop
        'select the first layer
        If ComboBox1.Items.Count > 0 Then
            ComboBox1.SelectedIndex = 0
        End If
    End Sub
    Private Sub Button2_Click(ByVal sender As System.Object, ByVal e As System.Even-
tArgs) Handles Button2.Click
        SaveFileDialog1.Filter = "IMAGINE Image( * .img) | * .img|All files ( * . * )|
* . * "
        SaveFileDialog1.RestoreDirectory = True
        If SaveFileDialog1.ShowDialog( ) = DialogResult.OK Then
            Dim pFilePath As String, pFileName As String
            Dim index As Integer = Me.SaveFileDialog1.FileName.LastIndexOf( " \" )
            pFilePath = Me.SaveFileDialog1.FileName.Substring(0, index)
            pFileName = Me.SaveFileDialog1.FileName.Substring(index + 1)
```

```vbnet
            RasterName = pFileName.Substring(0, pFileName.Length - 4)
            RasterFilePath = pFilePath
            TextBox1.Text = pFilePath + "\" + pFileName
        End If
    End Sub
    Private Sub Button1_Click(ByVal sender As System.Object, ByVal e As System.EventArgs) Handles Button1.Click
            Dim irasterlyr As IRasterLayer = GetFeatureLayer(CStr(ComboBox1.SelectedItem))
        Dim iraster As IRaster = irasterlyr.Raster
        Dim rasgterbands As IRasterBandCollection = CType(iraster, IRasterBandCollection)
        Dim rasterband As IRasterBand = rasgterbands.Item(0)
        Dim rasterstaticstics As IRasterStatistics = rasterband.Statistics
        Dim minvalue As Double = rasterstaticstics.Minimum
        Dim maxvalue As Double = rasterstaticstics.Maximum
        Dim i As Integer = Convert.ToInt64(maxvalue / minvalue)
        Dim pGeoDs As IGeoDataset = iraster
        MsgBox(i)
        Dim pReclassOp As IReclassOp
        Dim pNRemap As INumberRemap
        Dim pOutRaster As IRaster
        ' Prepare a number remap.
        pNRemap = New NumberRemap
        Dim j As Integer = 0
        For j = 1 To i
            pNRemap.MapRange(minvalue * (j - 1), minvalue * j, i - j + 1)
        Next
        'pNRemap.MapValueToNoData(0)
        pReclassOp = New RasterReclassOp
        pOutRaster = pReclassOp.ReclassByRemap(pGeoDs, pNRemap, False)
        Dim pReclassLy As IRasterLayer
        pReclassLy = New RasterLayer
        pReclassLy.CreateFromRaster(pOutRaster)
        Dim geodataset1 As IGeoDataset = CType(pOutRaster, IGeoDataset)
        form1.AxMapControl1.Map.AddLayer(pReclassLy)
        Dim conversionOp As IConversionOp = New RasterConversionOpClass()
```

```
        Dim workspaceFactory As IWorkspaceFactory = New RasterWorkspaceFactory
Class()
        ' set output workspace
        Dim workspace As IWorkspace = workspaceFactory.OpenFromFile(RasterFile-
Path, 0)
        conversionOp.ToRasterDataset(geodataset1, "IMAGINE Image", workspace,
RasterName)
    End Sub
  End Class
```